# 煤制油废水处理技术及工程实例

MEIZHIYOU FEISHUI
CHULI JISHU
JI GONGCHENG SHILI

章丽萍　张 凯　张延斌　杨嘉春　著

化学工业出版社

·北京·

《煤制油废水处理技术及工程实例》重点针对煤制油行业废水的水质光谱特性、处理技术以及废水“零排放”技术等方面进行了详细、全面的论述。

《煤制油废水处理技术及工程实例》共分为6章，第1章简要概述了我国煤制油行业的发展现况；第2章结合工程案例重点分析了我国典型煤直接液化和间接液化生产工艺及产排污状况；第3章基于神华集团煤制油项目科研实践对煤制油废水的水质水量及溶解性有机物光谱特性进行了详细分析；第4章分别论述了煤制油废水处理成熟的、最新的研究技术和工艺；第5章提出了煤制油过程中的高浓盐水的处理技术和工艺；第6章结合实际案例分析煤制油行业实现废水“零排放”的关键支撑技术。

《煤制油废水处理技术及工程实例》可供煤制油相关专业领域的废水处理工程技术人员、企业管理人员、科研院所研究人员阅读，也可供高等院校相关专业师生参考。

**图书在版编目（CIP）数据**

煤制油废水处理技术及工程实例/章丽萍等著. —北京：化学工业出版社，2017.4
ISBN 978-7-122-28986-5

Ⅰ.①煤…　Ⅱ.①章…　Ⅲ.①煤液化-化学工业-工业废水处理　Ⅳ.①X784.031

中国版本图书馆CIP数据核字（2017）第011013号

责任编辑：高　震　　文字编辑：丁建华
责任校对：宋　夏　　装帧设计：韩　飞

出版发行：化学工业出版社（北京市东城区青年湖南街13号　邮政编码100011）
印　　刷：三河市延风印装有限公司
装　　订：三河市宇新装订厂
710mm×1000mm　1/16　印张12½　字数240千字　2019年6月北京第1版第1次印刷

购书咨询：010-64518888　售后服务：010-64518899
网　　址：http://www.cip.com.cn
凡购买本书，如有缺损质量问题，本社销售中心负责调换。

**定　　价：68.00元**

# 前言 FOREWORD

我国煤炭资源丰富，为保障国家能源安全，满足国家能源战略对间接液化技术的迫切需要，2001 年国家科技部“863”计划和中国科学院联合启动了“煤制油”重大科技项目。煤制油（coal-to-liquids，CTL）是以煤炭为原料，通过化学加工过程生产油品和石油化工产品的一项技术，包含煤直接液化和煤间接液化两种技术路线。截至目前已投产和在建的煤制油项目产能规模约达 1600 万吨/年。但煤制油生产过程中必然带来废水处理的问题，煤制油废水成分复杂、毒性高，除 $COD_{Cr}$ 和色度高之外，还含有大量的氨氮、酚类、氰化物、烷烃类、芳香烃类、杂环类等对生态环境有极大影响的有害污染物。对煤制油过程产生废水污染物的排放控制是我国煤制油行业实现可持续发展、保护生态环境和人体健康必须要面对和解决的一个核心问题。

为了促进煤制油行业废水处理研究工作的深入开展，结合中国矿业大学（北京）在煤炭行业以及煤化工行业的优势和特色、基于神华集团建成的首套煤直接制油示范项目以及其他煤间接液化项目的运行和实践经验，作者根据近年来已有的工作基础，特别是结合国家高新技术研究发展计划（863）项目“固定床气化废水处理及关键技术与示范”（2015AA050501）、环保部公益性行业科研专项经费项目“煤化工残渣处置和利用过程的环境风险控制技术研究”（201209025）、环保部标准项目“煤化学工业污染物排放标准”（2015-5）、神华集团科技创新项目“煤化工废水处理技术规程研究”（SHJT-16-06）等所取得的研究成果，融合国内外煤制油废水处理的最新研究进展，撰写了本著作。

作者通过上述相关课题的研究，对我国煤制油主要生产工艺进行了总结归纳，并详细分析了各种典型工艺的废水产排污节点，获得了大量可靠的废水排放特征数据。同时采用紫外-可见光谱法、傅里叶变换红外光谱法、三维荧光分析法等对代表性废水处理工段废水中溶解性有机物的六组分进行光谱学特征分析，确定了煤制油废水中难降解溶解性有机物的种类及浓度。在此基础上采用臭氧、紫外、芬顿等高级氧化技术对难降解有机物进行处理，研发了煤制油废水的复合处理关键技术。高浓盐水处理难度大、成本高，目前很多企业依靠蒸发塘进行蒸发晒盐，但存在较大问题，著者在调研国外文献资料基础上，结合实际调研过程中部分企业在用的机械蒸发设备，提出了煤制油行业高浓盐水的高效处理技术及设备；针对煤化工行业耗水量大、难处理等现实问题，著者在实践工程研究基础上总结提出了煤制油行业“零排放”的思路及技术。

本书共分为6章，第1章简要概述了我国煤制油行业的发展现况；第2章结合工程案例重点分析了我国典型煤直接液化和间接液化生产工艺及产排污状况；第3章基于神华集团煤制油项目科研实践对煤制油废水的水质水量及溶解性有机物光谱特性进行了详细分析；第4章分别论述了煤制油废水处理成熟的、最新的研究技术和工艺；第5章提出了煤制油过程中的高浓盐水的处理技术和工艺；第6章结合实际案例分析煤制油行业实现废水“零排放”的关键支撑技术。

本书重点针对煤制油行业废水的水质光谱特性、处理技术以及废水“零排放”技术等方面进行了详细、全面的论述，具有一定的实用性和指导意义，可为煤制油相关专业领域的废水处理工程技术人员、企业管理人员、科研院所研究人员、高校师生等提供一定的参考。

本书主要由章丽萍、张凯著，各章节具体分工为：第2章～第5章由章丽萍著，第1章、第6章由张凯、张景著。统编工作由章丽萍、张延斌、杨嘉春负责，章丽萍、张凯、张延斌最终定稿。马晖、项俊、何绪文、张春晖提供了大力帮助。

由于时间和水平有限，疏漏与不足之处在所难免，敬请广大读者和有关专家批评指正。

**著　者**

**2019年1月**

煤制油废水处理技术及工程实例
目 录
CONTENTS

# 第1章 煤制油相关概述

## 1.1 煤化工的介绍

### 1.1.1 煤化工的定义

煤化工是对以煤炭为原料的相关化工产业的统称。具体而言，煤化工是指以煤为原料，经化学加工使煤转化为气体、液体和固体产品或半成品，而后进一步加工成化工、能源产品的工业。主要包括煤的气化、液化、干馏，以及焦油加工和电石乙炔化工等。

煤化工按产品种类划分可分为传统煤化工和新型煤化工。传统煤化工是指煤制焦炭、电石、甲醇等历史悠久、技术成熟的产业。新型煤化工，也称现代煤化工，是指煤制油、天然气、烯烃、二甲醚、乙二醇等以煤基替代能源为导向的产业。

我国是“富煤少油”的国家，煤炭能源在我国能源结构中长期占绝对主导地位，从 1989 年至今煤炭消费始终占一次能源的 70%以上。随着我国经济的快速发展，资源需求量不断提高，特别是进入到 21 世纪以来，国际原油价格一路走高，呈现了大幅上涨和剧烈波动的态势，一次能源中石油、天然气的供需矛盾日益突出。虽然国家积极开发可再生能源及页岩气等清洁能源，但是由于成本和技术原因，远远不能满足能源和化工行业原料的需求。为保证我国的能源安全，缓解紧缺矛盾，在传统煤化工的基础上大力发展煤气化、煤制油和煤代油等新型煤化工技术以减轻我国经济发展对石油的依赖，对保护国家能源安全、满足市场需求具有重大意义。由此，大力发展煤化学工业以弥补我国能源和化工原料产品的不足已成为必然选择。进入新世纪以来，现代煤化学工业在我国得到了长足的发展，正在成为我国重要的基础能源产业之一。

### 1.1.2 煤化工的分类

煤化工生产过程复杂，所涉行业众多。根据生产工艺与产品的不同，主要分为煤焦化、煤气化、煤直接液化、煤间接液化和煤电化等主要生产链。根据产业发展成熟度和发展历程，又可以分为传统煤化工和现代煤化工。

#### 1.1.2.1 传统煤化工

传统煤化工主要包括焦化和合成氨。煤焦化又称煤炭高温干馏。是以煤为原料，在隔绝空气条件下，加热到950℃左右，经高温干馏生产焦炭，同时获得煤气、煤焦油并回收其他化工产品的一种煤转化工艺。焦炭的主要用途是炼铁，少量用作化工原料制造电石、电极等。煤焦油是黑色黏稠性的油状液体，其中含有苯、酚、萘、蒽、菲等重要化工原料，它们是医药、农药、炸药、染料等行业的原料，经适当处理可以一一加以分离。

合成氨工业是基本无机化工之一，合成氨工业在20世纪初期形成，开始用氨作火炸药工业的原料，为战争服务；第一次世界大战结束后，转向为农业、工业服务。随着科学技术的发展，对氨的需要量日益增长。20世纪50年代后氨的原料构成发生重大变化，近30年来合成氨工业发展很快。

#### 1.1.2.2 现代煤化工

现代煤化工包括煤制油、煤制甲醇、煤制烯烃、煤制二甲醚、煤制天然气、煤制乙二醇、煤制芳烃及整体煤气化联合循环发电（IGCC）。与石油和天然气相比，煤中含有大量无机矿物质。传统煤化工普遍存在装置老化、技术落后的问题；现代煤化工多处于产业示范阶段，系统工艺流程长、生产环节多，各种能流、物流、反应复杂交错。目前我国煤化学工业发展水平还不是很高，存在着能效较低、工艺流程与技术集成尚待优化的问题，随之而来的就是对环境、生态的严重影响。

### 1.1.3 煤化工行业现状分析

现代煤化工产业是技术、资金、资源、能源密集型产业，技术复杂，流程较长，对资源、生态、安全、环境和基础设施配套等条件要求较高。从本质上理解现代煤化工和传统煤化工的最主要区别在于两者的经济规模和所采用的核心技术不同。虽然备受关注的《煤炭深加工示范项目规划》和《煤炭深加工产业发展政策》至今尚未正式出台，但根据在建项目和拟建项目，预计2013～2017年，仅煤制烯烃、煤制天然气、煤制乙二醇、煤制油等这4类新型煤化工项目的总投资规模将超过10560亿元，我国现代煤化工项目具体分布如表1-1所示。

表 1-1　我国现代煤化工项目分布

| 路径 | 项目名称 | 地点 | 核心工艺 |
| --- | --- | --- | --- |
| 煤制油 | 神华18万吨间接煤制油 | 内蒙古鄂尔多斯 | 间接法中科合成油 |
| | 伊泰16万吨间接煤制油 | 内蒙古准格尔旗大路开发区 | 气化:多元料浆气化技术<br>液化:中科合成油技术<br>空分:法液空空分 |
| | 神华108万吨间接煤制油 | 内蒙古鄂尔多斯伊金霍洛旗 | 壳牌粉煤气化技术 |
| | 潞安21万吨间接煤制油 | 山西长治 | 鲁奇气化技术<br>液化:中科合成油技术 |
| | 云南先锋20万吨甲醇制汽油 | 云南昆明寻甸县金锁工业园 | |
| | 伊泰伊犁100万吨煤制油 | 新疆伊犁哈萨克自治州察布查尔锡伯自治县伊泰伊犁工业园 | 液化(中科合成油技术)<br>气化(多喷嘴对置式水煤浆气化技术) |
| | 潞安山西长治180万吨间接煤制油 | 山西省长治市襄垣县王桥镇郭庄潞安油化电热一体化综合示范园区 | 气化(壳牌粉煤气化技术)<br>液化(中科合成油技术) |
| | 神华宁煤宁东400万吨间接煤制油 | 宁夏宁东煤炭基地 | 气化(西门子GSP气化技术)<br>液化(中科合成油技术) |
| | 延长榆林煤化15万吨合成气制油 | 陕西榆林 | |
| | 兖矿榆林100万吨间接煤制油 | 陕西榆林 | 液化(兖矿低温费托合成油技术)<br>气化(多喷嘴对置式水煤浆气化技术) |
| | 伊泰华电甘泉堡200万吨煤制油 | 新疆维吾尔自治区乌鲁木齐市甘泉堡工业园区北区 | 液化(中科合成油技术)<br>气化(航天粉煤加压气化技术) |
| | 伊泰内蒙古200万吨间接煤制油 | 内蒙古准格尔旗大路开发区 | 液化(中科合成油技术) |
| | 浙能嘉兴10万吨甲醇制汽油 | 浙江嘉兴港区化工园区 | (MTO/OCP)工艺和惠生专有烯烃分离技术 |
| | 晋煤100万吨甲醇制清洁燃料 | 山西晋城北留-周村化工园区 | 液化(埃克森美孚MTG技术) |
| | 伊泰杭锦旗120万吨精细化学品项目 | 内蒙古鄂尔多斯杭锦旗独贵塔拉工业园区 | 液化(中科合成油技术)<br>气化(航天粉煤加压气化技术) |

续表

| 路径 | 项目名称 | 地点 | 核心工艺 |
| --- | --- | --- | --- |
| 煤制烯烃 | 神华乌鲁木齐68万吨煤基新材料 | 新疆乌鲁木齐 | GE水煤浆加压气化 |
| | 大唐多伦40万吨煤制烯烃 | 内蒙古锡林郭勒盟多伦县 | 壳牌粉煤气化技术 |
| | 神华宁东50万吨煤制烯烃 | 宁夏宁东能源化工基地 | 西门子GSP气化技术 |
| | 中原石化20万吨甲醇制烯烃 | 河南濮阳 | S-MTO技术 |
| | 惠生南京30万吨甲醇制烯烃 | 南京 | (MTO/OCP)工艺和惠生专有烯烃分离技术 |
| | 富德宁波60万吨甲醇制烯烃 | 浙江宁波化学工业园区 | 中科院大连化物所DMTO工艺 |
| | 中天鄂尔多斯130万吨煤制烯烃 | 内蒙古鄂尔多斯乌审旗图克工业园区 | 气化(GE水煤浆加压气化)<br>甲醇合成(鲁奇甲醇合成技术)<br>MTO(中石化S-MTO工艺) |
| | 中煤伊犁60万吨煤制烯烃 | 新疆伊犁察布查尔县伊南工业园区 | 气化(GE水煤浆加压气化)<br>甲醇合成(戴维甲醇合成技术)<br>MTO(中科院大连化物所DMTO工艺) |
| | 陕西蒲城清洁能化70万吨煤制烯烃 | 陕西蒲城县渭北煤化工园区 | 气化(GE水煤浆加压气化)<br>甲醇合成(戴维甲醇合成技术)<br>MTO(中科院大连化物所DMTO工艺) |
| | 安徽华谊化工50万吨煤制烯烃 | 安徽无为 | 气化(华东理工大学多喷嘴干煤粉气化) |
| | 富德常州100万吨甲醇制烯烃 | 江苏常州市新北工业园区 | MTO(中科院大连化物所DMTO工艺) |
| | 华泓汇金70万吨煤制烯烃 | 甘肃平凉 | |
| | 华亭煤业20万吨甲醇制烯烃 | 甘肃省平凉市华亭县华亭工业园区 | MTP(中化工程清华淮化FMTP工艺) |
| | 久泰内蒙古60万吨甲醇制烯烃 | 内蒙古鄂尔多斯 | MTO(UOP霍尼韦尔MTO工艺) |
| | 宁夏宝丰60万吨焦炉煤制烯烃 | 宁夏宁东宝丰能源循环经济工业园区 | MTO(中科院大连化物所DMTO工艺) |
| | 青海矿业120万吨煤制烯烃 | 青海格尔木工业园 | 气化(科林CCG粉煤加压气化技术)<br>MTO(中科院大连化物所DMTO工艺) |

续表

| 路径 | 项目名称 | 地点 | 核心工艺 |
| --- | --- | --- | --- |
| 煤制烯烃 | 青海盐湖100万吨煤制烯烃 | 青海格尔木察尔汗 | MTO（中科院大连化物所DMTO工艺） |
| | 山东阳煤恒通30万吨甲醇制烯烃 | 山东临沂 | MTO（UOP霍尼韦尔MTO工艺） |
| | 斯尔邦83万吨甲醇制烯烃 | 江苏连云港 | MTO（UOP霍尼韦尔MTO工艺） |
| | 山东龙港40万吨甲醇制烯烃 | 山东东营 | |
| | 神华榆林68万吨甲醇制烯烃 | 陕西榆林神木 | |
| | 山西焦煤60万吨煤制烯烃 | 山西省临汾市洪洞县 | MTO（中科院大连化物所DMTO工艺） |
| | 同煤集团60万吨煤制烯烃 | 山西大同 | 气化(壳牌粉煤气化技术)<br>甲醇合成(戴维甲醇合成技术)<br>PP(Dow Unipol聚丙烯技术) |
| | 兖矿荣信化工60万吨煤制烯烃 | 内蒙古鄂尔多斯 | 气化(多喷嘴对置式水煤浆气化技术)<br>甲醇合成(戴维甲醇合成技术) |
| | 中安联合化70万吨煤制烯烃 | 安徽淮南 | MTO(中石化S-MTO工艺) |
| | 中石化贵州织金60万吨煤制烯烃 | 贵州毕节市织金县 | |
| | 中石化河南煤化60万吨甲醇制烯烃 | 河南鹤壁宝山循环经济产业集聚区 | |
| | 中煤蒙大新能源50万吨工程塑料 | 内蒙古鄂尔多斯市乌审旗乌审召工业园区 | MTO（中科院大连化物所DMTO工艺）<br>PE(Univation-Unipol聚乙烯技术) |
| | 神华乌鲁木齐68万吨煤基新材料 | 新疆乌鲁木齐 | 气化(GE水煤浆加压气化)<br>甲醇合成(戴维甲醇合成技术)<br>MTO(神华SHMTO技术) |
| | 神华榆林循环经济煤炭综合利用项目 | 陕西榆林 | |
| | 青海大美煤炭深加工项目 | 青海西宁 | |

续表

| 路径 | 项目名称 | 地点 | 核心工艺 |
| --- | --- | --- | --- |
| 煤制气 | 新天伊犁20亿立方米煤制天然气 | 新疆伊犁伊宁 | 气化:鲁奇碎煤加压气化<br>净化:林德低温甲醇洗<br>甲烷化:戴维甲烷化技术 |
|  | 庆华伊犁55亿立方米煤制气 | 新疆伊犁伊宁县伊东工业园 | 气化:鲁奇碎煤加压气化<br>甲烷化:托普索甲烷化技术 |
|  | 淮东300亿立方米煤制气示范项目 | 新疆 |  |
|  | 大唐克旗40亿立方米煤制气 | 内蒙古自治区赤峰市克什克腾旗 | 国产碎煤加压气化技术 |
| 煤制乙二醇 | 新疆天业5万吨煤制乙二醇 | 新疆石河子北工业区 | 日本宇部兴产煤制乙二醇技术 |
|  | 通辽金煤20万吨煤制乙二醇 | 内蒙古通辽 | CTEG:丹化科技/中科院福建物质结构研究所技术<br>气化:恩德粉煤气化技术 |
|  | 华鲁恒升5万吨煤制乙二醇 | 山东德州 | CTEG:上海戊正合成气制乙二醇技术 |
|  | 永金新乡20万吨煤制乙二醇 | 河南安阳 | CTEG:丹化科技/中科院福建物质结构研究所技术 |
|  | 中石化湖北化肥20万吨煤制乙二醇 | 湖北枝江 | 中石化自主技术 |
| 煤制尿素 | 湖北宜化准东五彩湾煤电煤化循环工业园区的60万吨尿素 | 吉木萨尔县五彩湾湖北宜化循环工业园 | 湖北宜化自主知识产权的富氧煤气化技术 |
|  | 宁夏捷美丰友化工有限公司在宁东能源化工基地投资建设的40万吨合成氨、70万吨尿素并联产30万吨甲醇项目 | 宁东能源化工基地 | 多元料浆气化技术 |
|  | 中国国电集团年产30万吨合成氨和52万吨尿素 | 蒙东地区 | 德国鲁奇炉固定加压床气化技术 |
|  | 冀中能源邢矿集团年产30万吨合成氨、52万吨尿素的煤制化肥项目 | 巴彦淖尔五原县工业园区 | 水煤浆加压气化工艺 |
|  | 中海石油华鹤30万吨合成氨、52万吨尿素项目 | 黑龙江鹤岗 | 荷兰斯塔米卡邦公司 |

### 1.1.4 煤化工废水排放特点

#### 1.1.4.1 煤制油废水特点

煤制油生产过程中排放大量的废水，每生产1t产品的废水排放量均在10t以上，因此，随着煤制油工业的迅速发展，将有大量的煤制油生产废水排放量。煤制油废水的主要特征为：有机物浓度高且成分复杂、氨氮及酚类的浓度高、毒性大、色度大及可生化性差等特点，是一种典型的难处理的煤化工废水。煤制油废水中无机化合物主要为硫化物、氨氮、氰化物等，有机化合物主要为芳香族化合物及含氮、氧、硫的杂环化合物等。通常煤制油废水的$COD_{Cr}$浓度为4000～6500mg/L、氨氮浓度为180～210mg/L、酚浓度为40～50mg/L等。煤制油废水的大量排放及废水成分复杂、难以生物降解的特点成为困扰我国煤制油行业的一个重大难题。

#### 1.1.4.2 煤制烯烃废水特点

煤制烯烃产生废水的环节主要有气化装置的灰水、净化装置低温甲醇洗的废水、MTO装置洗涤塔废水和化学生成水、PE和PP装置初期雨水池废水、全厂生活污水等。以上几股水经调节池混合后，进水水质见表1-2。

**表1-2 调节池混合后进水水质**

| 项目 | COD/(mg/L) | 氨氮/(mg/L) | 硬度/(mg/L) | pH |
|---|---|---|---|---|
| 进水水质 | 900～1200 | ≤200 | 800～1200 | 6～9 |
| 排放标准 | ≤100 | ≤15 | — | 6～9 |

#### 1.1.4.3 煤制甲醇废水特点

甲醇废水是指在甲醇生产或使用过程中，由精馏塔底部排出的蒸馏残液，其COD和$BOD_5$分别为8000～20000mg/L和5000～10000mg/L。由于甲醇废水的$BOD_5$/COD较高，属于易降解高浓度有机废水。若将甲醇废水直排入水体，会对环境造成严重的污染和破坏。甲醇废水成分复杂，含氨氮、酚、挥发酚、石油类、硫化物、氰化物、SS等可溶性物质。其中氰化物属剧毒物质，能引起中枢神经中毒，导致麻痹和窒息；苯、吡啶等部分多环芳烃有较强的致癌性；酚属高毒类，为细胞原浆毒物，对各种细胞有直接毒害，对皮肤和黏膜表皮有强烈的腐蚀作用。若将这类废水直接排入水体，会对环境造成较严重的污染。甲醇废水有以下显著特点：

① 来水水质水量波动大：来水水质水量经常超出涉及范围，对后续生化处理影响很大。

② 来水粉煤灰与粉煤渣含量高：来水中含有高浓度的粉煤灰和粉煤渣，通

常 SS 在 150mg/L，最大时可达到 600mg/L，可通过物化预处理来处理其悬浮物，投加絮凝剂与助凝剂去除大量的 SS。

③ 来水高氨氮，碳氮比小：来水氨氮在 150～300mg/L，最高可达 400mg/L，碳氮比在 2～4，这就决定了生化反应中的反硝化阶段必须要有足够的碳源来保证反硝化的顺利进行。

我国煤化工行业不仅污染物排放严重，而且污染防治相对较落后，煤化工生产子行业之间的污染防治也存在较大的差别。在焦化和合成氨等传统煤化工行业中已经形成了完整的污染物防治技术体系，污染治理的新技术也不断开发出来。例如，我国的焦化废水处理已经形成了蒸氨＋脱酚＋A/O 工艺＋混凝沉淀-过滤处理工艺以及膜深度处理工艺等一整套处理技术，并形成了相应的工程技术规范。高级氧化等新兴的深度处理技术也不断被开发出来，应用于焦化废水处理中，焦化废水处理成功工程实例不断增加，废水处理达标率和回用率不断升高。然而，与焦化废水同属于高浓度有毒有害废水的鲁奇炉气化废水，其处理技术多年来的研究一直较少，主要参考焦化废水处理技术进行处理。由于水质存在差别，所以目前无论是煤制甲醇还是煤制清洁燃气生产中的鲁奇炉气化废水的处理，均存在技术不过关的问题，不少企业均存在超标排放的问题。

### 1.1.5 煤化工的资源环境承载力

(1) 水资源压力大

煤化工项目耗水量巨大，煤转化的新鲜水耗一般 2.5t/t 以上，由于水以蒸汽形式作为原料参与煤气化反应，所以煤化工单位产品的水消耗量远高于石化产品。与同等投资的项目相比，煤化工企业要比生产同类产品的石油化工企业消耗更多的水资源。据统计，生产 1t 合成氨，石油化工水耗为 13.4t，煤化工水耗则是 18t；生产 1t 烯烃，石油化工耗水约 8t，煤化工就要 32t 水（设计值），煤化工产品耗水量如表 1-3 所示。

表 1-3 煤化工产品耗水量情况

| 项目 | 煤制品耗水量 | 石化产品耗水量 |
| --- | --- | --- |
| 1t 合成氨 | 18t | 13.4t |
| 1t 烯烃 | 32t | 8t |

“十二五”期间，国家发改委批复了 11 个省份共计 15 个煤炭深加工示范项目，年总耗水量达 11 亿立方米，如果再加上采煤、火电，到“十二五”末，中国煤炭基地的建设消耗水资源约 100 亿立方米，相当于 1/4 条黄河正常年份可供水量。

煤化工企业的正常运转需要足够的新鲜水资源，然而，我国煤化工企业大多分布在煤炭资源丰富的西北地区，如内蒙古、陕西、新疆等地，而这些地区恰恰水资源匮乏，大部分新型煤化工项目都受到水资源的严重制约，水资源成本高昂。2011 年，国家发改委发布的《关于规范煤化工产业有序发展的通知》中提到，煤炭供应要优先满足群众生活和发电需要，严禁挤占生活、生态和农业用水发展煤化工，对取水量已达到或超过控制指标的地区，暂停审批煤化工项目新增取水。2012 年国务院发布了《关于实行最严格水资源管理制度的意见》，划出了至 2030 年前全国用水总量红线、用水效率红线和区域纳污红线 3 条不可逾越的红线，从国家层面实行最严格水资源管理。2014 年 8 月 20 日国家发改委颁布的《西部地区鼓励类产业目录》中将征求意见稿原有的煤化工项目取消，进一步明确了国家对煤化工项目谨慎发展，示范先行的态度。另外，国家对新建煤化工项目的用水也提出了严格的指标要求，其中焦化项目的水资源重复利用率达到 85%以上，其他煤炭深加工项目达到 95%以上。在上述背景下，水资源问题已成为制约煤化工产业发展的瓶颈。

(2) 水污染控制难度加大

煤化工行业既是用水大户也是排污大户，单位产品废水产生量在 1t/t 以上，据了解，年产 20 万吨的甲醇装置每小时排放废水达上百吨。而且废水中含有难降解的焦油、酚等物质，成分复杂。采用一般的生化工艺很难处理，煤化工行业的废水污染控制的难度大。

煤化工企业的正常运转需要有环境容量足够大的纳污水体。然而，我国煤化工企业大多分布在煤炭资源丰富的西北地区，这些地区水环境容量不足，甚至缺乏纳污水体。《2011 年中国环境状况公报》显示，2011 年我国地表水水质总体为轻度污染。为此一些地方也相继颁布了严格的废水排放标准，黄河、淮河等水污染严重的敏感流域、区域和省份甚至不允许工业企业废水排放到地表水体。国家对新建煤化工项目的用水和水污染物的排放也提出了严格的指标要求。因此，寻求投资省、处理效果好、工艺稳定性强、运行费用低的废水处理工艺，开展中水回用设施建设，提高水资源的重复利用率，最大限度地实现节水，已经成为煤化工行业发展的迫切需求。

(3) 技术装备仍是制约瓶颈

从“十三五”发展规划来看，尽管我国现代煤化工在关键技术研发和工程化方面都取得了重大突破，但技术装备缺失或低水平仍是制约产业发展的重要瓶颈。主要表现在：一是许多关键工艺技术尚未突破，导致现代煤化工产业链短，产品品种少、品质低，同质化现象突出；二是自主核心技术装备竞争力有待提高，甲烷化等部分核心技术，关键装备、材料仍依赖进口，对降低工程造价、缩短建设周期造成了不利影响；三是工艺流程和技术集成尚需优化升级，装置规模不配套，导致投运的示范工程项目在能源转化效率、煤耗、水耗等技术经济指标方面还有较大的提升空间；四是国内装备在大型化、过程控制等方面与国际先进水平相比仍有一定差距。

(4) 标准缺失，标准体系亟待建立

从“十三五”发展规划来看，现代煤化工标准数量较少且标准体系架构涉及面较窄，在清洁生产标准、技术安全导则、分类及其命名规范等重要的导向性、规范性基础通用标准上大量缺失。从具体上看：一是煤基产品标准缺失，影响产品市场定位和销售；二是在项目设计、建设和运营管理环节因缺少相应标准规范，同一个项目采用多个行业标准，影响建设水平和质量，不利于项目整体优化；三是缺少现代煤化工安全环保标准，导致项目设计、运行、管理的针对性不足，增加了安环工作的难度；四是现代煤化工标准化工作被分割在不同的标委会归口管理，缺乏协调主体，影响了标准管理体系的形成。

## 1.2 煤制油概述

以煤炭为原料制取液体（烃类）燃料为主要产品的技术称为煤炭液化技术。目前有完全两种不同的技术路线。一种是煤炭直接液化技术，通过溶剂抽提或在高温高压有催化剂的作用下，给煤浆加氢使煤中复杂的有机化合物分子结构发生变化，提高 H/C 原子比，使煤直接液化为液体燃料。另一种是煤炭间接液化技术，先将煤炭加氧和水蒸气进行气化，制成合成气（$CO+H_2$），在一定温度和压力下，合成气定向催化合成液体燃料。目前间接液化技术早在南非 Sasol 实现了大型工业化生产。2008～2009 年中国已有三套年产 16 万～18 万吨的煤间接液化装置投入生产。直接液化技术只有中国神华集团在内蒙古建成世界第一套百万吨的工业装置投入试生产。另外，还有两种实现了合成气最终制取燃料油的间接液化技术，一是美国 Mobil 公司开发成功的用甲醇生产汽油的 MTG 技术，1985 年在新西兰建成了大型工业生产装置；二是 Shell 公司开发的用甲醇生产中间馏分油时 SMDS 技术，用合成气生产发动机燃料油，在马来西亚建成了大型工业生产装置。目前世界上的 7 个间接液化制合成油的大型工厂在运行。另外，日本三菱重工和 Cosmo 石油合作开发的由合成气经二甲醚两段合成汽油技术（AM-STG），1986 年建成了 120kg/d 的中间试验装置，目前仍未实现工业化生产。20 世纪 70 年代中国科学院山西煤炭化学研究所、煤炭科学研究院总院北京煤炭化学研究所、大连化学物理研究所、山东兖矿集团有限公司等单位，在煤炭液化方面做了大量研究开发工作，取得了一定的成果，为在中国实现煤液化工业化生产迈出了一大步。中国有丰富的煤炭资源，发展煤液化技术生产替代石油产品，是解决中国石油短缺，保障国防安全，也是解决中国社会经济发展对油品需求不断增长的重要途径之一，具有重大的战略意义。

### 1.2.1 煤直接液化

煤直接液化首先是德国科学家 Friedrich Bergius 于 1913 年发明的，并因此获得了诺贝尔化学奖。目前国外最具代表性的工艺有以下几种：由美国煤炭研究局（OCR）与 Spencev 化学公司联合开发的溶剂精制煤工艺 SRC、美国埃克森研究和工程公司的供氢溶剂法 EDS、美国碳氢化合物公司的氢煤法 H-Coal（600 吨/天）和煤催化两段液化 CTSL 工艺、德国环保与原材料回收公司与德国矿冶技术检测有限公司（DMT）的德国 IGOR 工艺（200 吨/天）、英国不列颠煤炭公司在政府的支持下开发的溶剂萃取液化工艺 LSE、俄罗斯低压加氢液体工艺、美国的 HTI 工艺、日本的 NEDOL（150 吨/天）和 BCL 煤液化工艺。煤直接液化于 50 年前已达到工业化应用水平，不过目前真正实现工业化如前所述只有少数几种工艺。

直接液化法使煤浆在循环的供氢溶剂中与氢混合，溶剂首先通过催化器，拾取氢原子，然后通过液化反应器，释放出氢原子，使煤分解；氢-煤法采用沸腾床反应器，直接加氢将煤转化成液体燃料。

煤在一定温度、压力下的加氢液化过程基本分为三大步骤：

① 当温度升至 300 ℃ 以上时，煤受热分解，大分子结构中较弱的桥键开始断裂，从而产生大量的以结构单元为基体的自由基碎片，自由基的相对分子质量在数百范围。

② 在具有供氢能力的溶剂环境和较高氢气压力的条件下自由基被加氢得到稳定，成为沥青烯及液化油分子。能与自由基结合的氢并非是分子氢（$H_2$），而应是氢自由基，即氢原子，或者是活化氢分子，氢原子或活化氢分子的来源有：

a. 分子中碳氢键断裂产生的氢自由基；

b. 供氢溶剂碳氢键断裂产生的氢自由基；

c. 氢气中的氢分子被催化剂活化；

d. 化学反应放出的氢。

③ 沥青烯及液化油分子被继续加氢裂化生成更小的分子。当外界提供的活性氢不足时，自由基碎片可发生缩聚反应和高温下的脱氢反应，最后生成固体半焦或焦炭。

直接液化对煤质的要求灰分一般小于 5%，需采用精煤，要先把煤磨成 200 目（粒径 0.074mm）左右的煤粉，氢含量越高越好，氧的含量越低越好，硫和氮等杂原子含量越低越好，以降低油品加工费用。因此，能用于直接液化的煤，一般是褐煤、长焰煤等年轻煤种，而且这些牌号的煤也不是都能直接液化的，神华集团的不粘煤、长焰煤和云南先锋矿的褐煤都是较好的直接液化煤。

直接液化典型的工艺过程主要包括煤的破碎与干燥、煤浆制备、加氢液化、固液分离、气体净化、液体产品分馏和精制，以及液化残渣气化制取氢气等部分。氢气制备是加氢液化的重要环节，大规模制氢通常采用煤气化及天然气转化。液化过程中，将煤、催化剂和循环油制成的煤浆，与制得的氢气混合送入反应器。在液化反应器内，煤首先发生热解反应，生成不稳定的自由基，再与氢在催化剂存在条件下结合形成分子量比煤低得多的初级加氢产物。出反应器的产物构成十分复杂，包括气、液、固三相，气相的主要成分是氢气，分离后循环返回反应器重新参加反应；固相为未反应的煤、矿物质及催化剂；液相则为轻油（粗汽油）、中油等馏分油及重油。液相馏分油经提质加工（如加氢精制、加氢裂化和重整）得到合格的汽油、柴油和航空煤油等产品。重质的液固淤浆经进一步分离得到重油和残渣，重油作为循环溶剂配煤浆用。

煤直接液化粗油中石脑油馏分约占15%～30%，且芳烃含量较高，加氢后的石脑油馏分经过较缓和的重整即可得到高辛烷值汽油和丰富的芳烃原料，中油约占全部直接液化油的50%～60%，芳烃含量高达70%以上，经深度加氢后可获得合格柴油。重油馏分一般占液化粗油的10%～20%，杂原子、沥青烯含量较高，加工较困难，可以作为燃料油使用。煤液化中油和重油混合经加氢裂化可以制取汽油。并在加氢裂化前进行深度加氢以除去其中的杂原子及金属盐。

图1-1所示为某项目煤直接液化流程框图。

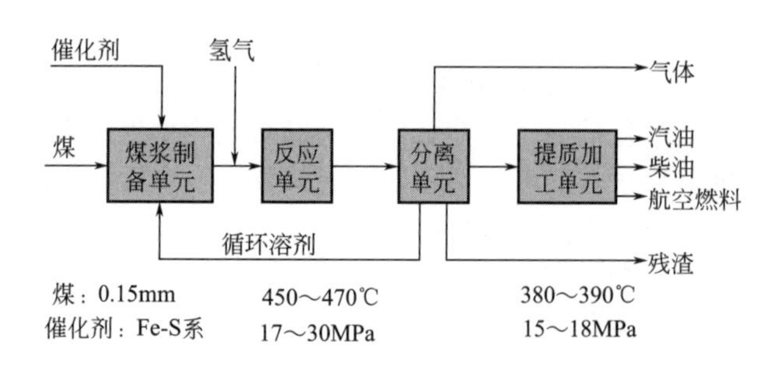


图1-1　某项目煤直接液化流程框图

## 1.2.2　煤间接液化

煤间接液化是先把煤炭在高温下与氧气和水蒸气反应，使煤炭全部气化，转化成合成气，然后再在催化剂的作用下合成为液体燃料的工艺技术。在直接液化煤制油（DCTL）、间接液化煤制油（ICTL）和煤基甲醇制汽油（MTG）之外，煤油共炼也是值得关注的煤制油发展方向。公开资料显示，煤油共炼是将煤粒直径小于100μm的煤浆与渣油按1∶1比例混合，在21.3MPa、470℃以及磁磺铁矿等催化剂条件下加氢反应。利用褐煤或年轻烟煤与炼厂渣油具有的良好协同效应，可大幅缓解煤直接液化制油的反应苛刻度，提高油品转化率和产品收率。与传统的煤直接液化相比，煤油共炼技术具有氢耗低、投资低、转化率高的比较优势。延长石油集团煤油共炼试验示范项目于2012年4月开工建设，年转化原煤（干基）22.5万吨、渣油22.5万吨、天然气7.75万吨。该项目所用煤油共炼技术是延长石油集团与美国KBR公司合作开发，已在美国完成中试。生产出原料气、经过净化后再合成油。目前间接液化已在许多国家实现了工业生产，主要分两种生产工艺，一是费托（Fischer-Tropsch）工艺，将原料气直接合成油；二是美孚（Mobil）工艺，由原料气合成甲醇，再将甲醇转化成汽油。

（1）费托（Fischer-Tropsch）工艺

典型煤基F-T合成工艺包括：煤的气化及煤气净化、变换和脱碳，F-T合成反应，油品加工等3个纯串联步骤。

气化装置产出的粗煤气经除尘、冷却得到净煤气，净煤气经CO宽温耐硫变换和酸性气体脱除，得到成分合格的合成气。合成气进入合成反应器，在一定温度、压力及催化剂作用下，$H_2$和CO转化为直链烃类、水以及少量的含氧有机化合物。生成物经三相分离，水相去提取醇、酮、醛等化学品；油相采用常规石油炼制手段（如常、减压蒸馏），根据需要切割出产品馏分，经进一步加工（如加氢精制、临氢降凝、催化重整、加氢裂化等工艺）得到合格的油品或中间产品；气相经冷冻分离及烯烃转化处理得到LPG、聚合级丙烯、聚合级乙烯及中热值燃料气。

主反应

- 生成烷烃：$n\mathrm{CO} + (2n+1)\mathrm{H_2} \longrightarrow \mathrm{C}_n\mathrm{H}_{2n} + 2\mathrm{H} + n\mathrm{H_2O}$
- 生成烯烃：$n\mathrm{CO} + 2n\mathrm{H_2} \longrightarrow \mathrm{C}_n\mathrm{H}_{2n} + n\mathrm{H_2O}$

副反应

- 生成醇：$n\mathrm{CO} + 2n\mathrm{H_2} \longrightarrow \mathrm{C}_n\mathrm{H}_{2n+1}\mathrm{OH} + (n-1)\mathrm{H_2O}$
- 结炭：$2n\mathrm{CO} \longrightarrow n\mathrm{C} + n\mathrm{CO_2}$
- 生成有机醛、酮、酸

F-T合成单元流程示意图如图1-2所示。

（2）Mobil工艺

Mobil法高辛烷值汽油的合成路线是指以甲醇作原料，在一定温度、压力和空速下，通过合成沸石催化剂（晶体硅铝酸盐分子筛）中进行脱水、低聚、异构等步骤转化为$C_{11}$以下烃类油的过程。在常压～3MPa、350～400.2℃的条件下，甲醇的转化率达100%，且催化剂的活性不易衰减。

甲醇转化的反应较复杂，首先甲醇脱氢转化为低分子烯烃，再进一步与较大分子的烯烃反应生成烷烃、环烷烃和芳烃。用ZSM-5沸石把甲醇转化成汽油的工艺过程可以表示为：

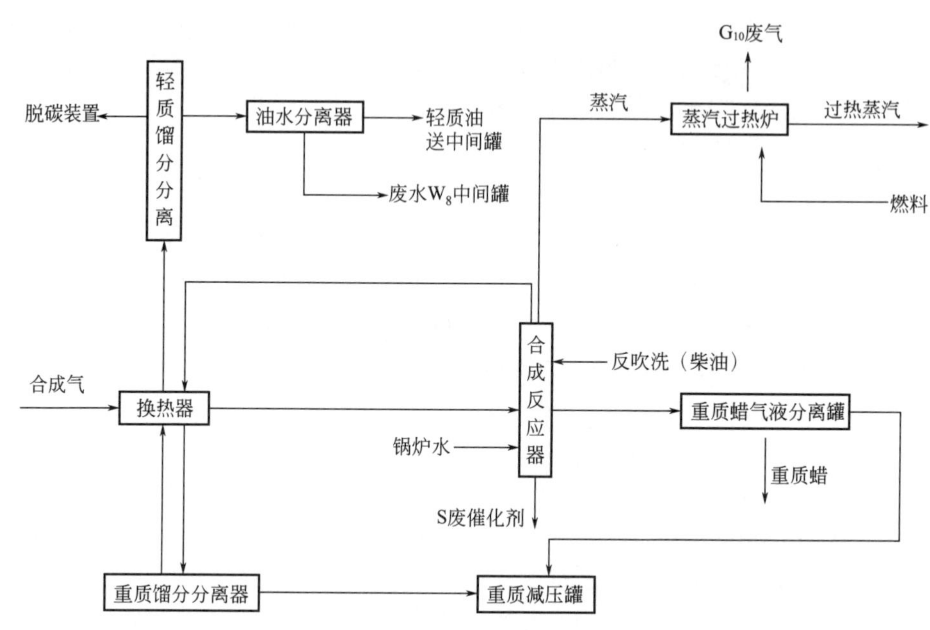


图 1-2　费托合成流程示意图

$CH_3OH \rightarrow CH_3OCH_3 \rightarrow C_2 \sim C_5 \rightarrow$石蜡烃、芳烃、环烷烃。

上述过程也可用如下反应表示：

$$nCH_3OH \longrightarrow (-CH_2-)_n + nH_2O$$

起始的脱水反应很快地形成了甲醇、二甲醚和水的混合物，含氧物进一步脱水得到 $C_2 \sim C_5$ 轻质烯烃。当甲醇脱水反应完成后，进一步反应则是 $C_2 \sim C_5$ 烯烃的缩合、环化，生成分子量更高、在汽油沸程内的烃类，以及 $C_6$ 以上的芳香烃、链烷烃等，最终形成 $C_2 \sim C_{11}$ 的烃类混合物。它是一种自催化反应，若增加烯烃浓度，反应就加快，因此采用轻烃再循环的办法，对提高反应速率有利。现有的 MTG 工艺路线可以分为三条，即经典的固定床工艺、流化床工艺、多管式反应器工艺。各工艺流程如图 1-3～图 1-5 所示。

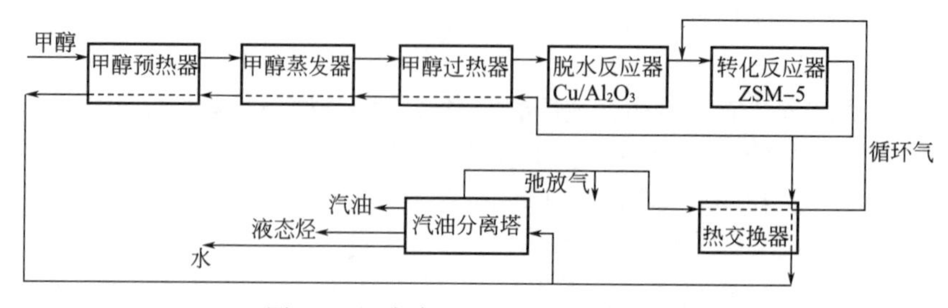


图 1-3　固定床工艺——Mobil 法流程

表 1-4 为固定床与流化床 MTG 对比。

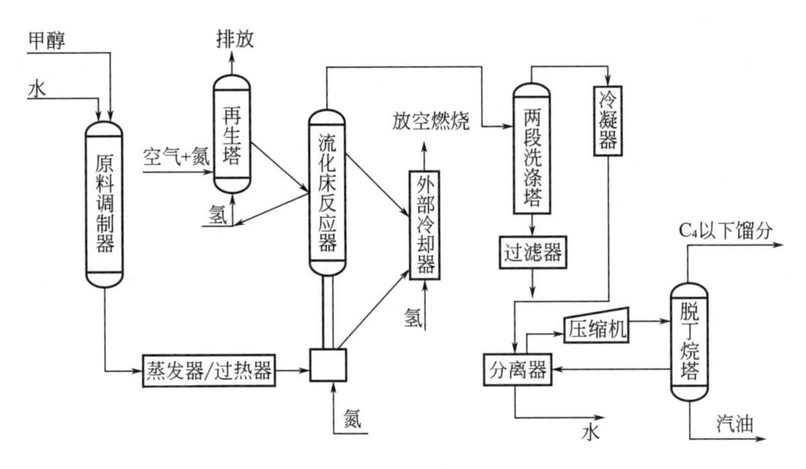


图 1-4 流化床 URBK-Mobil 法流程

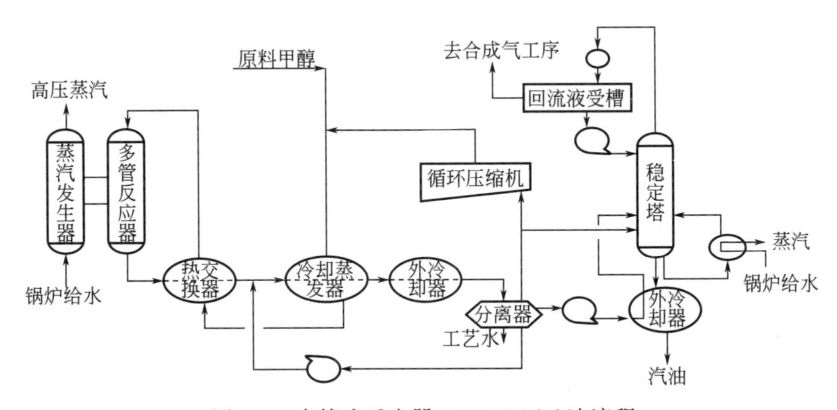


图 1-5 多管式反应器 Lurgi-Mobil 法流程

**表 1-4 固定床与流化床 MTG 对比**

| 项目 | 条件 | 固定床 | 流化床 |
| --- | --- | --- | --- |
| 工艺 | MTG 反应器入口温度/℃ | 360 | 413 |
| | MTG 反应器出口温度/℃ | 412 | 413 |
| | 反应压力/MPa | 2.17 | 0.275 |
| 对甲醇产率 | 烃类/% | 43.66 | 43.5 |
| | 水/% | 56.15 | 56.0 |
| | $CO$、$CO_2$、$H_2$ 及其他/% | 0.19 | 0.3 |
| 汽油含烷基化油 | $C_5$/% | 79.9 | 60.0 |
| | 产率(占烃类)/% | 85.0 | 88.0 |
| | 辛烷值 | 95 | 96 |

煤炭间接液化一直未得到普遍发展的主要原因是原料气成本太高，其煤气化装置投资约占总投资的 40%，且运营费用高，而原料气合成油装置的投资仅占投资的 20%～30%。间接液化对煤质的灰分要求比直接液化相对不严格，原则上所有煤都能气化成合成气。

目前国内间接液化技术的代表是中科院山西煤炭化学研究所（技术公司）。除 F-T 合成外，与化学工业第二设计院和云南煤化公司联合的专利“一种甲醇一步法制取烃类产品的工艺”（专利号：ZL200610048298.9）每制取 1t（LPG+汽油）需要消耗甲醇 2.58t、低压蒸汽（1.3MPa）1.6t 并耗能 180kW·h。煤制油国内分布状况如表 1-5 所示。

**表 1-5 煤制油国内分布状况**

| 状态 | 工艺路径 | 项目名称 | 项目地点 | 产能 | 核心工艺 |
|---|---|---|---|---|---|
| 已建 | 煤制油 | 伊泰鄂尔多斯 16 万吨间接煤制油 | 内蒙古准格尔旗大路开发区 | 16 万吨 | 空分(法液空空分)<br>液化(中科合成油技术)<br>气化(多元料浆气化技术) |
| | | 神华鄂尔多斯 108 万吨直接煤制油 | 内蒙古鄂尔多斯伊金霍洛旗 | 108 万吨 | 空分(林德空分)<br>气化(壳牌粉煤气化技术)<br>液化(美国 HTI 煤液化工艺)<br>控制系统(霍尼韦尔 Honeywell)<br>硫回收(山东三维硫回收技术) |
| | | 潞安 21 万吨间接煤制油 | 山西长治 | 21 万吨 | 液化(中科合成油技术)<br>气化(鲁奇碎煤加压气化) |
| | | 神华鄂尔多斯 18 万吨间接煤制油 | 内蒙古鄂尔多斯 | 18 万吨 | 液化(中科合成油技术) |
| | | 云南先锋 20 万吨甲醇制汽油 | 云南昆明寻甸县金锁工业园 | 20 万吨 | |
| 在建 | 煤制油 | 伊泰伊犁 100 万吨煤制油 | 新疆伊犁哈萨克自治州察布查尔锡伯自治县伊泰伊犁工业园 | 100 万吨 | 液化(中科合成油技术)<br>气化(多喷嘴对置式水煤浆气化技术) |
| | | 潞安山西长治 180 万吨间接煤制油 | 山西省长治市襄垣县王桥镇郭庄潞安油化电热一体化综合示范园区 | 180 万吨 | 气化(壳牌粉煤气化技术)<br>空分(空气化工空分)<br>液化(中科合成油技术) |

续表

| 状态 | 工艺路径 | 项目名称 | 项目地点 | 产能 | 核心工艺 |
| --- | --- | --- | --- | --- | --- |
| 在建 | 煤制油 | 神华宁煤宁东400万吨间接煤制油 | 宁夏宁东煤炭基地 | 400万吨 | 气化(西门子GSP气化技术) |
| | | | | | 液化(中科合成油技术) |
| | | | | | 空分(杭氧空分技术) |
| | | 兖矿榆林100万吨间接煤制油 | 陕西榆林 | 110万吨 | 液化(兖矿低温费托合成油技术) |
| | | | | | 气化(多喷嘴对置式水煤浆气化技术) |
| | | 延长榆林煤化15万吨合成气制油 | 陕西榆林 | 15万吨 | |
| | | 伊泰华电甘泉堡200万吨煤制油 | 新疆维吾尔自治区乌鲁木齐市甘泉堡工业园区北区 | 200万吨 | 液化(中科合成油技术) |
| | | | | | 气化(航天粉煤加压气化技术) |
| | | 伊泰内蒙古200万吨间接煤制油 | 内蒙古准格尔旗大路开发区 | 200万吨 | 液化(中科合成油技术) |
| | | 浙能嘉兴10万吨甲醇制汽油 | 浙江嘉兴港区化工园区 | 10万吨 | (MTO/OCP)工艺和惠生专有烯烃分离技术 |
| | | 晋煤100万吨甲醇制清洁燃料 | 山西晋城北留一周村化工园区 | 100万吨 | 液化(埃克森美孚MTG技术) |
| | | 伊泰杭锦旗120万吨精细化学品项目 | 内蒙古鄂尔多斯杭锦旗独贵特拉工业园区 | 120万吨 | 液化(中科合成油技术) |
| | | | | | 气化(航天粉煤加压气化技术) |
| 拟建 | 煤制油 | 渝富能源贵州600万吨间接煤制油 | 贵州毕节 | 600万吨 | 液化(中科合成油技术) |

# 第2章 煤直接、间接液化生产工艺及产排污分析

## 2.1 煤直接液化生产工艺及产排污分析

### 2.1.1 煤直接液化生产工艺

神华煤液化工程采用“神华煤直接液化”工艺流程。项目由煤制备装置、催化剂制备装置、煤液化装置、煤液化油加氢稳定装置、加氢改质装置、煤制氢装置、空分装置、轻烃回收装置、含硫污水汽提装置、硫黄回收装置、气体脱硫装置、酚回收装置、油渣成型装置和火炬系统等组成。神华煤直接液化主要工艺流程如图 2-1 所示。

### 2.1.2 煤直接液化产排污分析

#### 2.1.2.1 备煤装置

设置本装置的目的主要是将来自固体物料输送单元的精煤进行磨粉、干燥处理，为煤液化装置提供符合其工艺要求的液化煤粉；将来自固体物料输送单元的上湾 3 号煤进行磨粉、干燥处理，为煤制氢装置提供符合其工艺要求的气化煤粉。废水污水源主要是机泵冷却水。

#### 2.1.2.2 催化剂制备装置

设置本装置的目的是使用催化剂原料（硫酸亚铁）、洗精煤及界区外含硫污水汽提装置的液氨，经过催化剂原料的溶解输送、煤制浆、硫酸亚铁与水煤浆的混合、中和反应、氧化反应、催化剂滤液的过滤、催化剂滤饼的干燥以及催化剂成品的输送等工艺过程生产出合格的液化催化剂，供煤液化装置使用。本装置的废水污染源主要有滤液缓冲槽洗涤水、机泵冷却水等。具体废水排放状况见表 2-1。

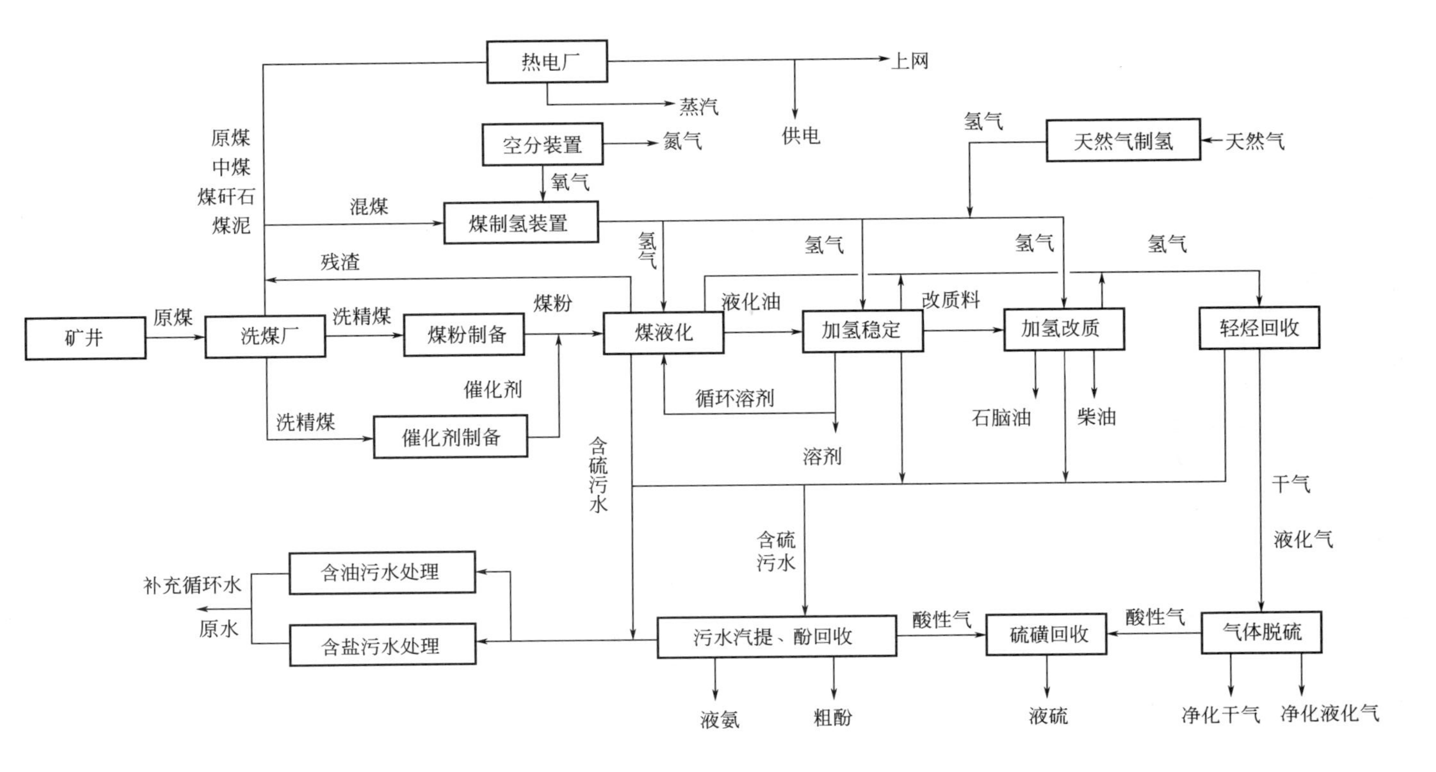


图 2-1　神华煤直接液化主要工艺流程

表 2-1 催化剂制备装置废水排放情况一览表

| 类别 | 污染源名称 | 排放量/($m^3$/h) | 主要污染物 | | | 排放方式 | 处理措施及排放去向 |
|---|---|---|---|---|---|---|---|
| | | | 名称 | 产生浓度/(mg/L) | 产生量/(kg/h) | | |
| 废水 | 滤液缓冲槽洗涤水 | 309 | 氨氮 | 13000 | 1339 | 连续 | 污水处理厂 |
| | | | 硫酸盐 | 35000 | 3605 | | |
| | 机泵冷却水 | 3 | COD | 200～400 | 0.2～0.4 | 连续 | 污水处理厂 |
| | | | 石油类 | 100～200 | 0.1～0.2 | | |

### 2.1.2.3 液化装置

本装置作为神华煤直接液化项目的核心装置之一，主要是将原料精煤、补充硫、催化剂和加氢稳定装置来的供氢溶剂制备成油煤浆，即油煤浆制备部分。反应部分是指油煤浆和氢气在高温、高压以及催化剂作用下进行反应，生成液化油的过程。分馏部分主要是将液化油和未反应的煤、灰分和催化剂等固体进行分离。分离后的液化油去加氢稳定装置，含50%固体的减压塔底油渣去界区。本装置的废水污染源主要有机泵冷却水、常压塔顶回流罐排含硫污水、冷低压分离器排含酚污水等。

具体废水排放状况见表2-2。

表 2-2 煤液化装置废水排放情况一览表

| 类别 | 污染源名称 | 排放量/($m^3$/h) | 主要污染物 | | | 排放方式 | 处理措施及排放去向 |
|---|---|---|---|---|---|---|---|
| | | | 名称 | 产生浓度/(mg/L) | 产生量/(kg/h) | | |
| 废水 | 冷中压分离器排含硫含酚污水 | 153 | 氨氮 | 1.16%(质量) | 1774.8 | 连续 | 污水汽提装置,酚回收 |
| | | | 硫化氢 | 1.37%(质量) | 2096.1 | | |
| | | | 挥发酚 | 6000 | 918 | | |
| | 机泵冷却水 | 75 | COD | 200～400 | 15～30 | 连续 | 污水处理厂 |
| | | | 石油类 | 100～200 | 7.5～15 | | |
| | 地坪冲洗水 | 6 | COD | 200～400 | 1.2～2.4 | 连续 | 污水处理厂 |
| | | | 石油类 | 100～200 | 0.6～2.4 | | |

### 2.1.2.4 煤液化油加氢稳定装置

设置本装置的主要作用是为煤液化装置提供满足要求的溶剂，并且对煤液化装置生产出来的液化油进行预加氢。本装置的废水污染源主要有机泵冷却水、常压分馏塔顶回流罐、冷低压分离器排含硫污水。具体废水排放状况见表2-3。

表 2-3　加氢稳定装置废水排放情况一览表

| 类别 | 污染源名称 | 排放量/($m^3$/h) | 主要污染物 | | | 排放方式 | 处理措施及排放去向 |
|---|---|---|---|---|---|---|---|
| | | | 名称 | 产生浓度/(mg/L) | 产生量/(kg/h) | | |
| 废水 | 塔顶回流罐、冷低压分离器排含硫污水 | 108 | 氨氮 | 1.95% | 0.7 | 连续 | 去污水汽提装置 |
| | | | 氯化物 | 198 | 713 | | |
| | | | 挥发酚 | 2230 | 80.28 | | |
| | | | 硫化氢 | 1.28% | 0.46 | | |
| | 机泵冷却水 | 51 | COD | 200～400 | 3.4～6.8 | 连续 | 污水处理厂 |
| | | | 石油类 | 100～200 | 1.7～3.4 | | |
| | 地坪冲洗水 | 6 | COD | 200～400 | 4～8 | 间断 | 污水处理厂 |
| | | | 石油类 | 100～200 | 0.2～0.4 | | |

## 2.1.2.5　加氢改质装置

设置本装置的目的是深度改善稳定加氢油的质量，提高柴油十六烷值。本装置的废水污染源主要有机泵冷却水、冷高压分离器排含硫污水、分馏塔顶回流罐排含硫污水等。具体废水排放状况见表 2-4。

表 2-4　加氢改质装置废水排放情况一览表

| 类别 | 污染源名称 | 排放量/($m^3$/h) | 主要污染物 | | | 排放方式 | 处理措施及排放去向 |
|---|---|---|---|---|---|---|---|
| | | | 名称 | 产生浓度/(mg/L) | 产生量/(kg/h) | | |
| 废水 | 机泵冷却水 | 15 | COD | 200～400 | 3～6 | 连续 | 送污水处理厂处理 |
| | | | 石油类 | 100～200 | 1.5～3 | | |
| | 冷高压分离器低压分离器排含硫污水 | 24 | COD | 20000～25000 | 480～600 | 连续 | 去污水汽提装置 |
| | | | 石油类 | 50 | 1.2 | | |
| | | | 硫化物 | 15000 | 360 | | |

## 2.1.2.6　重整-抽提装置

设置本装置的目的主要是将来自加氢稳定装置的直馏石脑油进行处理，使部分环烷烃及烷烃经环烷脱氢、烷烃环化脱氢及异构化等反应生成芳烃和异构化烃类，从而提高辛烷值。本装置的废水污染源主要有机泵冷却水、抽空器凝结水罐排污水、气液分离罐排含油含硫污水等。具体废水排放状况见表 2-5。

表 2-5 重整-抽提装置废水排放情况一览表

| 类别 | 污染源名称 | 排放量/($m^3$/h) | 主要污染物 | | | 排放方式 | 处理措施及排放去向 |
|---|---|---|---|---|---|---|---|
| | | | 名称 | 产生浓度/(mg/L) | 产生量/(kg/h) | | |
| 废水 | 冷中压分离器排含硫含酚污水 | 153 | 挥发酚 | 10～30 | 0.05～0.15 | 连续 | 污水处理厂 |
| | | | COD | 200～400 | 1～2 | | |
| | | | 石油类 | 100～200 | 0.5～1 | | |
| | 机泵冷却水 | 75 | COD | 300～500 | 0.3～0.5 | 间断 | 污水处理厂 |
| | | | COD | 300～500 | 0.3～0.5 | | |
| | 地坪冲洗水 | 6 | 石油类 | 50 | 0.05 | 间断 | 污水处理厂 |
| | | | 硫化物 | 50～100 | 0.05～0.1 | | |

## 2.1.2.7 异构化装置

设置本装置的目的主要是将轻质石脑油为原料，将低辛烷值的正构 $C_5$、$C_6$ 馏分转化为辛烷值较高的异构 $C_5$、$C_6$ 馏分，以提高轻质石脑油的辛烷值。本装置的废水污染源主要是机泵冷却水等。具体废水排放状况见表 2-6。

表 2-6 异构化装置废水排放情况一览表

| 类别 | 污染源名称 | 排放量/($m^3$/h) | 主要污染物 | | | 排放方式 | 处理措施及排放去向 |
|---|---|---|---|---|---|---|---|
| | | | 名称 | 产生浓度/(mg/L) | 产生量/(kg/h) | | |
| 废水 | 机泵冷却水 | 1 | COD | 200～400 | 0.2～0.4 | 连续 | 去污水处理厂 |
| | | | 石油类 | 100～200 | 0.1～0.2 | | |

## 2.1.2.8 煤制氢装置

设置本装置的主要目的是为煤液化装置、加氢稳定装置和加氢改质装置提供工艺用补充氢气。本装置的废水污染源主要有煤气化废水、变换工艺冷凝液、废锅排污水、变换洗涤塔污水和甲醇/水分离塔污水等。具体废水排放状况见表 2-7。

## 2.1.2.9 空分装置

设置本装置的主要目的是为备煤装置、煤液化装置和煤制氢装置提供氧气和氮气，本装置是以空气为原料，通过离心式空气压缩、分子筛空气净化、两级空气精馏的方法将空气分离为氧气和氮气，具体工艺流程简述如下：

表 2-7 煤制氢装置废水排放情况一览表

| 类别 | 污染源名称 | 排放量/($m^3$/h) | 主要污染物 | | | 排放方式 | 处理措施及排放去向 |
|---|---|---|---|---|---|---|---|
| | | | 名称 | 产生浓度/(mg/L) | 产生量/(kg/h) | | |
| 废水 | 废锅排污水 | 15 | 主要含钠、钙、镁等无机盐 | | | 连续 | 回用作循环水补水 |
| | 气化污水 | 75 | COD | 300 | 22.5 | 连续 | 去污水处理厂 |
| | | | SS | 100 | 7.5 | | |
| | | | 氨氮 | 160 | 12 | | |
| | | | 氰化物 | 35 | 2.6 | | |
| | 变换洗涤塔污水 | 15 | 氨氮 | 350 | 5.25 | 连续 | 去污水处理厂 |
| | | | 硫化物 | 47 | 0.7 | | |
| | 甲醇水分离塔废水 | 25 | COD | 1500 | 37.5 | 连续 | 去污水处理厂 |
| | | | 氨氮 | 63 | 1.58 | | |

从大气吸入的空气经空气过滤器滤去灰尘与机械杂质后，入空气压缩机加压，然后进入空气冷却塔。空气在空冷塔下段，与被污氮冷却的循环冷却水逆流接触而降温。然后通过上段与经液氨冷却的冷冻水逆流接触降温，通过分子筛吸附器，清除空气中的水分、二氧化碳和碳氢化合物。已净化的空气进入冷箱进行深冷分离，出冷箱的产品氧气供煤气化装置使用；出冷箱的低压氮气一部分经氮气压缩机压缩后送全厂低压氮气用户，另一部分进组合式循环氮压机，从循环氮压机级间抽出的氮气作为产品氮气，从循环氮压机末段排出的氮气，一部分作为循环氮气返回冷箱，剩余部分作为产品氮气送往用户。

该装置无污水排放。

### 2.1.2.10 轻烃回收装置

设置本装置的目的是回收煤液化、加氢稳定、加氢改质等装置排放的气体中的氢气和轻烃。本装置的废水污染源主要有机泵冷却水等。具体废水排放状况见表 2-8。

表 2-8 轻烃回收装置废水排放情况一览表

| 类别 | 污染源名称 | 排放量/($m^3$/h) | 主要污染物 | | | 排放方式 | 处理措施及排放去向 |
|---|---|---|---|---|---|---|---|
| | | | 名称 | 产生浓度/(mg/L) | 产生量/(kg/h) | | |
| 废水 | 机泵冷却水 | 6 | COD | 200～400 | 0.4～0.8 | 连续 | 去污水处理厂 |
| | | | 石油类 | 100～200 | 0.2～0.4 | | |

### 2.1.2.11 污水汽提装置

设置本装置的目的是对煤液化、加氢稳定、加氢改质、硫黄回收等装置排放的含硫废水进行预处理，回收其中的液氨。

本装置是以空气为原料，通过离心式空气压缩、分子筛空气净化、两级空气精馏的方法将空气分离为氧气和氮气，具体工艺流程简述如下：

从大气吸入的空气经空气过滤器滤去灰尘与机械杂质后，入空气压缩机加压，然后进入空气冷却塔。空气在空冷塔下段，与被污氮冷却的循环冷却水逆流接触而降温。然后通过上段与经液氨冷却的冷冻水逆流接触降温，通过分子筛吸附器，清除空气中的水分、二氧化碳和碳氢化合物。已净化的空气进入冷箱进行深冷分离，出冷箱的产品氧气供煤气化装置使用；出冷箱的低压氮气一部分经氮气压缩机压缩后送全厂低压氮气用户，另一部分进组合式循环氮压机，从循环氮压机级间抽出的氮气作为产品氮气，从循环氮压机末段排出的氮气，一部分作为循环氮气返回冷箱，剩余部分作为产品氮气送往用户。

本装置的废水污染源主要有机泵冷却水、脱氨塔底净化水等。具体废水排放状况如表 2-9 所示。

**表 2-9 污水汽提装置废水排放情况一览表**

| 类别 | 污染源名称 | 排放量/($m^3$/h) | 主要污染物 | | | 排放方式 | 处理措施及排放去向 |
|---|---|---|---|---|---|---|---|
| | | | 名称 | 产生浓度/(mg/L) | 产生量/(kg/h) | | |
| 废水 | 机泵冷却水 | 3 | COD | 200～400 | 0.6～1.2 | 连续 | 去污水处理厂 |
| | | | 石油类 | 100～200 | 0.3～0.6 | | |
| | 含硫污水净化水 | 270 | 硫化物 | ≤50 | 13.5 | 连续 | 去酚回收装置 |
| | | | 氨氮 | ≤400 | 108 | | |
| | | | 挥发酚 | ≤5500 | 1485 | | |
| | | | 石油类 | ≤100 | 27 | | |

### 2.1.2.12 硫黄回收装置

设置本装置的目的是对上游装置产生的酸性气体进行处理，以副产硫黄供煤液化装置使用。

本装置制硫部分采用部分燃烧法，即一级高温转化，二级催化转化工艺，尾气处理部分采用齐鲁石化胜利炼油设计院自主开发的“SSR”加氢还原吸收工艺。具体的工艺流程简述如下：

上游装置来的清洁酸性气经分液罐脱液后，进入制硫燃烧炉火嘴，在制硫燃烧炉内约 50%（体积）的 $H_2S$ 进行高温克劳斯反应转化为硫，余下的 $H_2S$ 中有 1/3 转化为 $SO_2$，燃烧时所需空气由制硫炉鼓风机供给。

清洁酸性气分液罐分出的凝液，送至含硫污水汽提装置。

自制硫燃烧炉排出的高温过程气，进入制硫余热锅炉，用余热发生饱和蒸汽输至蒸汽过热器并网；冷凝下来的液体硫黄与过程气分离，自底部流出进入硫封罐。

一级冷凝冷却器管程出口的过程气，通过与高温过程气混合后，进入一级转化器，在催化剂的作用下，过程气中的 $H_2S$ 和 $SO_2$ 转化为元素硫。反应后的气体进入过程气换热器管程。

过程气换热器管程，与二级冷凝冷却器出口的低温过程气换热，冷凝下来的液体硫黄，在管程出口与过程气分离，自底部流出进入硫封罐。分离后的过程气在催化剂的作用下，剩余的 $H_2S$ 和 $SO_2$ 进一步转化为元素硫。

反应后的过程气进入三级冷凝冷却器，冷凝下来的液体硫黄，在管程出口与过程气分离，自底部流入硫封罐。顶部出来的制硫尾气经尾气分液罐分液后进入尾气处理部分。

汇入硫封罐的液硫自流进入液硫池，经注入氨气和氮气，用液硫脱气泵循环脱气处理，液硫中的有毒气体被脱出至气相，用液硫脱气抽空器的中压蒸汽作动力，送至尾气焚烧炉焚烧。脱气后的液硫送至煤液化装置作为硫化介质。

尾气分液罐出口的制硫尾气先进入尾气加热器，与尾气焚烧炉高温烟气换热，混氢后进入加氢反应器，在催化剂的作用下进行加氢、水解反应，使尾气中的 $SO_2$、$S_2$、COS、$CS_2$ 还原、水解为 $H_2S$。反应后的高温气体进入蒸汽发生器发生饱和蒸汽，急冷降温后的尾气进入尾气吸收塔。

自脱硫装置来的 MDEA 贫胺液先进入贫胺液冷却器，后进入尾气吸收塔上部，与尾气逆流接触，尾气中的 $H_2S$ 被吸收。吸收了 $H_2S$ 的 MDEA 富液，返回脱硫装置。

自尾气吸收塔塔顶出来的净化尾气（总硫≤300mg/L），进入尾气焚烧炉，在 610℃高温下，将净化尾气中残留的硫化物焚烧生成 $SO_2$，剩余的 $H_2$ 和烃类燃烧成 $H_2O$ 和 $CO_2$，焚烧后的高温烟气经过蒸汽过热器和尾气加热器回收热量后，烟气温度降至 300℃左右由排气筒排入大气。

硫黄回收装置事故状态紧急放空及开停工时期临时排放的酸性气设专线排至火炬系统。

本装置的废水污染源主要有酸性气分液罐分出的凝液。具体废水排放状况见表 2-10。

**表 2-10 硫黄回收装置废水排放情况一览表**

| 类别 | 污染源名称 | 排放量/($m^3$/h) | 主要污染物 | | | 排放方式 | 处理措施及排放去向 |
|---|---|---|---|---|---|---|---|
| | | | 名称 | 产生浓度/(mg/L) | 产生量/(kg/h) | | |
| 废水 | 酸性气分液罐 | 5.1 | COD | 500 | 2.55 | 连续 | 去污水汽提装置 |
| | | | 硫化物 | 200 | 1.02 | | |

#### 2.1.2.13 气体脱硫装置

设置本装置的目的是对来自煤液化装置的低分气和膜分离氢、加氢稳定装置的低分气、来自加氢改质装置的低分气、来自轻烃回收装置的干气和液化气以及来自硫黄回收装置的富胺液进行处理。

本装置是与上游装置相配套的加工装置。气体及液化气脱硫采用常规的醇胺法脱硫工艺流程，选用进口的 MDEA 脱硫溶剂。具体的工艺流程简述如下：

本装置由气体、液化气脱硫部分和溶剂再生部分组成。

来自煤液化装置、加氢稳定装置和加氢改质装置的低分气在装置内混合，经中压气冷却器冷却、分液罐分液后，气体送至中压气脱硫塔的下部。贫胺液（30%MDEA）打入塔的上部，与中压气在塔内逆流接触。气体中的 $H_2S$ 及部分 $CO_2$ 被胺液吸收并随胺液自塔底流出，净化中压气由塔顶去分胺罐、聚结器沉降分离出携带的液滴后，送至轻烃回收装置。

干气来自轻烃回收装置，经干气分液罐分离出气体携带的凝液，进入干气脱硫塔下部。贫胺液（30%MDEA）经升压、冷却器冷却后，打入塔上部，与干气在塔内逆流接触。气体中的 $H_2S$ 及部分 $CO_2$ 被胺液吸收并随胺液自塔底流出，净化干气由塔顶去分胺罐、聚结器沉降分离出携带的液滴后，送出本装置至燃料气系统。

来自轻烃回收装置的液化气送至液化气进料罐，由液化气进料泵抽出送至液化气脱硫塔下部。贫胺液（30%MDEA）经升压、冷却器冷却后打入塔上部。液化气和贫胺液在塔内逆流接触，液化气中的 $H_2S$ 被胺液吸收并随胺液自塔底流出。净化液化气自塔顶去分胺罐、聚结器沉降分离出携带的液滴后，送出装置。

来自硫黄回收装置的富胺液与中压气脱硫塔、干气脱硫塔和液化气脱硫塔塔底流出的富胺液混合，经换热后，进入富液闪蒸罐，在此闪蒸出所携带的烃类。闪蒸后的富液经富液泵升压，与来自溶剂再生塔底的高温贫液换热升温后，进入溶剂再生塔进行解吸。

再生后的贫液从再生塔底流出，经换热，再冷却，送入溶剂贮罐。部分贫液从贮罐中抽出，分别送至中压气脱硫塔、干气脱硫塔和液化气脱硫塔循环使用。部分贫液则送至硫黄回收装置。再生塔顶的酸性汽，经再生塔顶空冷器、再生塔顶冷凝器冷凝后送至再生塔顶回流罐。罐内液体由再生塔顶回流泵抽出打入塔顶做回流，未冷凝的酸性气由罐顶经压控阀出装置。

本装置的废水污染源主要为机泵冷却水。具体废水排放状况见表 2-11。

**表 2-11 气体脱硫装置废水排放情况一览表**

| 类别 | 污染源名称 | 排放量/($m^3$/h) | 主要污染物 | | | 排放方式 | 处理措施及排放去向 |
|---|---|---|---|---|---|---|---|
| | | | 名称 | 产生浓度/(mg/L) | 产生量/(kg/h) | | |
| 废水 | 机泵冷却水 | 6 | COD | 200～400 | 1.2～2.4 | 连续 | 去污水处理厂 |
| | | | 石油类 | 100～200 | 0.6～1.2 | | |

#### 2.1.2.14 酚回收装置

设置本装置的目的是对来自污水处理装置的含酚污水进行进一步处理，回收其中的酚，脱酚后的净化水送污水处理厂进一步处理。

本装置工艺分五个部分，即萃取、溶剂和氨的脱除、溶剂的回收、废液系统和碱液制备及溶剂贮存，具体流程简述如下：

(1) 萃取

从污水汽提装置来的含酚污水进入转盘萃取塔的上部，通过加入溶剂二异丙基醚，在萃取塔内通过脱酚溶剂和酚水逆流接触把酚水中含有的酚萃取出来。

(2) 溶剂和氨的脱除

萃取塔底的稀酚水经预热后送到水塔上部，塔底再沸器用低压蒸汽间接加热，将溶解在稀酚水中的溶剂和氨汽提出来，塔顶汽提出来的溶剂蒸气在水塔顶部冷凝器中冷凝。回收的溶剂送往溶剂循环槽，作为萃取剂循环使用。

由于上游污水汽提装置来的酚水中含有一定量的固定氨，因此在该塔底部注入一定量的碱液，将固定氨分解为游离氨，然后由塔的中部侧提出来。侧提出来的氨-水蒸气混合物送到分凝器，分凝器中产生的回流液返回塔中部，未冷凝的蒸汽到氨冷凝冷却器中。在此，氨-水蒸气混合物被部分冷凝。侧提的稀氨水及未冷凝的氨气进入氨浓缩塔。经冷凝冷却并浓缩成5%～10%氨水送出界区返回污水汽提装置。水塔底部废水经换热冷却后送生化处理装置进一步处理。

(3) 溶剂的回收

含酚溶剂-萃取物从萃取塔顶部流入萃取物槽，然后经预热后送入酚塔中部。对萃取物进行蒸馏回收溶剂，并得到产品粗酚。

酚塔塔顶汽提出的溶剂蒸气在萃取物预热器中部分冷凝，通过酚塔回流泵抽出送入酚塔顶部作为酚塔的回流液。同时，用溶剂循环泵把溶剂送往萃取塔下部。

粗酚从酚塔的塔釜出来并经粗酚换热，冷却后入粗酚槽，再送往罐区。

(4) 废液系统

本装置的废液收集在废液槽中送回系统。

(5) 碱液制备及溶剂贮存

为了配制合适浓度的碱液，用烧碱99%或42%的NaOH加入软水配制10%的碱液。

本装置的废水污染源主要有水塔底部废水等。具体废水排放状况见表2-12。

表 2-12 酚回收装置废水排放情况一览表

| 类别 | 污染源名称 | 排放量/($m^3$/h) | 主要污染物 | | | 排放方式 | 处理措施及排放去向 |
|---|---|---|---|---|---|---|---|
| | | | 名称 | 产生浓度/(mg/L) | 产生量/(kg/h) | | |
| 废水 | 氨汽提塔排水 | 270 | $NH_3$ | 100 | 27 | 连续 | 去污水处理厂 |
| | | | 硫化氢 | 50 | 13.5 | | |
| | | | 油 | 100 | 27 | | |
| | | | 挥发酚 | 50 | 13.5 | | |

#### 2.1.2.15 油渣成型装置

液体油渣成型是一个全新的课题，目前国内外尚无可供借鉴的成熟工艺。本装置是齐鲁石化胜利炼油设计院根据液体硫黄、沥青等物料的成型工艺，经过调研、论证后在神华煤直接液化项目中开发的油渣冷却固化工艺。具体的工艺过程简述如下：

液体油渣进入油渣成型装置，其中约一半直接进入油渣成型机；剩余部分约一半作为大循环回流返回煤液化装置。油渣成型机的冷却面为一条环型钢带，油渣通过机头均匀落入钢带表面；钢带背面喷洒循环水，间接冷却油渣。在钢带的运行过程中，油渣逐渐固化为厚度 3～5mm 的片状固体，经破碎设施将其破碎为不规则片状。成型机使用后的循环水自流进入循环水池，送返循环水回水管网。

固体油渣块落入 V 形皮带传送机，承担油渣成型机的固体油渣传送；皮带传送机将片状固体油渣送至油渣堆放场堆放；用叉车装汽车运出。

为防止卸出的固体油渣破碎产生粉尘，堆放场设置了喷雾设施，用新鲜水喷洒增湿。

油渣成型抽风机的放空气体进入水洗塔，水洗后高点放空。

## 2.2 煤间接液化生产工艺及产排污分析

### 2.2.1 煤间接液化生产工艺

神华煤间接液化生产工艺由空分装置、备煤装置、煤气化装置、一氧化碳变换装置、酸水汽提装置、合成气净化装置、硫回收装置、油品合成装置、油品加工装置、尾气处理装置、除氧水及凝液精制、甲醇合成装置、场外工程、空压站、余热回收站、液体灌区、原煤燃料煤储运设施、火炬系统等组成。主要工艺流程如图 2-2 所示。

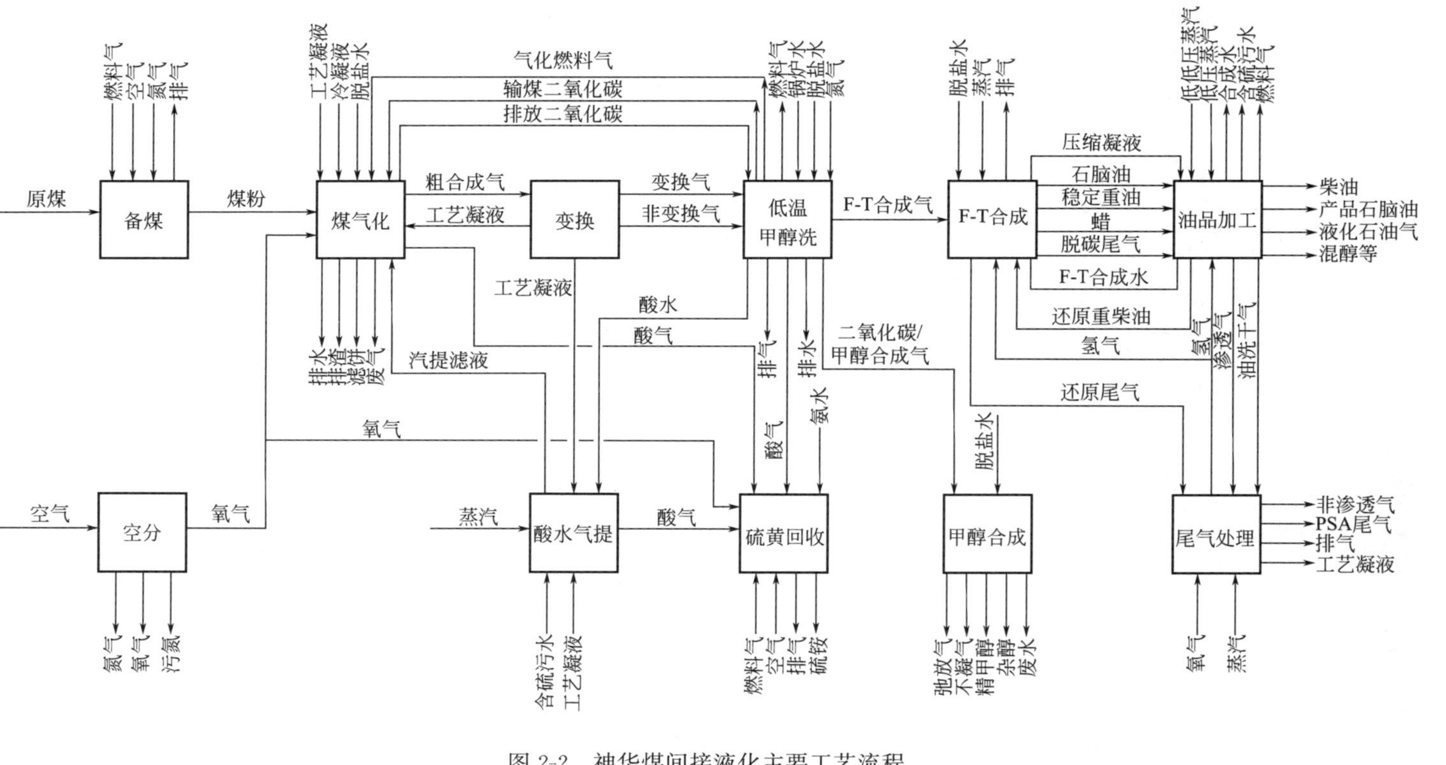


图 2-2 神华煤间接液化主要工艺流程

## 2.2.2 煤间接液化产排污分析

### 2.2.2.1 空分装置

空分装置的作用是为全厂各装备提供所需的氧气、高压氮气、低压氮气。

空分主装置包含12套100500$m^3/h$（标准状况）$O_2$空分单元以及液体贮存及后备系统、现场机柜间、变电所、装置管廊等辅助设施。空分装置分东西两系列，每系列分别包括6套空分装置和1套后备系统。1系列（西）采用国外林德的工艺技术及其成套设备；2系列（东）采用国内杭氧的工艺技术及成套设备。

1系列空分装置与2系列空分装置的工艺流程相似，以1系列为例，空分装置的工艺流程包括以下部分：

（1）空气压缩

原料空气通过空气过滤系统，去除灰尘和机械杂质。过滤后的空气由带中间冷却器的多级透平压缩机压缩后直接送往空气遇冷系统。

（2）预冷和前端净化

压缩后的空气在空冷塔中以对流形式被两侧喷淋冷却水冷却和清洗。在下部，空气被来自水泵的虚幻冷却水预冷，在上部，空气被冷冻水进一步冷却。压缩空气中可溶于水的化学杂质被下落的冷却水清洗吸收。

空气中剩余的杂质，如水蒸气、二氧化碳、一氧化二氮和潜在有害的碳氢化合物，在通过两台装有分子筛（01S1）的吸附器中的一台时被吸附。两台吸附器由来自分馏塔的污氮气加热后进行交替循环再生。

（3）分子筛的吸附和再生

两台吸附器当一台处于吸附工作状态时，另一台吸附器由来自分馏塔的污氮气进行再生；吸附与再生循环交替进行，定时自动切换。

（4）热交换和制冷

大部分来自分子筛纯化装置的干燥纯化空气直接进入冷箱，在主换热器中被污氮气和产品气体冷却至近似露点温度，然后再送入压力塔底部。另一部分纯化空气进入空气增压机进行进一步压缩，以便为膨胀机提供膨胀气和为内压缩产品提供加热气。空气增压机分为2段，从第一段出来的空气经膨胀机增压端增压，并经增压端冷却器冷却后送往主换热器换热，最后从主换热器中部抽出，送往透平膨胀机膨胀制冷；剩下的空气被增压机第二段增压至所需压力，进入主换热器，用于复热产品气体，被冷却后，送入液体膨胀机膨胀，再进入压力塔中部。

（5）空气分离

工艺空气在压力塔经过预分离，顶部得到纯氮气，底部得到富氧液空。顶部氮气大部分进入位于顶部的多层浴式主冷凝蒸发器被冷凝为液氮，部分作为压力塔的回流液。低压塔底部的液氧由液氧循环泵送入主冷凝蒸发器另一侧，液氧则被汽化为气氧，返回到低压塔底部，作为上升气。

来自压力塔中部的污液氮，经过冷器过冷后，节流送入低压塔顶部，为低压塔提供回流液。来自压力塔中部的液空，经过冷器过冷后节流送入低压塔中部作为回流液。

来自压力塔的富氧液空在过冷器过冷后进入粗氩冷凝器作为冷源，蒸发掉的液空和未蒸发的液空均回到低压塔进一步精馏。

来自低压塔的污氮气，在过冷器中将冷量传递给液氩、液空、富氧液空和氧产品，然后通过主换热器复热后出冷箱。污氮气部分作为分子筛吸附器的再生气，剩余部分送往水冷塔作为冷源冷却循环水。压力塔顶部的纯氮气经过主换热器复稳后，绝大部分送往压缩机压缩到所需压力。

来自低压塔中部的富氩气体作为粗氩塔的原料气，气体进入粗氩塔底部进行精馏。粗氩塔顶部气体在冷凝器中，通过气化来自压力塔的富氧液空进行热交换，从而被冷凝作为粗氩塔的回流液。不凝气体通过主换热器复热后放空。粗氩塔底部的液体回流至低压塔中部进一步精馏。

2系列空分装置（杭氧）的工艺流程与上述1系列大致相同。

空分装置工艺流程及产污环节如图2-3所示。

空分装置在生产过程中无工艺废水排放。

#### 2.2.2.2　备煤装置

本装置采用“一级磨煤干燥＋一级煤粉分离收集”的工艺技术，该技术是成熟的国内技术。磨煤机采用辊盘式磨煤机。煤粉分离收集拟采用成熟可靠的长袋低压脉冲反吹高浓度煤粉收集器。备煤装置的生产过程是：来自于上游煤储运装置的原煤，经过带式输送机及梨式卸料器分配进入原煤仓，原煤仓上部设置有原煤仓过滤器，以收集原煤从带式输送机上卸下时扬起的煤粉。原煤仓过滤器收集的煤粉定时清除并卸入到原煤仓中。原煤仓过滤器后设置有原煤仓过滤器风机，干净气体通过排气筒排至大气中。

原煤由落煤管道进入中速辊式磨煤机后，受到挤压和碾磨而被粉碎成煤粉。来自热风炉的热惰性气体以一定速度通过风环向上进入干燥空间，对煤粉进行干燥和分级，合格的气体由热惰性气体带出磨外，经管道送入煤粉收集器，经滤袋分离后的热气体由出风口经管道吸入循环风机，煤粉收集后由料斗出料口通过旋转给料阀、螺旋输送机送至纤维分离器进行筛分，合格煤粉流入到下游输送工序。与煤粉分离后的尾气经循环风机加压后，部分循环返回热风炉，部分排至大气。煤粉经发送罐加压后经煤粉输送线输送到粉煤仓内，输送尾气经过滤处理后排空。

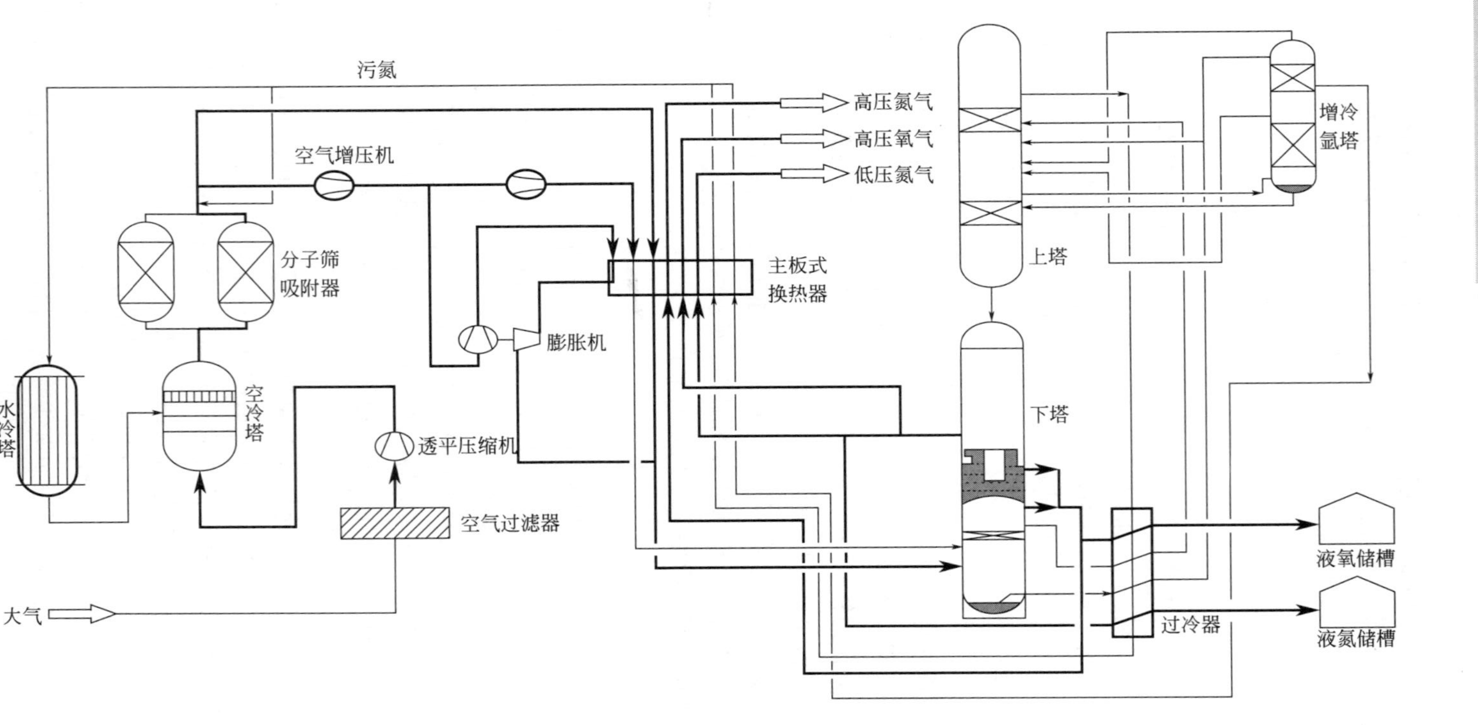


图 2-3 空分装置工艺流程及产污环节示意图

备煤装置工艺流程及产污环节如图 2-4 所示。

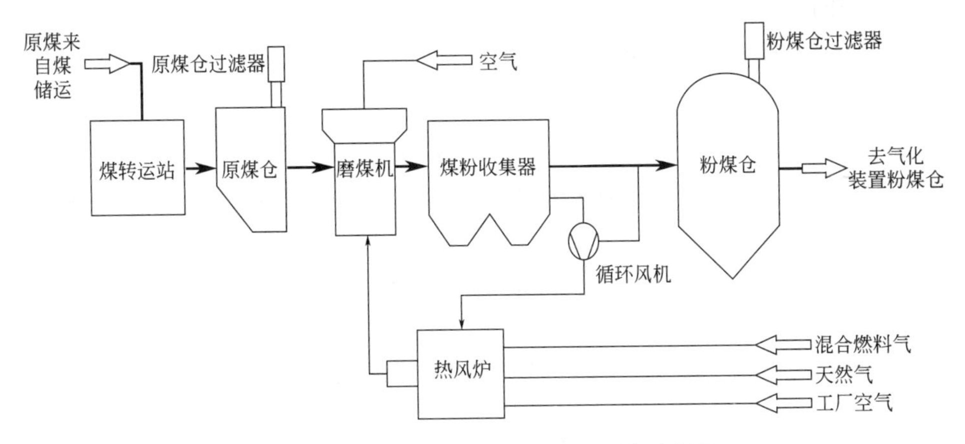


图 2-4　备煤装置工艺流程及产污环节示意图

备煤装置污染源分析：备煤装置每个区设置一个容积为 $60m^3$ 的冲洗废水池。栈桥冲洗水与备煤转运站冲洗水，流量为 $210m^3/h$，每次半小时，每天三次，其主要成分是悬浮物，通过沟渠输送至各区块的冲洗废水收集池。然后泵送至煤储运装置处理后回用，不排入厂区生产污水系统。

### 2.2.2.3　煤气化装置

煤气化装置将上游经备煤装置磨煤干燥处理得到的合格煤粉送入气化炉，将空分装置来氧气在气化炉内发生部分氧化反应制得粗合成气（有效成分为 $H_2$ 和 CO）。粗合成气经过洗涤后送至一氧化碳变换装置。

神华煤间接液化项目煤气化装置共设置 28 条生产线（表示为 01～28 系列），设置 28 台气化炉。煤气化装置位于厂区南部，根据气化炉的分组布置划分为 4 个装置区，沿厂区自西向东依次为装置一区、装置二区、装置三区（第 01～24 系列）和装置四区（第 25～28 系列）。第 01～24 系列气化炉采用 GSP 干煤粉加压气化激冷工艺技术。第 25～28 系列气化炉采用宁夏煤炭科学研究所和中国五环工程有限公司共同开发的日投煤 2200t 的干煤粉气化技术，该气化技术是采用干粉进料、纯氧气化、液态排渣、粗合成气激冷工艺流程的气流床气化技术，气化装置以干煤粉为原料，氧气、水蒸气为气化剂，生产以 $CO+H_2$ 为主的合成气。正常工况下，气化炉 24 台运行，4 台备用，本节气化装置物料消耗、物料平衡以及排污量均以 24 台气化炉为准。两种煤气化在工艺流程中的排污节点分布一致，排污节点在煤气化装置工艺流程及产污环节示意图 2-5 中标示。

项目所需原料煤和燃料煤均由神华宁煤集团所属的鸳鸯湖矿区各矿井分质供

应，氧气、氮气等来自空分装置，$CO_2$ 气体来自 CO 压缩装置，燃料气来自全厂燃料管网。

煤气化装置工艺流程如下：

（1）煤粉加压输送单位

磨煤干燥装置的粉煤经粉煤仓进入粉煤锁斗，粉煤锁斗通入高压 $CO_2$（开车时用高压 $N_2$）加压后打开下料阀使粉煤自流进入粉煤给料罐。卸料后排放的高压气体过滤除尘、减压后经低温甲醇洗单元洗涤后达标排放。过滤器底部收集的粉煤通过粉煤旋转给料器利用重力排放至粉煤仓。

（2）气化单元

粉煤和气化剂（氧气、蒸汽）通过气化炉顶部的主烧嘴以并流方式进入反应室后充分混合，在反应室中进行气化反应。气化合成气和液态熔渣经激冷室下降管换热降温后进入激冷室底部。激冷室维持一定的液位，合成气以鼓泡方式通过激冷室内，经激冷室冷却和除尘后的合成气，通过气化炉合成气出口送往合成气洗涤工序。渣沉积在激冷室底部，固化成颗粒状，随后进入除渣工序。形成的黑水由气化炉底部出口送往黑水闪蒸工序作进一步处理。

（3）出渣单元

渣从气化炉激冷室进入渣锁斗中，然后渣锁斗与气化炉激冷室隔断并排渣到捞渣机中。排渣过程中，渣将在破渣机中进行积累。来自黑水处理单元循环水罐的低压循环水经低压循环水泵送至低压循环水冷却器冷却后送入冲洗水罐。冲洗水罐通过隔板分为两个室，分别用于对渣锁斗冲洗和填充。捞渣机上连接有放空气出口管线，通过管线该股放空气将被送至框架高点安全排放。

（4）合成气洗涤单元

经激冷之后的粗合成气首先进入一级文丘里洗涤器，经高压循环水与碱液混合后的洗涤液洗涤，在除雾器内实现气液分离后达到除尘的目的。经文丘里洗涤之后的气液两相进入气液分离罐。其中，洗涤液在气液分离罐液位控制阀的调节下，进入合成气洗涤塔的塔釜；分离出来的气相与高压循环水一起进入二级文丘里洗涤器进行再洗涤，洗涤之后的气液两相经导向管进入塔釜的液面下。合成气鼓泡出来，经脱盐水喷淋之后，与变换冷凝液及高压循环水充分接触洗涤后经塔顶的气液分离器，出合成气洗涤塔，进入合成期总管系统，去下游变换。未参加洗涤的高压循环水与文丘里洗涤液一并汇入洗涤塔的塔釜，被激冷循环泵打回激冷室作为激冷水。

（5）黑水闪蒸单元

来自气化炉激冷室的含固黑水，在黑水闪蒸系统中经过闪蒸、冷却，除去黑水中气体，降至黑水处理所需的温度。黑水闪蒸采用三级闪蒸。在第一级闪蒸中，黑水经中压闪蒸管闪蒸出来的蒸汽和不凝气进入增湿塔与低压循环水直接换热。增湿塔顶部为凝气冷却后在酸性气冷凝液分离罐分离，酸性气去硫回收装置，冷凝液去循环水罐。增湿塔底部低压循环水泵送回洗涤单元，若该循环温度未达到预期，则需先加热后再送回。一级闪蒸后黑水进入低压闪蒸罐进行第二级闪蒸，闪蒸出来气体进入冷凝器，冷却后在低压闪蒸罐冷凝液分离罐分离，酸性气去硫回收装置，冷凝液去循环水罐。二级闪蒸后黑水进行第三级（真空）闪蒸，闪蒸出来蒸汽和不凝气冷却后在真空闪蒸罐冷凝液分离罐中分离，此系列不凝气与其他三个系列的不凝气汇合后进入真空泵入口缓冲罐。冷凝液去循环水罐。闪蒸后的黑水泵送至澄清槽。

（6）黑水处理单元

两个气化系列共用一套黑水处理单元。闪蒸后的黑水和来自捞渣机的渣水流入澄清槽，澄清后的水溢流至循环水罐。在澄清槽内浓缩后的泥浆水，通过泥浆泵抽往真空过滤机过滤，生成的滤饼装车送出装置，滤液送往澄清池。循环水管收集冷凝液和补充用除盐水，这些水混合后，经低压循环水泵1和低压循环水泵2增压。经低压循环水泵1增压后的低压循环水，分别用于渣锁斗冲洗和黑水闪蒸单元的阀门冲洗，另有一部分作为装置废水排出。经低压循环水泵2增压后的低压循环水，绝大部分经低压闪蒸冷却机、增湿塔和循环水加热器预热去合成气洗涤单元，另有少量用于黑水闪蒸单元的阀门冲洗。

煤气化装置工艺流程及产污环节如图2-5所示。气化装置产生的含固废水，经过三级闪蒸并降温。闪蒸后的黑水泵送至澄清槽，闪蒸分离出的冷凝液直接去循环水槽。闪蒸后的黑水经絮凝澄清后溢流至循环水罐与冷凝液混合后部分回用，部分作为装置废水排至污水处理厂处理。煤气化装置废水污染源如表2-13所示。

### 2.2.2.4 一氧化碳变换装置

一氧化碳变换装置采用青岛联信催化材料有限公司的“废锅＋两段低水/气耐硫变换工艺和分层填装的变换炉”的专利技术，是将上游气化装置生产的粗合成气变换成满足F-T合成装置要求的合成气中$H_2/CO$为1.53～1.62及甲醇装置要求的合成气中$H_2/CO$为2.20～2.30。其中未变换气作为F-T合成生产中调整$H_2/CO$的气体直接送低温甲醇洗工段。变换装置分为六个系列，每个系列设置两台串联的变换炉。

一氧化碳变换的主要目的是降低上游装置煤气化原料气中的一氧化碳浓度，曾加氢的浓度。原料气的56％粗煤气是在一氧化碳变换反应器内进行变换反应，44％的粗煤气走旁路，与经过变换反应的变换气混合，为下游F-T合成装置或甲醇合成装置提供合适的氢碳比的合成气。

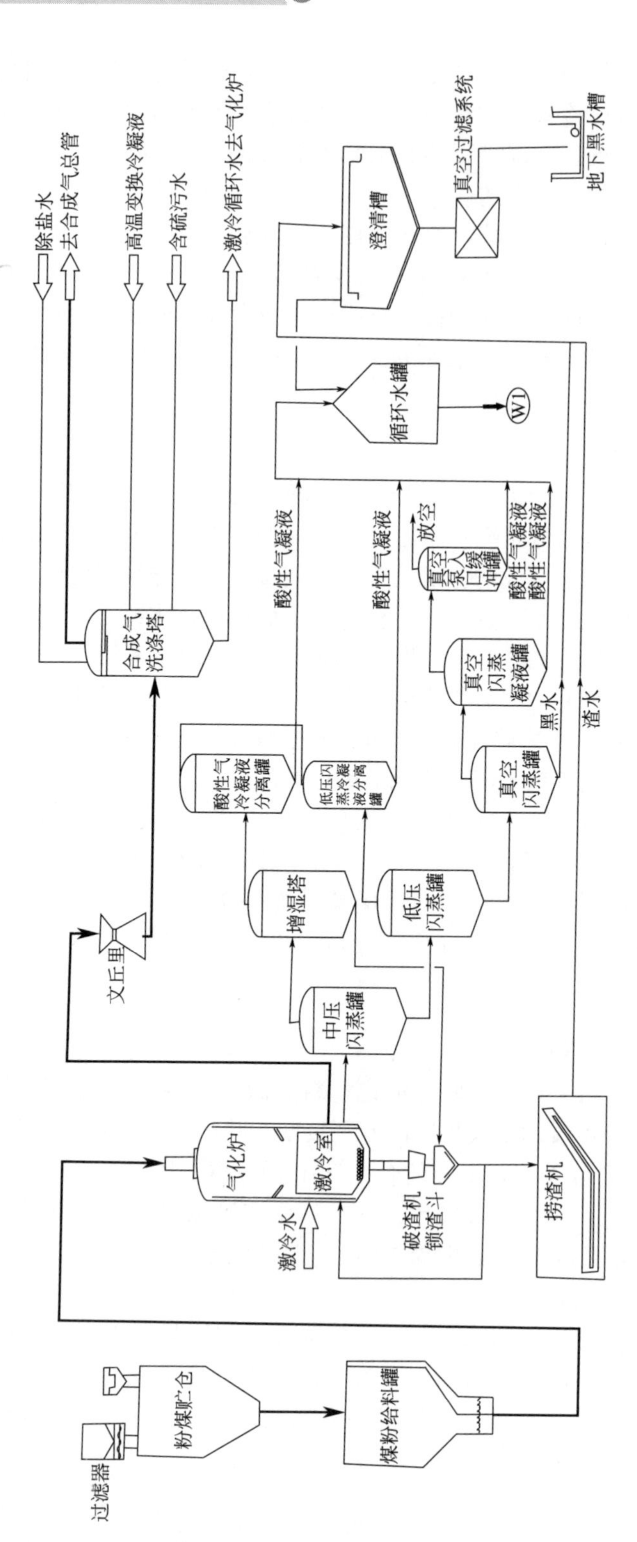


图 2-5 煤气化装置工艺流程及产污环节示意图

表 2-13 煤气化装置废水污染源一览表

| 类别 | 污染源名称 | 排放点 | 排放量/($m^3$/h) | 主要污染物 | | | 排放方式 | 处理措施及排放去向 |
|---|---|---|---|---|---|---|---|---|
| | | | | 名称 | 产生浓度/(mg/L) | 产生量/(kg/h) | | |
| 废水 | 黑水处理单元排污 | 循环水罐 | 600.5 | 氰化物 | 0.98 | 0.59 | 连续 | 污水处理厂 |
| | | | | 氨氮 | 92 | 55.25 | | |
| | | | | COD | 754 | 452.78 | | |
| | | | | 氯化物 | 265 | 159.13 | | |
| | | | | SS | 129 | 77.46 | | |
| | | | | 硫化物 | 0.98 | 0.59 | | |

来自气化工段的原料气进入变换系统后分为两股，其中一股约占44%的粗煤气作为未变换气进入未变换装置。另一股约占56%的粗煤气进入变换装置水煤气废热锅炉调整粗煤气气/水为0.70～0.90后分离掉冷凝液，然后与来自第一变换炉出口的变换气进行换热，升温后进入第一变换炉进行变换反应，出口气体中CO的体积分数为23%～25%（干基）。

出第一变换炉的变换气经换热、混合、调温后进入第二变换炉继续进行变换反应。出口气体中CO的体积含量为7.3%（干基）左右。

出第二变换炉的变换气依次进入变换气第二、第三废热锅炉产生蒸汽，然后依次进入中压锅炉给水预热器、除盐水预热器和变换气第一水分离器。出变换气第一水分离器的气体经冷却后进入第二水分离器分离掉冷凝液，然后进入下游低温甲醇洗装置。

未变换气先后经过未变换气第一、第二废热锅炉，副产蒸汽并分离掉冷凝液后进入脱毒槽，脱出粗煤气中$Cl^{-1}$、As、灰尘等杂质。再依次进入低压锅炉给水预热器、未变换气第三水分离器，出未变换气第三水分离器的粗煤气分为两股，经换热、混合后进入未变换气第四、第五水分离器分离掉沿途冷凝液，进入下游低温甲醇洗装置。

CO变换装置产生的锅炉排污水正常情况下用作装置循环水，事故状态送去含盐水处理装置处理。CO变换装置产生的高温凝液主要来自于变换气煤水分离器和未变换气第一、二、三水分离器；低温凝液主要来自于变换气第一、二水分离器和未变换气第四、五水分离器。

CO变换装置工艺流程及产污环节如图2-6所示。

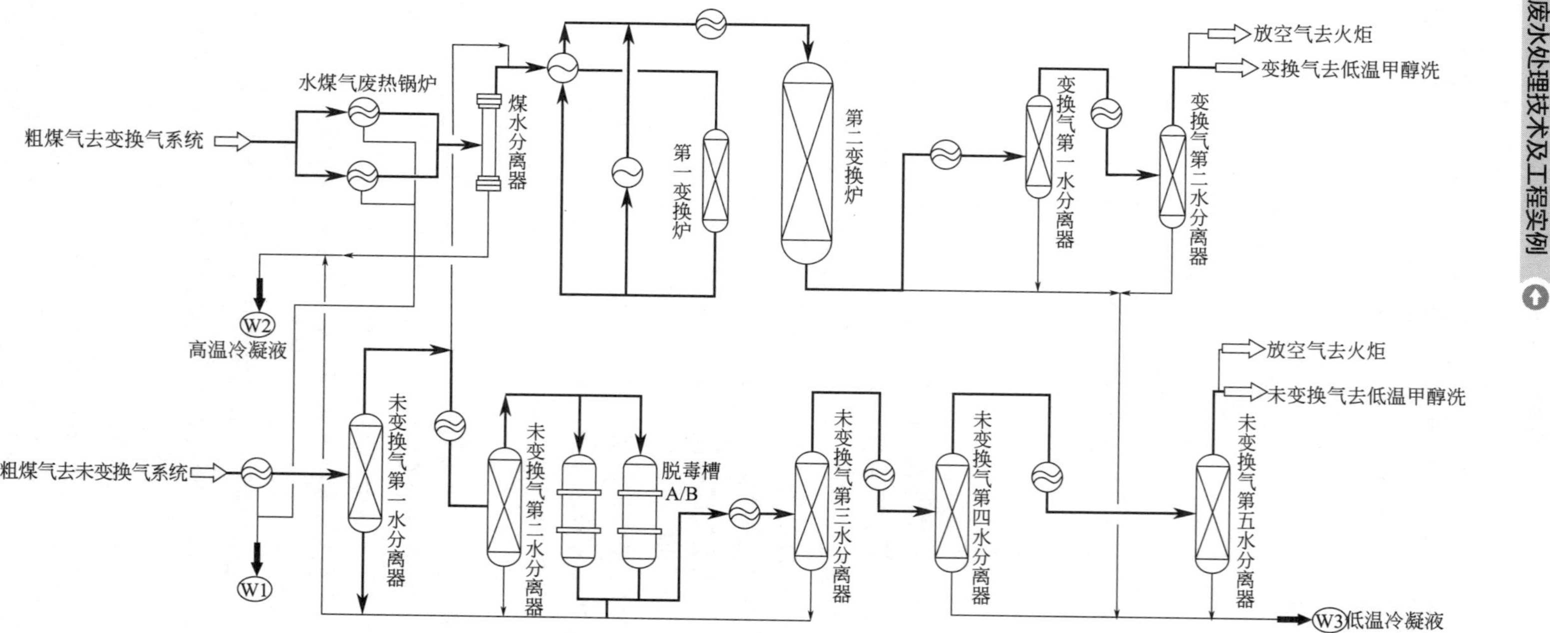


图 2-6 CO 变换装置工艺流程及产污环节示意图

CO 变换装置的废水主要是废热锅炉排污，主要为被盐质和水渣污染的锅炉水，正常情况下回用作循环水，事故状态下去含盐水处理装置。经余热回收后的变换工艺冷凝液分成两部分：一部分高温工艺冷凝液含有较低的 $H_2S$、$NH_3$、$CO_2$、HCN 等组分可以作为工艺机冷水送往气化装置，以降低水的消耗；另一部分含有较高的 $H_2S$、$NH_3$、$CO_2$ 等组分的低温凝液，送去酸水汽提塔进行汽提，以除去冷凝液中的 $H_2S$、$NH_3$、$CO_2$ 等微量杂质，汽提后的富硫化氢等不凝气送至硫回收装置进行焚烧，避免有害杂质积累。CO 变换装置废水污染源见表 2-14。

**表 2-14 CO 变换装置废水污染源一览表**

| 类别 | 污染源名称 | 排放点 | 排放量/(t/h) | 主要污染物 | | | 排放方式 | 处理措施及排放去向 |
|---|---|---|---|---|---|---|---|---|
| | | | | 名称 | 产生浓度/% | 产生量/(kg/h) | | |
| 废水 | CO 变换锅炉排污水 | 各锅炉 | 39 | 磷酸钙<br>磷酸镁 | 0.9 | 0.035 | 连续 | 正常情况下作循环水，事故状态下去含盐水处理装置 |
| | 高温冷凝水 | 变换气煤水分离器，未变换气第一、二、三水分离器 | 977.67 | $H_2O$ | 99.96 | | 连续 | 去气化装置 |
| | | | | $H_2S$ | 0.01 | | | |
| | | | | $CO_2$ | 0.02 | | | |
| | | | | CO | 0.01 | | | |
| | 低温冷凝水 | 变换气第一、二水分离器、未变换气第四、五水分离器 | 781.55 | $H_2O$ | 99.96 | | 连续 | 去酸水汽提装置 |
| | | | | $H_2S$ | 0.01 | | | |
| | | | | $CO_2$ | 0.023 | | | |
| | | | | $NH_3$ | 0.005 | | | |

### 2.2.2.5 酸水汽提装置

酸水汽提装置上游为一氧化碳变换装置和合成气净化装置，下游为硫回收装置。装置接收来自一氧化碳变换装置的低温变换凝液、合成气净化装置的酸性水、下游油品加工装置的含油含硫污水以及尾气处理装置变换单元低温冷凝液。在酸水汽提塔内经过汽提处理，汽提塔顶部的酸性气体送入硫回收装置，塔底经过汽提的工艺凝液甩泵升压送至煤气化装置循环利用。

来自一氧化碳变换装置的低温变换凝液和合成气净化装置的酸性水进入酸水汽提装置后，首先进入酸水缓冲罐，在酸水缓冲罐中实现气液分离。酸水缓冲罐的压力采用分程控制的方法，维持酸水缓冲罐的压力稳定。经酸水缓冲罐缓冲稳定后，酸水经液位控制阀进入酸水预热器。经酸水预热器预热后，酸水进入酸水加热器，用低低压蒸汽加热后与来自油品合成装置的含油污水汇合，进入酸水汽提塔中部。汽提塔塔底通入低低压蒸汽，用流量控制回路控制蒸汽流量。采用直接蒸汽汽提法，节约了再沸器和回收蒸汽冷凝液相关的设备及仪表、控制阀等。与此同时，低低压蒸汽凝液进入塔底的汽提后工艺凝液，在煤气装置内也可以得到循环利用。汽提塔塔顶气相进入酸水预热器，预热汽提塔进料酸水，气相自酸水预热器壳程上部出来，经压力控制，出界区进入硫回收装置，压力控制阀酸水汽提塔系统压力。酸水预热器内的液相进入汽提塔回流罐内，再用汽提塔回流泵送回汽提塔。酸性水在塔内经汽提后，从塔底排出，用汽提凝液输送泵送至煤气化装置循环利用。

酸水汽提装置有 6 个系列，净化装置有 4 个系列，为满足上游装置不同的运行负荷，酸水汽提装置设置了自循环管线，汽提后的凝液自汽提凝液输送泵后可循环返回至酸水缓冲罐，酸水汽提装置可在 16%～110%的负荷内稳定运行。

在酸水汽提装置故障时，酸水自酸水缓冲罐进入酸水冷却器，再循环水冷却后送至事故水暂存池。酸水汽提装置工艺流程及产污环节如图 2-7 所示。本装置酸水自酸水缓冲罐经冷却后送至事故水暂存池。酸水汽提装置废水污染源如表 2-15 所示。

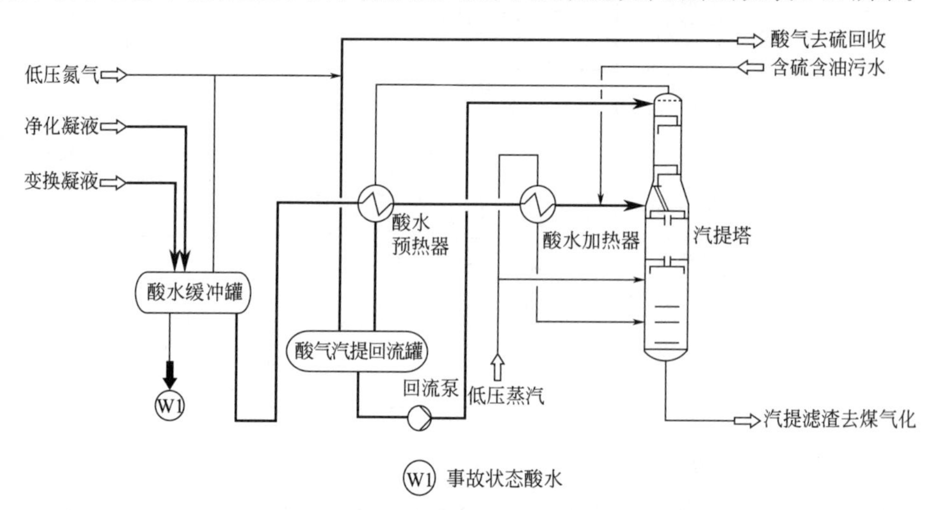


图 2-7 酸水汽提装置工艺流程及产污环节示意图

本装置污染源均为事故工况排放

**表 2-15 酸水汽提装置废水污染源一览表**

| 类别 | 污染源名称 | 排放点 | 排放量/($m^3$/h) | 主要污染物 | | | 排放方式 | 处理措施及排放去向 |
|---|---|---|---|---|---|---|---|---|
| | | | | 名称 | 产生浓度/(mg/L) | 产生量/(kg/h) | | |
| 废水 | 酸水（事故状态） | 酸水缓冲罐 | 890.6 | 硫化物 | 173 | 154.07 | 间断 | 去污水事故水池 |
| | | | | 氰化物 | 35 | 31.17 | | |
| | | | | 氨氮 | 177 | 157.64 | | |

#### 2.2.2.6 合成气净化装置

合成气净化装置主要由低温甲醇洗单元、$CO_2$ 压缩单元、丙烯制冷单元、燃料气压缩单元及辅助系统和公用工程组成。

来自一氧化碳变换装置的变换气和未变换气进入合成气净化（低温甲醇洗）装置，在低温条件下去除粗煤气中的 $CO_2$ 和硫化物（$H_2S$、COS 等），分离出的含硫酸性气送硫回收装置。净化后的变换气和未变换气按照下游油品合成装置和甲醇装置要求的氢碳比分别送入装置后送至下游生产装置。产出的部分 $CO_2$ 作为输煤介质加压送出，经过配气后剩余的净化未变换气一部分经加压送至气化装置作为燃料气使用，余下部分作为燃料气送至全厂管网。丙烯制冷单元为低温甲醇单元提供－40℃的冷量，同时也为油品加工装置中的低温油洗单元提供－25℃的冷量。

来自变换装置的未变换原料气通过换热器换热后，通过锅炉给水洗涤除掉其中的 $NH_3$ 和 HCN，锅炉水排出界区，送至酸水汽提装置经过洗涤后的未变换原料气进入未变换气吸收塔顶洗涤段，在此 $NH_3$ 和 HCN 等恒量组分被一小股来自未变换 $CO_2$ 甲醇内冷器的过冷富甲醇吸收，从洗涤段顶部出来的工艺气进入未变换气吸收塔的脱硫段，在此 $H_2S$ 和 COS 被来自未变换 $CO_2$ 甲醇内冷器的富 $CO_2$ 甲醇吸收。吸收酸性气后的富 $H_2S$ 甲醇从脱硫段的底部离开未变换气吸收塔进入闪蒸塔进行热闪蒸。

不含硫的工艺气进入未变换气吸收塔的脱硫段。在脱硫段，$CO_2$ 组分被经热再生后冷却的贫甲醇吸收。

来自变换装置的变换原料气通过锅炉给水的洗涤段除掉其中的 $NH_3$ 和 HCN，吸收了 $NH_3$ 和 HCN 之后的锅炉水排出界区，送至酸水汽提装置。经洗涤后的变换原料气分为两股，一股进入未变换气分离罐减少水分，冷凝工艺冷凝液送至酸水汽提装置；另一股冷却后换热，冷凝下来的酸性工艺冷凝液送至酸水汽提装置。最终变换原料气混合后送至变换气吸收塔。

来自变换气吸收塔的富 $H_2S$ 甲醇送至闪蒸释放出有用气体 CO、$H_2$ 和一部分 $CO_2$。有用气体 $H_2$、CO 和剩余的 $CO_2$ 送至循环气压缩机，除沫后的循环前经过压缩冷却后并入未变换原料气，与未变换原料气混合后冷却，使大量有用气体得以回收。

富硫甲醇在塔内解析出 $CO_2$ 产品气，同时也解吸出了大量的 $H_2S$ 和 COS。来自闪蒸塔的富 $CO_2$ 甲醇分成两个流股。其中一股进入 $CO_2$ 产品段释放出不含硫的 $CO_2$ 产品气，在塔顶采出，作为 $CO_2$ 产品气送出界区，闪蒸塔 1 段塔底富含 $H_2S$ 的富甲醇则送至解析塔的下塔。另外一股送至解析塔的上塔即 $CO_2$ 产品闪蒸段。

富 $CO_2$ 甲醇闪蒸后释放出的 $CO_2$ 产品气与来自解吸塔的 $CO_2$ 产品气再次混合，作为 $CO_2$ 产品气送至 $CO_2$ 压缩单元。在低压闪蒸段中富甲醇再次闪蒸，一股与主洗闪蒸段的尾气混合进入尾气洗涤塔。另一股与来自解吸塔再吸收段的尾气混合进入尾气洗涤塔。

富 $CO_2$ 甲醇离开解吸塔后分为两股流股，一股进入主洗闪蒸段，另一股进入解吸塔再吸收段的顶部。来自闪蒸塔上塔底部的富 $H_2S$ 甲醇进入再生塔释放出大部分的 $CO_2$、$H_2S$ 和 COS。在再吸收段甲醇通过烟囱塔盘，从上往下依次进行抽提，释放出的气体通过烟囱塔盘进入上段进行硫组分的再吸收。

来自富/贫甲醇换热器的富 $H_2S$ 甲醇进入热再生塔，其中热闪蒸气进一步冷却后送入解吸塔，富 $H_2S$ 甲醇则进入解吸塔的 $H_2S$ 汽提段，使甲醇中的大部分硫富集。

离开热再生塔的塔顶气冷却后，甲醇冷凝液从酸性气体中分离出来，甲醇冷凝液循环回塔下顶部，不凝的酸性气体进一步冷却，冷凝下来的甲醇液被收集，不凝的酸性气体加热后排出界区。

来自热再生塔的甲醇送入甲醇水分离塔，一部分污水循环回尾气洗涤塔进行甲醇脱除，剩余部分通过甲醇水分离塔底部的液位控制排出界区。

来自界区的少量新鲜除盐水作为补充与污水混合后进入尾气洗涤塔。离开尾气洗涤塔的尾气，进入尾气深度处理系统，通过尾气脱硫后尾气中的 $H_2S$ 被进一步吸附和脱除，处理后尾气通过烟囱排至大气。离开尾气洗涤塔的甲醇水混合物送回甲醇水分离塔中以保证甲醇回收。

每一个 $CO_2$ 压缩单元对应一个低温甲醇洗单元，来自对应低温甲醇洗单元的 $CO_2$ 气通过一根主管送 $CO_2$ 压缩机，经 $CO_2$ 压缩机多级压缩及冷却后，送至装置内的 $CO_2$ 产品气主管，在主管上与来自其他三个单元的 $CO_2$ 压缩气汇合后送出界区。$CO_2$ 压缩机由高压过热蒸汽驱动，抽出部分中压蒸汽，并入全长中压蒸汽管网，其余泛气通过空冷器冷凝，冷凝液送入全厂蒸汽透平凝液回收管网。

丙烯冷却单元是一个闭路循环系统，根据丙烯在不同压力下汽化吸热为低温甲醇洗装置和低温油洗装置提供冷量。丙烯在丙烯冷凝器冷凝后进入丙烯受槽，在丙烯受槽后设置丙烯过冷器，过冷的丙烯分为两股，一股丙烯液体在经济器的管侧过冷到 10℃，另一股丙烯液体经减压在经济器的壳侧汽化后通过压缩机二段入口分离罐去丙烯压缩机二段。10℃ 丙烯一部分去低温甲醇洗为用户提供 −40℃冷剂，另一部分经减压后送往油品合成装置低温油洗单元为其提供 −25℃冷剂。从 −40℃用户返回的丙烯气与从 −25℃用户返回的丙烯气混合后通过压缩机一段入口分离罐去丙烯压缩机一段。本单元由一开一备共两套燃料气压缩及其辅助设备组成。来自四个低温甲醇洗单元的燃料合成气汇成一根主管后送至燃料气压缩机入口，经过燃料气压缩机通过一根主管送出界区，作为汽化装置汽化炉的长明灯燃料气使用。

合成气净化装置工艺流程及产污环节如图 2-8 所示。

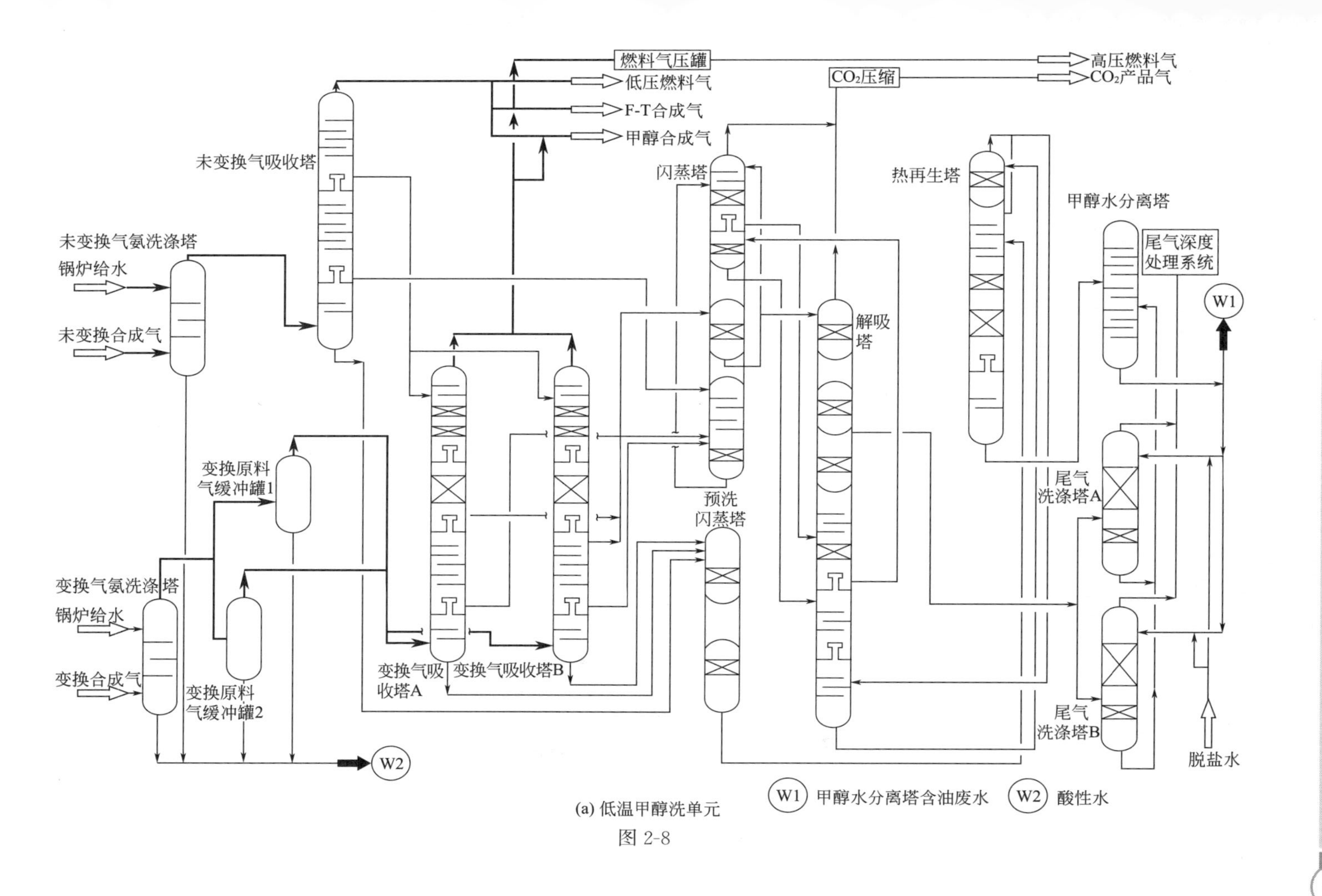


(a) 低温甲醇洗单元

图 2-8

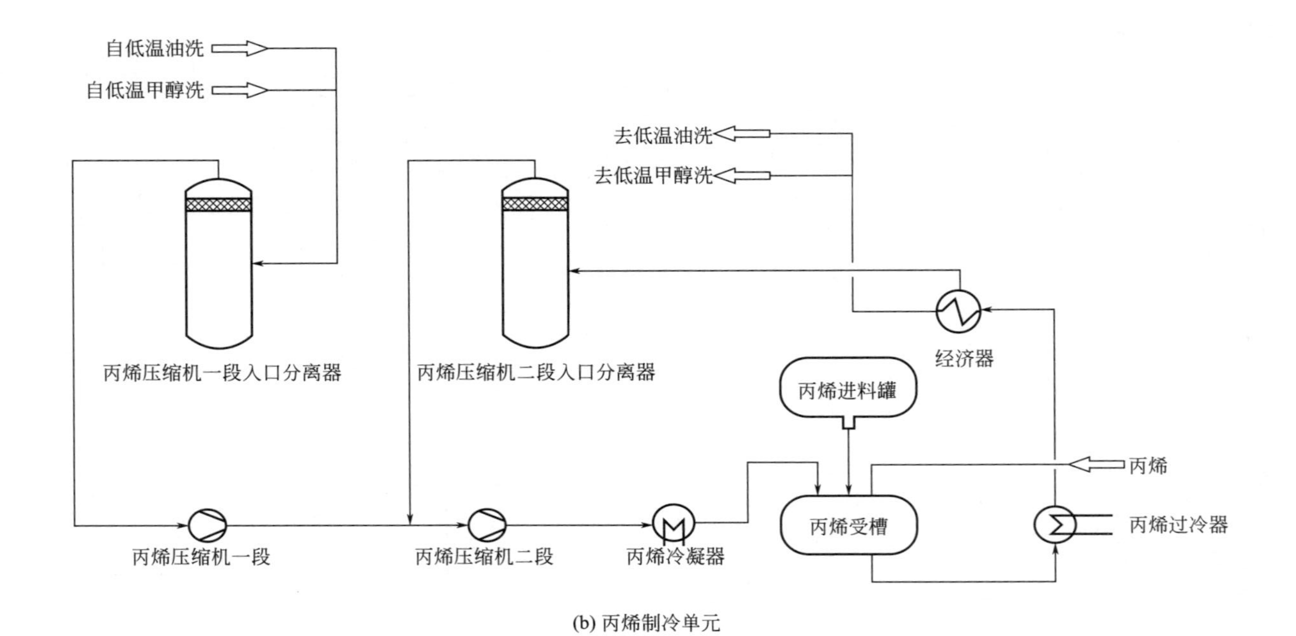


(b) 丙烯制冷单元

图 2-8 合成气净化装置工艺流程及产污环节示意图

锅炉水用来洗涤变换原料气，除掉其中的$NH_3$和HCN，洗涤后酸性水与酸性工艺凝液一同排出界区送至酸水汽提装置。塔釜分离出的污水一部分送入污水循环回尾气吸收塔进行甲醇脱出，剩余部分通过甲醇水分离塔排出界区，送全厂污水处理厂统一处理。合成气净化装置废水污染源见表2-16。

**表2-16 合成气净化装置废水污染源一览表**

| 类别 | 污染源名称 | 排放点 | 排放量/($m^3$/h) | 主要污染物 | | | 排放方式 | 处理措施及排放去向 |
|---|---|---|---|---|---|---|---|---|
| | | | | 名称 | 产生浓度 | 产生量/(kg/h) | | |
| 废水 | 酸性水 | 变换气洗氨塔、未变换气洗氨塔、变换气分离罐 | 73.8 | $CO_2$ | 0.49% | | 连续 | 送酸水汽提装置 |
| | | | | $NH_3$ | 0.189% | | | |
| | | | | $H_2S$ | 0.019% | | | |
| | | | | $H_2O$ | 99.329% | | | |
| | 甲醇水分离塔污水 | 甲醇水分离塔 | 48.56 | COD | 700mg/L | 33.99 | 连续 | 送污水处理厂 |
| | | | | BOD | 400mg/L | 19.42 | | |
| | | | | SS | 300mg/L | 14.57 | | |
| | | | | 石油类 | 100mg/L | 4.86 | | |
| | | | | 氨氮 | 15mg/L | 0.73 | | |

### 2.2.2.7 硫回收装置

硫回收装置工艺主要包括克劳斯硫黄回收工艺和下游尾气处理氨法脱硫工艺。以低温甲醇洗单元的富$H_2S$气体、酸水汽提装置来的尾气和气化装置酸性气为原料，经过克劳斯热反应、克劳斯催化反应、尾气焚烧、氨法脱硫等工序，将其中的$H_2S$和COS转化为液体硫黄和硫铵溶液，液体硫黄经泵送入硫黄成型与包装单元可以制成成品硫黄出售，吸收了烟气中的$SO_2$形成的硫铵溶液送至动力中心硫铵后处理系统，合格的尾气排至大气。

硫回收装置由硫黄回收、氨法脱硫、液硫脱气-成型-包装-储存、公用工程、配电室、机柜室六个单元组成，其中硫黄回收单元设置三个系列。每个系列包含硫黄回收及尾气焚烧两个子项，其余单元均设置为单系列。

本装置单系列设计规模为11万吨/年。硫回收装置正常工况下，三个系列同时运行，操作负荷约为60%。当一套硫回收装置故障时，另外两套装置可提升操作负荷至110%，保证了硫回收酸性气体不外排火炬。

硫回收装置硫黄回收工艺采用工艺路线成熟的高温热反应和两极催化反应的

Claus 硫回收工艺。

自低温甲醇洗来的部分酸性气体和酸水汽提酸性气、气化装置酸性气体进入制硫燃烧炉火嘴，在炉内根据制硫反应需氧量，通过比值调节和 $H_2S/SO_2$ 在线分析仪反馈数据严格控制进炉空气量和氧气量。后部炉膛的分流量根据前部炉膛温度进行调节，过程气与炉膛后部分流的部分原料酸性气混合经余热锅炉发生中压饱和蒸汽回收余热，过程气进入一级冷凝反应器，发应生成的元素硫凝为液态，液硫捕集分离后进入硫封罐；根据反应温度要求，一级冷凝冷却器出来的过程气经装置自产的中压饱和蒸汽加热后进入一级转化器，在催化剂的作用下，过程气中的 $H_2S$ 和 $SO_2$ 进行 Claus 反应，转化为元素硫，自一级转化器出来的高温过程气进入二级冷凝冷却器，过程气经二级冷凝冷却器发生饱和蒸汽并使元素硫凝为液态，液硫捕集分离后进入硫封罐；由二级冷凝冷却器出来的过程气经装置自产的中亚饱和蒸汽加热升温后进入二级转化器，使过程气剩余的 $H_2S$ 和 $SO_2$ 进一步发生催化转化，二级转化器出口过程气经三级冷凝冷却器发生饱和蒸汽并使元素硫凝为液态，液硫被捕集分离进入液硫池；三级冷凝冷却器出来的制硫尾气进入尾气分液罐进一步捕集液硫后进入尾气焚烧部分。

在尾气焚烧炉 650℃炉膛温度下，制硫尾气中残余的 $H_2S$ 被燃烧为 $SO_2$，剩余 $H_2$ 和烃类燃烧成 $CO_2$ 和 $H_2O$，自尾气焚烧出来的高温烟气经蒸汽过热器和尾气废热锅炉回收余热后进入尾气氨法脱硫单元。硫回收装置配置一套吸氨器，将系统送来的液氨配置成 20%（质量）的氨水，用氨水吸收硫回收单元尾气中的二氧化碳，脱硫系统产生的硫铵溶液送至热电站进行处理；脱硫后的净化尾气由烟囱直接排放。

液硫脱气采用循环脱气工艺。循环脱气是往液硫脱气池中注入少量的催化剂，促使以多硫化物形式存在的 $H_2S$ 分解；再通过液硫脱气泵的循环——喷洒过程使 $H_2S$ 逸入气相，用吹扫气 $N_2$ 将 $H_2S$ 赶出，废气用蒸汽喷射器抽出至尾气焚烧炉焚烧。脱气后的液硫经液硫提升泵送至液硫成型工序。液硫成型工艺采用滚筒造粒技术，将液体硫黄层层冷却成型为密实的球状固体颗粒。在该装置内，高压雾化水汽后经引风机排出造粒机回转筒外，排出的尾气经过旋风除尘和水洗除尘后经硫回收烟囱排空。

硫回收装置工艺流程及产污环节如图 2-9 所示。

硫回收装置主要废水为硫污水。该废水仅在保温或伴热出现故障时排放，正常情况下不排放。该废水来自含氨酸性气分液罐集液包，其中含有硫化物、氨等污染物。因排放量小，设计中随同火炬凝液一并送至动力站，统一掺烧处理。硫回收装置废水污染源见表 2-17。

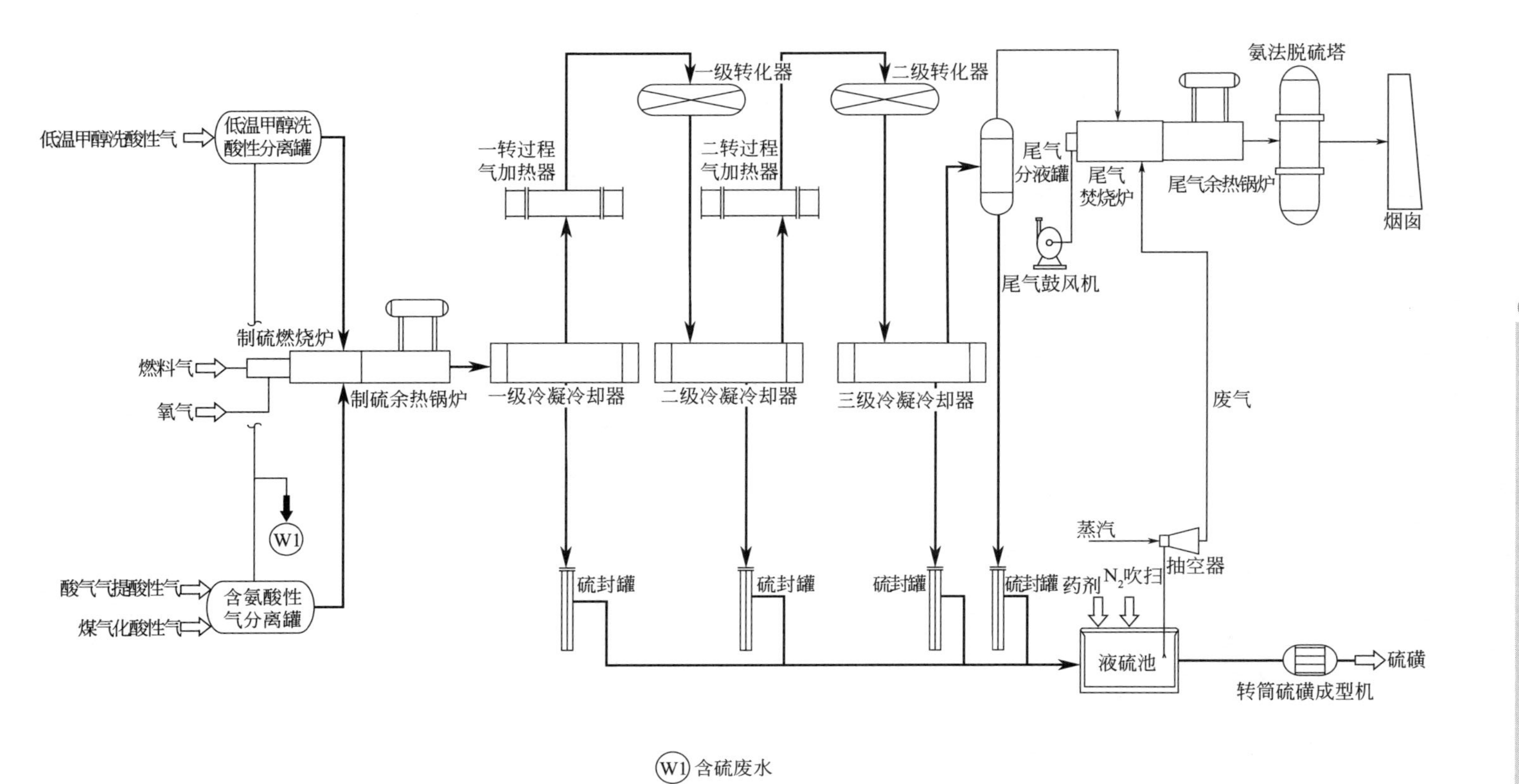


图 2-9　硫回收装置工艺流程及产污环节示意图

表 2-17　硫回收装置废水污染源一览表

| 类别 | 污染源名称 | 排放点 | 排放量/($m^3$/h) | 主要污染物 | | | 排放方式 | 处理措施及排放去向 |
|---|---|---|---|---|---|---|---|---|
| | | | | 名称 | 产生浓度 | 产生量/(kg/h) | | |
| 废水 | 酸水 | 酸性气分液罐 | 1.5 | 硫化物 | 0.01%(质量) | 0.15 | 间断 | 非正常状况下排放，送动力站掺烧 |

### 2.2.2.8　油品合成装置

油品合成装置的费托合成单元及催化剂还原单元采用中科合成油技术有限公司的高温浆态床 F-T 合成工艺，包括高温浆态床反应器和配套的工艺技术、铁基高温浆态床 SynF-T 系列催化剂；蜡过滤单元采用中科合成油技术有限公司目前在工业化示范装置上经过验证的过滤工艺；尾气脱碳单元采用热源变压再生脱碳技术；精脱硫单元采用 COS 精脱硫槽串联 JX-4B 精脱硫槽。

油品合成装置两条生产线分别按联合装置对称布置，联合装置单元设备布置主要按工艺流程顺序，同时考虑同类设备适当集中的原则布置。每条生产线对应200 万吨/年生产规模。每条油品合成装置生产线均包括如下五个单元：费托合成单元、催化剂还原单元、蜡过滤单元、尾气脱碳单元及精脱硫单元。

费托合成反应单元中来自精脱硫单元的 F-T 净化气，与来自循环气压缩机的循环气、来自 PSA 单元的回收氢气混合进入费托合成反应器进行 F-T 合成反应。

反应器顶部出来的高温油气换热冷却分离，液相重质油经加热后送入汽提塔汽提。气相冷却后进入轻质油分离器进行气液分离。分离出的气相一部分送到循环气压缩机，另一部分作为尾气送至尾气脱碳单元。分离出的液相进入油水分离器进行油、水及释放气的三相分离。分离出的油加热后送入汽提塔；分离出的释放气进入释放气压缩机；分离出的合成水送入中间罐区。

重质蜡在收集罐中进行气液分离，分离出的重质蜡送至汽提塔进一步处理。轻质油、重质蜡、重质油、重质蜡释放气直接进入汽提塔底部。自系统管网来的过热蒸汽进入汽提塔底部对馏分油进行汽提，轻质油自上向下送至低温油洗单元，分离出的重相液体——汽提凝液送至中间罐区。

本单元排污包括来自泵排含油污水排放、来自汽包加药装置产生的磷酸盐包装袋等。

催化剂还原单元所需原料催化剂由催化剂罐车输送至催化剂加料罐，充压至与还原反应器内压力平衡后将催化剂送至还原反应。

在一定的温度和压力下，催化剂在合成气的作用下在还原反应器内发生催化剂还原反应。还原反应生成的气体冷却后进入重质油分离器进行气液两相分离，重质油去费托合成单元重质油稳定蜡换热器，分离器顶部出来的气相组分冷却后进轻质油分离器，轻质油分离器底部的液相产品去费托合成单元轻质油水分离器，轻质油分离器顶部的气相一部分与来自精脱硫单元的净化气混合后经循环压缩机升压，然后与来自油品加工装置的氢气混合后还原反应器与催化剂发生反应。另一部分尾气去尾气处理装置。还原反应器内反应完成的催化剂浆料压送至费托合成单元。

蜡过滤单元包括稳定蜡过滤部分、蜡精滤部分、渣蜡过滤部分、助剂加料和公用工程部分，它是将来自费托合成单元汽提后的稳定蜡及反应器定期置换催化剂排出的含高浓度废催化剂的渣蜡进行处理，脱除其中的铁离子等固体颗粒，把过滤后合格的精滤蜡送往油品加工装置；过滤器系统中的过滤器吹饼工序产生的吹饼尾气至安全位置放空；过滤器滤渣泄放出来后做统一回收处理。

尾气脱碳单元采用热钾碱脱碳装置，由 $CO_2$ 吸收和溶剂再生两部分组成，它是将来自费托合成单元的合成尾气、释放气和来自催化剂预处理单元的还原尾气中的 $CO_2$ 脱出，脱碳后为尾气一部分返至费托合成单元，一部分送至低温油洗单元，脱碳闪蒸汽送燃料气管网，捕获的高浓度 $CO_2$ 暂排至大气。

本单元产生的废水包括酸洗废水、碱洗废水、水洗废水、$K_2CO_3$ 溶液、清洗活性炭废水。

精脱硫单元中来自上游净化装置的合成气加热后，进入并联的两个精脱硫反应器。经过精脱硫反应器的合成气送入费托合成单元和催化剂还原单元。

油品合成装置精脱硫和费托合成工艺流程及产污环节如图 2-10 所示。

来自费托合成单元的泵排含油污水送往含油污水池进行预处理，经除油后送入污水处理厂处理，来自尾气脱碳单元的酸洗、碱洗、水洗废水和 $K_2CO_3$ 溶液、清洗活性炭废水等正常情况下无排放，若需排放均排入污水处理厂进行处理。油品合成单元废水污染源如表 2-18 所示。

### 2.2.2.9 油品加工装置

油品加工装置主要包括加氢精制单元、加氢裂化单元、低温油洗单元和合成水处理单元。

加氢精制单元是以低温油洗单元的油洗石脑油、油品合成装置稳定重质油和合格蜡为原料，在高温高压、氢气以及催化剂的作用下进行烯烃饱和以及含氧化物的脱除反应，生产柴油组分、精制重柴油、精制粗石脑油、精制尾油等产品。

加氢裂化单元是以加氢精制尾油为原料，在高温高压、氢气加催化剂作用下进行裂化以及临氢异构化反应，产生柴油组分、石脑油和液化气等高附加值产品。

低温油洗单元主要是利用低温高压吸收、高温低压解吸的原理和蒸馏原理将油品合成装置脱碳尾气、汽提塔顶轻石脑油和汽提塔顶气压缩机凝液分离成产品油洗干气、油洗液化石油气和油洗石脑油。

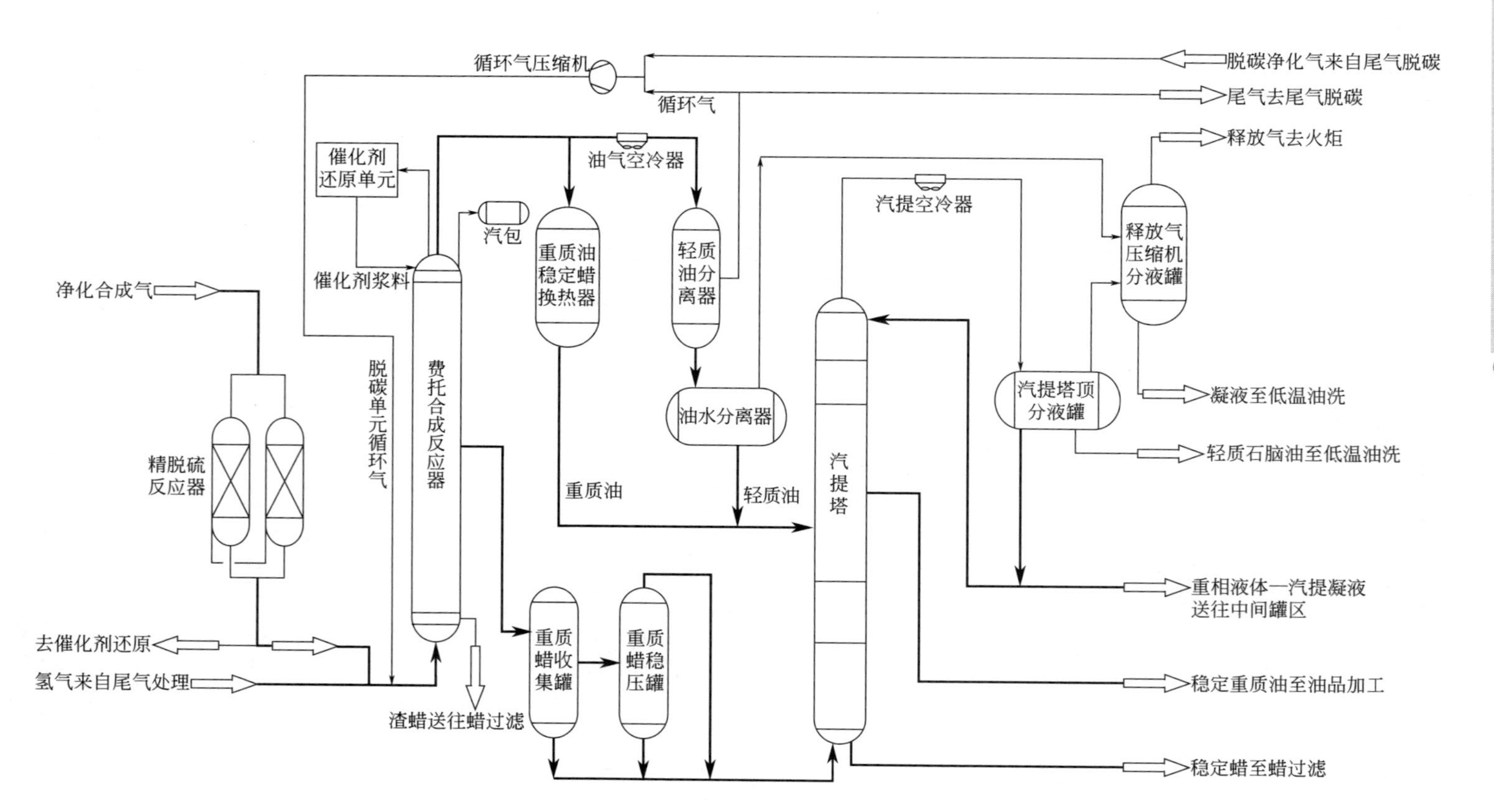


图 2-10 油品合成装置精脱硫和费托合成工艺流程及产污环节示意图

表 2-18 油品合成单元废水污染源一览表

| 类别 | 污染源名称 | 排放点 | 排放量/($m^3$/h) | 主要污染物 | | | 排放方式 | 处理措施及排放去向 |
|---|---|---|---|---|---|---|---|---|
| | | | | 名称 | 产生浓度/(mg/L) | 产生量/(kg/h) | | |
| 废水 | 泵排含油污水 | 费托合成单元 | 16/20 | 油 | 500 | 8 | 连续 | 至污水处理厂 |
| | | | | $COD_{Cr}$ | 700 | 11.2 | | |
| | 酸洗废水 | 尾气脱碳单元 | 0/300 | pH | 2 | | 间断 | 至污水处理厂 |
| | | | | 草酸 | 3% | | | |
| | 碱洗废水 | 尾气脱碳单元 | 0/300 | pH | 11 | | 间断 | 至污水处理厂 |
| | | | | NaOH | 7% | | | |
| | | | 0/300 | pH | 11 | | | |
| | | | | NaOH | 3% | | | |
| | 水洗废水 | 尾气脱碳单元 | 0/300 | 油 | 500 | | 间断 | 至污水处理厂 |
| | | | | $COD_{Cr}$ | 700 | | | |
| | | | | pH | 7 | | | |
| | | | | NaOH | 少量 | | | |
| | $K_2CO_3$ | 尾气脱碳单元 | 0/300 | $K_2CO_3$ | 6% | | 间断 | 至污水处理厂 |
| | | | | $KHCO_3$ | 9% | | | |
| | 清洗活性炭废水 | 活性炭过滤器 | 0/300 | 活性炭 | 微量 | | 间断 | 至污水处理厂 |

合成水处理单元主要处理费托单元合成水，有效降低煤间接液化过程的水耗，并通过回收合成水中的醇类，进一步提高煤液化烃类回收率。

(1) 加氢精制产污环节

加氢精制工艺流程及产污环节如图 2-11 所示。

① 反应部分：来自低温油洗单元的油洗石脑油，来自油品合成装置的稳定重质油与来自中间罐区的合格蜡混合进入原料蜡缓冲罐。该系列物料在经过精制反应原料加热炉并与来自新氢管网和循环压缩机的氢气混合后进入精制反应器，在反应器内主要进行烯烃饱和反应和含氧化物的脱除反应。

混合物料在热高压分离器内进行气、液分离。热高压分离油经降压后去热低压分离器。热高压分离气体先后经换热和空冷后进入冷高压分离器进行气、液、水三相分离。

冷高压分离器顶部出来的气体进入循环氢压缩机入口分液罐。

冷高压分离器的水、油在界位、液位的控制下经降压后进入冷低压分离器。

热低压分离器中的液体降压后直接进入分馏系统，热低压气体经冷却后进入

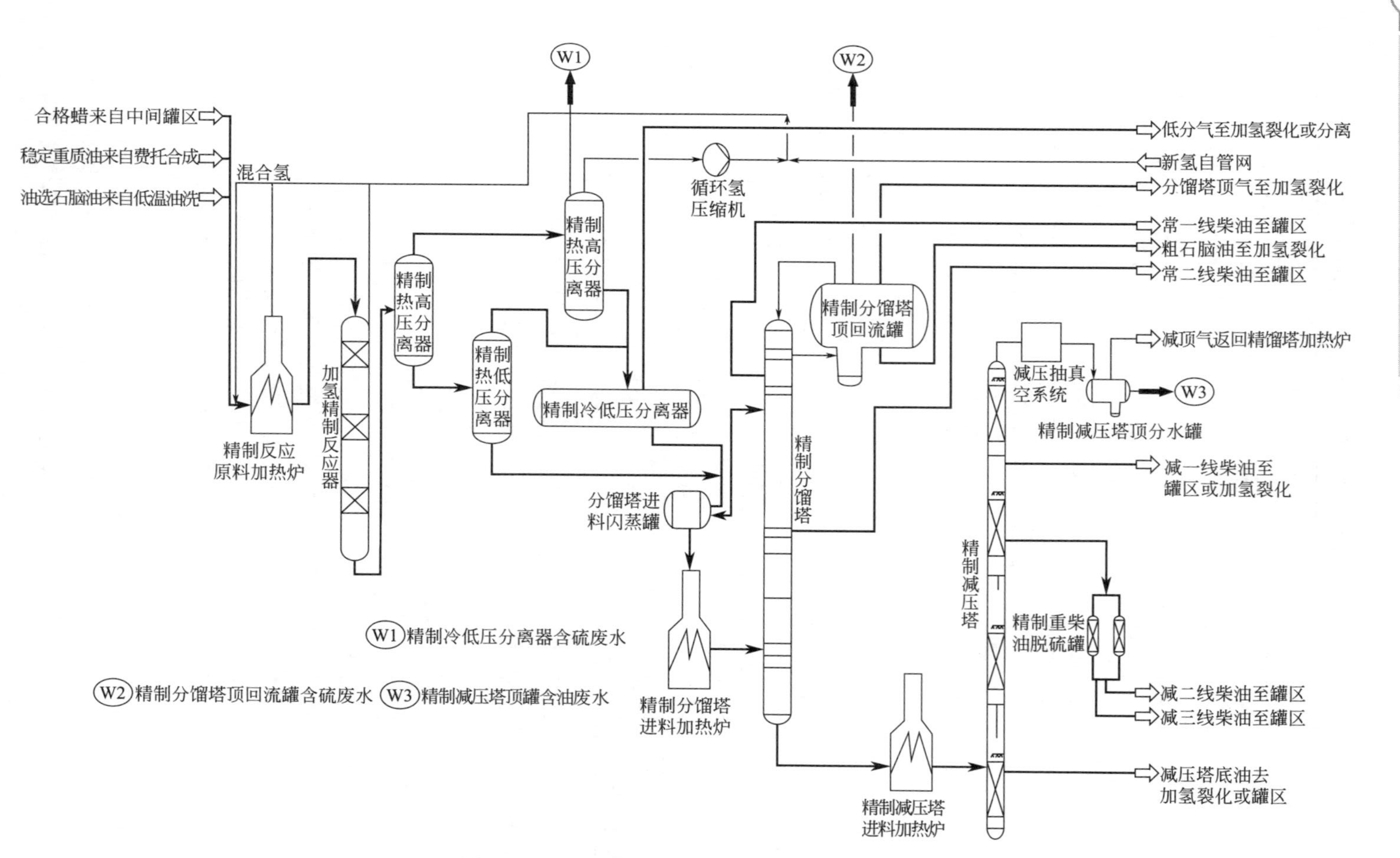


图 2-11　加氢精制工艺流程及产污环节示意图

精制反应产物冷低压分离器。

冷低压分离器中顶部气体去加氢裂化单元膜分离部分回收氢气，冷低压分离油与热高压分离气体进入分馏系统，冷低压分离酸性水与分馏部分分馏塔顶污水混合后送出装置。

② 压缩部分：由管网来的新氢直接进入新氢压缩机入口分液罐分液后，经新氢气压缩机升压。同时冷高压分离器顶部出来的气体分液后，再经循环氢压缩机升压，大部分与精制前物料混合成混氢油。

③ 分馏部分：分馏塔设置柴油中断回流、常一线和常二线汽提塔。分馏塔顶油气经精制分馏塔顶空冷器冷却至一定温度后进入分馏塔顶回流罐进行气液分离，分馏塔顶气体去加氢裂化单元吸收稳定部分，分馏塔顶油部分经分馏塔顶回流泵返回至塔顶，另一部分作为粗石脑油经精制粗石脑油泵送至加氢裂化单元，含硫含油污水经精制分馏塔顶凝结水泵送至反应部分与冷低压分离器污水混合出装置。常一线柴油进入常一线柴油汽提塔，塔顶气体回流至分馏塔，塔底液体经精制常一线柴油泵升压后送至精制常一线空冷器冷却后送至罐区。常二线柴油进入常二线柴油汽提塔，塔顶气体回流至分馏塔，塔底液体经精制常二线空冷器冷却后送至罐区。分馏塔底油经精制分馏塔底泵升压后送至减压塔进料加热炉，经升温后进入减压塔。减压塔设置塔顶减压回流、减一线、减二线和减三线。减一线油先经过精制减一线柴油泵升压后，一部分作为外回流返回至减压塔，另一部分经蒸汽发生器回收一定能量后，分成两部分，一部分经精制减顶空冷器冷却后返回塔顶，另一部分经冷却后送至罐区或去加氢裂化降凝单元。减二线柴油经升压后一股返回减压塔，另一股去加氢裂化降凝单元或者冷却脱硫后送至罐区。减三线柴油一股返回减压塔，另一股去加氢裂化降凝单元或者脱硫后送至罐区。减压塔底油送至加氢裂化单元，或者再经冷却后送至罐区。

④ 加氢精制污染源分析：加氢精制单元排放的主要含硫污水来源于反应产物冷低压分离器和分馏塔顶回流罐，排放量分别为5.03t/h和8.7t/h。二者所含污染物成分类似，主要是石油类物质和硫化物，二者均排往酸水汽提装置进行处理。

加氢精制装置主要排放含油污水来源于减压塔顶罐，含COD和石油类，连续排放，送往污水处理厂进行处理。

(2) 加氢裂化产污环节

加氢裂化工艺流程如下：

① 反应部分：来自加氢精制单元的精制尾油和分馏部分来的减压塔底油和氢气混合后裂化反应，进料加热炉加热升温后与另一部分混合氢混合后进入加氢裂化反应器，将原料部分转化成柴油和石脑油产品。

来自加氢精制单元的重柴油与氢气混合并加热升温后进入柴油降凝反应器，在柴油降凝反应器内进行异构降凝反应。降凝反应产物进入裂化热高压分离器。

裂化反应产物和降凝反应产物在热高压分离器内进行气、液分离，液体经降压后进入裂化热低压分离器。

裂化热低压分离器中的液体直接进入分馏部分，热低压分离气体经冷却进入裂化冷低压分离器。

热高压分离气体经过换热和冷却后进入裂化冷高压分离器进行气、液分离。

裂化冷高压分离器顶部出来的气体作为循环氢送入压缩机部分，底部的液体降压进入裂化冷低压分离器。

裂化冷低压分离器顶部气体去膜分离部分回收氢气，冷低分油换热后进入裂化分馏塔进料闪蒸罐。

② 压缩部分：自裂化冷高压分离器顶部出来的气体与加氢精制单元的新氢混合后作为加氢裂化和柴油降凝的循环氢使用，另一部分作为加氢裂化反应器和柴油降凝反应器的急冷氢使用，其余作为防喘振量返回裂化热高压分离气空冷器前。去加氢裂化反应部分的循环氢一部分与原料油混合，另一部分换热后在裂化反应进料加热炉后与混氢油混合。

③ 分馏部分：热低压分离油，冷低压分离油经换热后进入裂化分馏塔进料闪蒸罐，裂化分馏塔进料闪蒸罐闪蒸出的气体进入分馏塔，闪蒸罐底部出来的液体升压经加热进入裂化分馏塔。

裂化分馏塔设置柴油中段回流、裂化常一线柴油汽提塔和裂化常二线柴油汽提塔。分馏塔顶气体进入分馏塔顶回流罐进行气、液、水三相分离。分离出的气体进入吸收稳定部分。分离出的粗石脑油一部分作为塔顶回流送回分馏塔顶部，另一部分送入吸收解吸塔。分离出的含硫含油污水经裂化分馏塔顶凝结水泵送出装置。分馏塔中段回流经换热后返回塔。常一线柴油和常二线柴油分别进入裂化常一线柴油汽提塔和裂化常二线柴油汽提塔，塔顶部气体回流至裂化分馏塔，塔底液体分别升压后混合作为吸收脱硫塔重沸器的热源，取热后在冷却后作为柴油产品去产品罐区。分馏塔底油送至裂化减压塔。

减压塔设置塔顶循环回流、减一线、减二线和减三线。减顶油气先经过减压抽真空系统，再进入裂化减压塔顶分水罐进行气、液、水三相分离。减顶气送至裂化分馏塔进料加热炉做燃料气，减顶污油送至界区外，减顶污水经水泵送出装置。减一线油升压后分为三部分，一部分作为外回流返回至减压塔，一部分经回收能量再冷却后返回塔顶，一部分经吸收解吸塔重沸器、裂化柴油空冷器冷却后至柴油产品罐区。减二线油经裂化重柴油泵升压后，一部分返回减压塔，另一部分经冷却后至加氢精制单元脱硫后送出单元至柴油成品罐区。减三线油经裂化减三线泵升压后，一股返回减压塔，另一股至加氢精制单元脱硫后送出单元至柴油成品罐区。减压塔底油升压后分为两部分，一部分冷却后出界区，另一部分作为循环油至裂化原料油缓冲罐。

④ 吸收稳定部分：来自加氢精制单元的分馏塔顶气和加氢裂化单元的分馏塔顶气经富气压缩机入口分液罐分液后，经富气压缩机升压，进入富气压缩机出口分液罐气液分离，气体和液体再分别进入到吸收解吸塔。同时加氢裂化单元的粗石脑油和加氢精制单元的粗石脑油混合后也进入到吸收解吸塔。该塔以稳定石脑油为吸收剂，塔顶气体作为燃料气进燃料气管网，塔底油经升压换热后进入稳定塔。稳定塔顶气体经冷却后进入稳定塔顶回流罐进行气液分离。分离出的不凝气送燃料气管网，分离出液化气一部分送回稳定塔顶部，另一部分作为 LPG 产品去成品罐区，分离出的含硫含油污水排出装置。稳定塔底石脑油经换热冷却，一部分进入稳定石脑油缓冲罐，再经泵作为吸收剂送回吸收解吸塔顶部，另一部分作为石脑油产品去罐区。

⑤ 膜分离部分：来自加氢精制单元的低分气和加氢裂化单元的低分气混合后进入膜分离单元，非渗透气去吸收稳定塔回收其中的 LPG 组分，渗透气经渗透气压缩机升压后送至 PSA 单元进一步提纯氧气。

⑥ 加氢裂化污染源分析：加氢裂化单元排放的主要含硫污水来源与压缩机出口分液罐、分馏塔顶罐、和稳定塔顶回流罐，三者所含污染物成分类似，主要是石油类硫化物，且均排往酸水汽提装置进行处理。

加氢裂化装置主要排放含油污水来源与减压塔顶罐，含 COD 和石油类，连续排放，送往污水处理厂进行处理。

加氢裂化工艺流程及产污环节如图 2-12 所示。

(3) 低温油洗产污环节

低温油洗产污环节工艺流程如下。

① 原料预处理部分：来自脱碳单元的脱碳尾气与来自脱硫塔顶的释放气混合后去原料气水冷器冷却，冷却后的原料气去脱硫塔顶气油分离器，汽提塔顶气压缩机凝液、汽提塔顶轻石脑油、吸收塔底的富吸收剂以及吸收塔进料油气分离器底部的凝缩油也进入解吸塔顶气油气分离器。在脱硫塔顶油气分离器中进行气、液、水三相分离，液体是脱硫塔进料，水经换热器升温后送至防冻剂脱硫塔，顶部气体去压缩机入口分液罐，从压缩机入口分液罐出来的气体经升压、换热和冷却后进入吸收塔进料油气分离器。来自吸收塔顶低温油气分离器的凝缩油也进入吸收塔进料低温油气分离器。为了防止水在其中结冰，吸收塔进料油气分离器顶部气体在进入吸收塔进料急冷器前注入防冻剂乙二醇溶液。解吸塔进料低温油气分离器分离出的气体为吸收塔的汽提进料，分离出的液体经过凝缩油泵升压后返回吸收塔进料油气分离器，分离出的水为乙二醇溶液送至防冻剂部分。

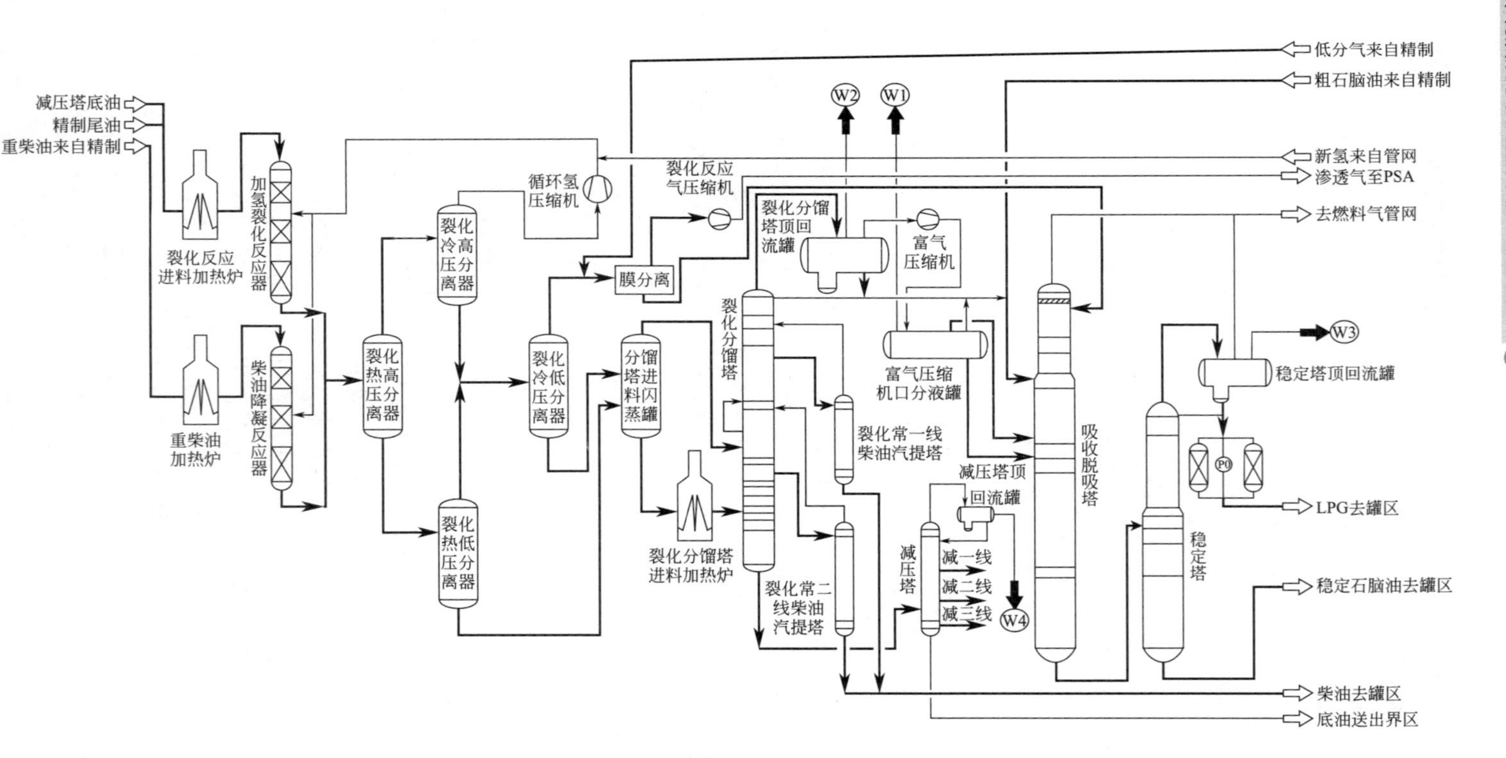


图 2-12 油品加工加氢裂化工艺流程及产污环节示意图

② 吸收稳定再生部分：由吸收剂泵从吸收剂缓冲罐抽出的贫吸收剂经过与富吸收剂换热，并被丙烯冷却后进入吸收塔顶部，吸收塔进料油气分离器顶部的气体进入吸收塔底部。贫吸收剂和原料气在高压低温条件下，在吸收塔中进行逆向吸收，将气体中的 $C_3^+$ 脱除，吸收塔顶部的干气经过干气聚结器回收塔顶带出的油品，回收的油品去脱硫塔，从干气聚结器顶部出来的干气经两次换热后出装置去尾气制氢装置，吸收塔底的富吸收剂和贫吸收剂换热后返回解吸塔顶油气分离器。从解吸塔顶油气分离器分离出的油品进入解吸塔顶部，解吸塔顶部汽提与脱碳尾气混合冷却后返回解吸塔顶油气分离器，解吸塔底部脱乙烷油进入稳定塔中部。稳定塔顶部液化石油气产品送去成品罐区，稳定塔底部石脑油经换热后去再生塔，从再生塔顶部抽出部分 $C_5 \sim C_6$ 馏分冷却后与石脑油混合去加氢精制单元，从再生塔塔底出来经冷却和过滤后的一部分石脑油去中间罐区，其余石脑油作为贫吸收剂去吸收剂缓冲罐，作为吸收剂循环使用。

③ 防冻剂回收部分：来自解吸塔顶油气分离器、吸收塔进料油气分离器、吸收塔进料低温油气分离器水包的乙二醇溶液与防冻剂脱水塔底部浓缩防冻剂在防冻剂冷却器中换热后进入防冻剂脱水塔，将乙二醇溶液中的水进行部分分馏，塔顶为少量的尾气和水，送至中间罐区，塔底为浓缩防冻剂乙二醇溶液。防冻剂脱水塔底浓缩防冻剂送往防冻剂罐。浓缩防冻剂经过防冻剂泵升压后进入原料预处理部分。

④ 低温油洗污染源分析：低温油洗的主要污染物排放为防冻剂脱水塔顶分离器排放废水和泵排放含油废水。

*(4) 合成水处理产污环节及污染源分析*

合成水处理产污环节工艺流程如下。

① 脱油部分：来自中间罐区的合成水进入界区后，先进入预过滤器脱除合成水携带的机械杂质和蜡等固体颗粒，自预过滤器出来的合成水进入脱油聚结器进行聚结脱油，脱除的污油聚集在聚结器顶部，当油水界位达到一定高度时，切油阀自动打开将污油送往脱油部分污油罐，污油罐污油经污油泵送往界区外，脱油合成水自聚结器送出后去往中和部分。

② 中和部分：脱油后合成水自聚结器送来后进入静态混合器，与来自碱液泵的 20%NaOH 碱液混合，然后进入中和罐，在中和罐内进行有机酸与碱的中和反应，经中和后的中和合成水泵送出去往醇分离部分，在静态混合器后管线上、中和罐体上、中和合成水泵出口管线上安装油在线 pH 值计，进行中和效果的在线监测，同时，来水的 pH 值作为前馈信号调节碱液流量，由 pH 值计反馈信号调节碱液管线的调节阀开度，保证最终中和反应完全，中和后合成水 pH 值控制在 6～8 之间。

③ 醇分离/醇提浓部分：中和合成水经过醇分离塔进料换热器换热后进入醇分离塔进行脱醇。塔顶气相经醇分离塔顶空冷器冷却后进入混醇回流罐，自混醇回流罐出来的混醇液体经混醇回流泵升压后一部分作为塔顶回流返回醇分离塔，一部分送至醇提浓部分，塔釜合成废水先与醇分离塔进料换热器中的合成水进料换热，最后经空冷和合成废水水冷器将合成废水冷却至40℃后送至污水处理厂。正常时，合成废水经脱醇后COD控制在12000mg/L以下。

来自醇分离塔顶的含水混醇经萃取精馏塔进料换热器与乙二醇换热后进入萃取精馏塔。来自乙二醇回收塔底乙二醇与来自醇分离塔的混醇换热后再经乙二醇空冷器冷却至50℃、经过过滤器过滤后进入萃取精馏塔。萃取精馏塔顶气相经萃取精馏塔顶空冷器冷却至50℃后进入萃取精馏塔顶回流罐。经萃取精馏塔顶回流罐分离出的液体经萃取精馏塔顶回流泵增压后分两部分，一部分返回塔顶用作回流，一部分经轻醇水冷器冷却至40℃后去成品罐区。

萃取精馏塔底水、乙二醇、重醇混合物经萃取精馏塔底泵升压后进入乙二醇回收塔，乙二醇回收塔顶气相分别经乙二醇回收塔顶空冷器冷却后进入乙二醇回收塔顶分液罐进行气液两相分离，罐顶气相去水环真空泵入口进行抽负压，乙二醇回收塔顶分液罐底液相送往重醇分水罐；自水环真空泵送出的物流进入水环真空泵分液罐，罐顶气相去减压塔顶水封罐，水环真空泵分液罐底液相送往重醇分水罐；自减压塔顶水封罐送出的气相排往火炬系统，减压塔顶水封罐底液相送往重醇分水罐；由于系统为负压，在乙二醇回收塔顶分液罐、水环真空泵分液罐和减压塔顶水封罐底部均设置了大气腿，以确保负压的平衡。经重醇分水罐分离出的水经乙二醇回收塔顶水泵送往中和罐。经重醇分水罐分离出的重醇经重醇出料泵升压后送至产品罐区。乙二醇回收塔底乙二醇经乙二醇回收塔泵升压后与来自醇分离部分的混醇换热后并经乙二醇空冷器冷却、过滤后返回萃取精馏塔。

④ 合成水处理污染源分析：合成水处理的主要污染物排放为醇分离塔排放废水和泵排含油污水，主要含COD，送往污水处理厂处理。

合成水处理工艺流程及产污环节如图2-13所示。

加氢精制单元、加氢裂化单元、低温油洗单元和合成水处理单元废水污染源依次见表2-19～表2-22。

#### 2.2.2.10 尾气处理装置

尾气处理装置主要以烃类气体为原料，纯氧为氧化剂，在工艺蒸汽和催化剂的作用下，自然催化氧化技术路线生产工业氧。

尾气处理装置主要原料为低温油洗单元的油洗干气、空分装置的纯氧、油品加工装置的加氢渗透气及油品合成装置催化剂还原单元的还原气体。

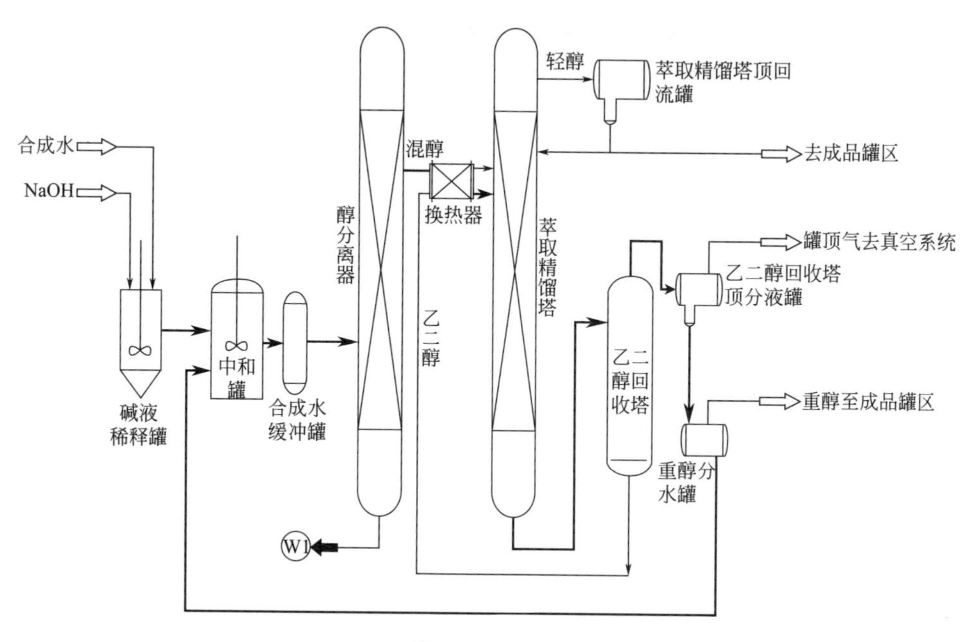


图 2-13 油品加工合成水处理工艺流程及产污环节示意图

**表 2-19 加氢精制装置废水污染源一览表**

| 类别 | 污染源名称 | 排放点 | 排放量/($m^3$/h) | 主要污染物 | | | 排放方式 | 处理措施及排放去向 |
|---|---|---|---|---|---|---|---|---|
| | | | | 名称 | 产生浓度/(mg/L) | 产生量/(kg/h) | | |
| 废水 | 精制含硫污水 | 精制反应产物冷低压分离器 | 5.03 | pH | 6～9 | | 连续 | 酸水汽提 |
| | | | | 石油类 | 100 | 0.503 | | |
| | | | | $H_2S$ | 100 | 0.503 | | |
| | 精制含硫污水 | 精制分馏塔顶回流罐 | 8.7 | pH | 6～9 | | 连续 | 酸水汽提 |
| | | | | 石油类 | 100 | 0.87 | | |
| | | | | $H_2S$ | 100 | 0.87 | | |
| | 精制含油污水 | 减压塔顶罐 | 5.61 | pH | 6～9 | | 连续 | 污水处理厂 |
| | | | | COD | 700 | 3.92 | | |
| | | | | 石油类 | 500 | 2.81 | | |
| | 泵排含油污水 | 装置内泵 | 5.0 | pH | 6～9 | | 连续 | 污水处理厂 |
| | | | | COD | 700 | 3.5 | | |
| | | | | 石油类 | 500 | 2.5 | | |

表 2-20 加氢裂化废水污染源一览表

| 类别 | 污染源名称 | 排放点 | 排放量/($m^3$/h) | 主要污染物 | | | 排放方式 | 处理措施及排放去向 |
|---|---|---|---|---|---|---|---|---|
| | | | | 名称 | 产生浓度/(mg/L) | 产生量/(kg/h) | | |
| 废水 | 裂化含硫污水 | 压缩机出口分液罐 | 0.35 | pH | 6～9 | | 连续 | 酸水汽提 |
| | | | | 石油类 | 100 | 0.035 | | |
| | | | | 硫化氢 | 100 | 0.035 | | |
| | 裂化含硫污水 | 分馏塔顶罐 | 11.66 | pH | 6～9 | | 连续 | 酸水汽提 |
| | | | | 石油类 | 100 | 1.166 | | |
| | | | | 硫化氢 | 100 | 1.166 | | |
| | 裂化含油污水 | 稳定塔顶回流罐 | 0.01 | pH | 6～9 | | 连续 | 酸水汽提 |
| | | | | 石油类 | 100 | 0.001 | | |
| | | | | 硫化氢 | 100 | 0.001 | | |
| | 裂化含油污水 | 减压塔顶罐 | 5.02 | pH | 6～9 | | 连续 | 污水处理厂 |
| | | | | COD | 700 | 3.51 | | |
| | | | | 石油类 | 500 | 2.51 | | |
| | 泵排含油污水 | 装置内泵 | 6 | pH | 6～9 | | 连续 | 污水处理厂 |
| | | | | COD | 700 | 4.2 | | |
| | | | | 石油类 | 500 | 3.0 | | |

表 2-21 低温油洗废水污染源一览表

| 类别 | 污染源名称 | 排放点 | 排放量/($m^3$/h) | 主要污染物 | | | 排放温度 | 处理措施及排放去向 |
|---|---|---|---|---|---|---|---|---|
| | | | | 名称 | 产生浓度/(mg/L) | 产生量/(kg/h) | | |
| 废水 | 防冻剂脱水塔顶分离器排水 | 防冻剂脱水塔顶分离器 | 0/8 | pH | 6～9 | | 40℃ | 含酸含油乙二醇污水至中间罐区 |
| | | | | $COD_{Cr}$ | 700 | 1.4 | | |
| | | | | 石油类 | 500 | 1.0 | | |
| | 泵排含油污水 | 装置内泵 | 3 | pH | 6～9 | | 常温 | 送污水处理厂 |
| | | | | $COD_{Cr}$ | 700 | 2.1 | | |
| | | | | 石油类 | 500 | 1.5 | | |

表 2-22 合成水处理废水污染源一览表

| 类别 | 污染源名称 | 排放点 | 排放量/($m^3$/h) | 主要污染物 | | | 排放温度 | 处理措施及排放去向 |
|---|---|---|---|---|---|---|---|---|
| | | | | 名称 | 产生浓度/(mg/L) | 产生量/(kg/h) | | |
| 废水 | 醇分离塔排水 | 醇分离塔 | 630.21 | $COD_{Cr}$ | 15000 | 9453 | 常温 | 送污水处理厂 |
| | | | | $BOD_5$ | 11000 | 6932 | | |
| | | | | 石油类 | 100 | 63 | | |
| | | | | TDS | 6000 | 3781 | | |
| | 装置内泵排含油污水 | 全装置 | 2.2/2.6 | pH | 6～9 | | 常温 | 至含油污水预处理装置 |
| | | | | $COD_{Cr}$ | 700 | 1.54 | | |
| | | | | 石油类 | 500 | 1.1 | | |

尾气处理装置主要产品为工业氢，副产 PSA 解吸气、非渗透气。其中工业氢送至氢气管网；PSA 解吸气，经解吸气压缩机升压后，送至低压燃料气管网；非渗透气，首先作为装置内转化单位的原料，多余部分减压后，送至高压燃料气管网。

尾气处理装置工艺流程如下。

① 膜分离单元　自油品加工装置低温油洗单元来的油洗干气，首先进入重力分离罐分离原料中大部分可冷凝的液体，自分离罐顶部出来的气体进入气液分离器，经过初步分离。从气液分离器的气体进入两组并联的聚结型联合过滤器，每组采用两级过滤。经过过滤的原料气体进行换热和预热，预热后的气体经管道过滤器进入膜分离器组进行分离，直接在渗透侧得到渗透气（富氢气），渗透气（富氢气）经与原料气换热后送出界区；而非渗透气大部分送往尾气转化单元作为尾气转化制氢的原料，多余部分经减压后送至燃料气管网作为燃料气使用。

② 转化单元　自膜分离单元来的原料非渗透气，送至加热炉对流段加热。转化气蒸汽发生器产生的原料工艺饱和蒸汽与前者经过混合和两端辐射段加热，从自热催化转化炉顶部侧面进入反应器内。

自空分装置来的纯氧，首先进入氧气预热器预热，然后配入适量的安全蒸汽后，经静态混合器混合后进入反应器。

在反应器中，在催化剂作用下，高温的工艺气体从上而下穿过催化剂的床层，通过自热转化反应生成 $H_2$、CO 等有效气体。从转化炉底部离开的转化气进入转化气蒸汽发生器。降温后的转化气经出口调节阀，送入下游的变换单元。转化单元的汽水分离器排放清净废水。

③ 变换单元　自转化单元来的转化气，分为两股，从中温变换炉顶部进入反应器内，在催化剂的作用下，发生 CO 和 $H_2O$ 变化反应，生成 $CO_2$ 和 $H_2$。

变换气从中温变换炉的底部离开，降温后送至下游 MDEA 脱碳单元作为再生塔再沸器的热源，回收热量后，经气液分离，气相返回变换单元，经变换气空冷器冷却，进入变换气分离器Ⅰ，分离液相水，气相进入变换气水冷器进一步冷却，进入变换气分离器Ⅱ，气液分离，气相作为产品输出至下游 MDEA 脱碳单元。分离罐分离出的液相汇合送往界区外。

为回收变换气的中低温工艺余温，单元内设置蒸汽发生器回收工艺气体热量，中压蒸汽发生器副产饱和蒸汽送往蒸汽管网；低压蒸汽发生器副产饱和蒸汽送往蒸汽管网。并将工艺气体送至 MEDA 脱碳单元再沸腾进一步回收热量。

④ MDEA 脱碳单元　脱碳单元分为变换气吸收、MDEA 再生、MDEA 储存及补充等部分。自下游变换单元来的变换气进入吸收塔下部，经入口分布器，由下向上流动与自上而下的 MDEA 贫液逆流接触，脱除 $CO_2$ 后的净化气温度升高，从塔顶离开，后净化气被送至下游 PSA-1 单元。

MDEA 富液和闪蒸塔分离出的气相凝液进入再生塔，再生塔采用上下两段，中间抽出物料，MDEA 富液进再生塔上部解吸再生，由再生塔中部抽出的 MDEA 溶液进半贫液泵，进入贫富液换热器加热后，进入再生塔中部进行解吸再生。MDEA 也经过空冷、水冷并滤除杂质后返回贫液泵入口，然后返回吸收塔循环使用。再生塔顶酸气进入酸气分离罐，分出的 $CO_2$ 气至高点安全放空，分出的冷凝液循环回流至再生塔顶部。

⑤ PSA 单元　来自上游 MDEA 脱碳单元的净化合成气经过气液分离器除去液态物质后，进入 PSA-1 吸附塔提纯氢气。产品氢气从塔顶部分分离，经稳压后送至氢气管网。在 PSA-1 部分中，每台吸附器在不同时间依次经历吸附、多级压力均衡降、顺放、逆放、冲洗、多级压力均衡升、最终升压。逆放步骤排出吸附器中吸附的大部分杂质组分，剩余的杂质通过冲洗步骤完全解吸。

PSA-2 部分以膜分离单元的渗透气、油品加工装置的加氢渗透气和催化剂还原单元的还原尾气为原料，生产出浓度为 99.9%的氢气，PSA-2 单元中，每台吸附器在不同时间依次经历吸附、多级压力均衡降、顺放、逆放、冲洗、多级压力均衡升和最终升压等步骤。

自 PSA-1 和 PSA-2 来的两股解吸气混合后，经 PSA 缓冲罐和解吸气压缩机，由压缩机升压后送至低压燃料气管网。

尾气处理装置工艺流程及产污环节如图 2-14 所示。

本单元多处排放含油污水，主要是各单元的机泵用冷却水和来自膜分离单元的重力分离罐、PSA 单元的缓冲罐所排污水，排放总量约为 4t/h，统一送至污水处理厂处理。清净废水主要来自转化单元的汽水分离器、变换单元的蒸汽发生器，该部分废水被送至含盐废水处理装置处理。尾气处理装置废水污染源见表 2-23。

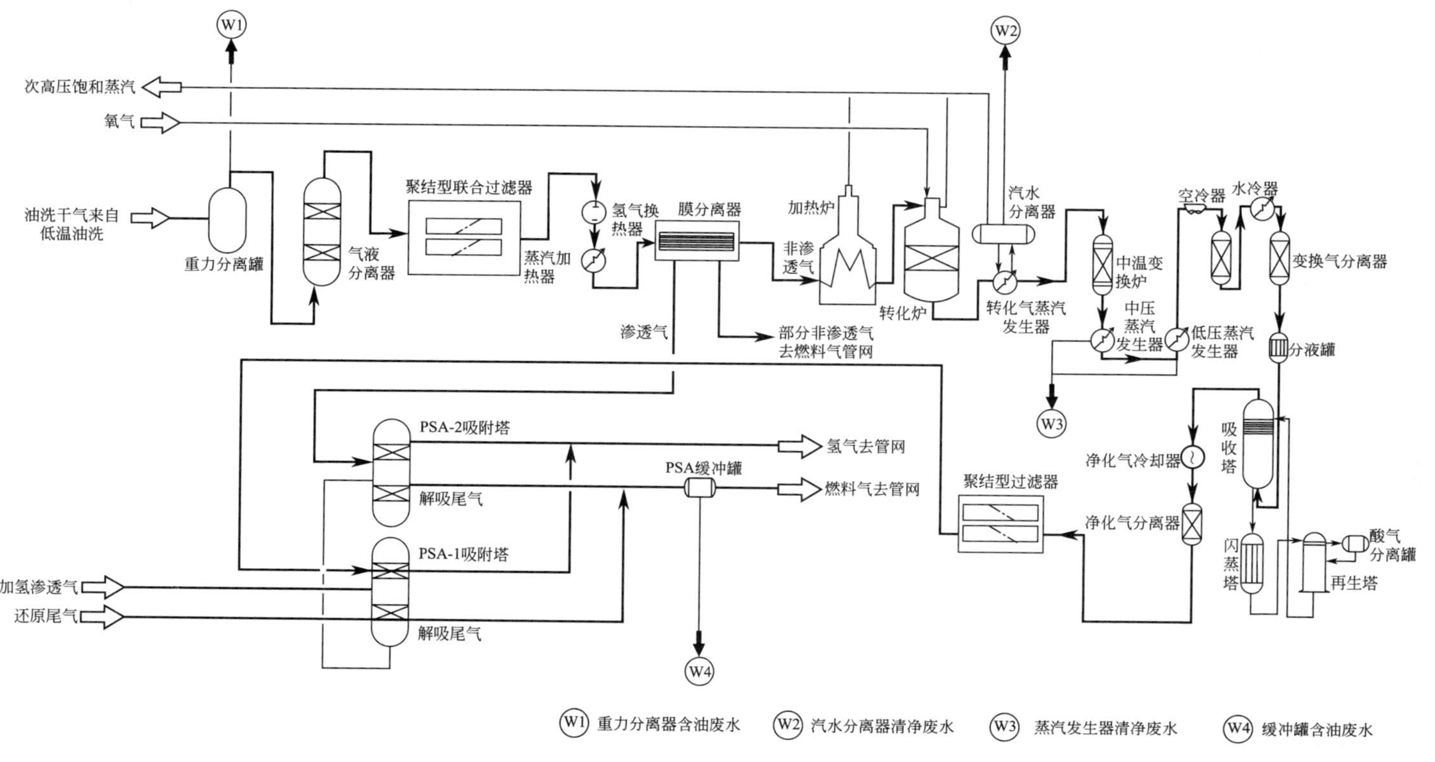


图 2-14 尾气处理装置工艺流程及产污环节示意图

表 2-23　尾气处理装置废水污染源一览表

| 类别 | 污染源名称 | 排放点 | 排放量/$(m^3/h)$ | 主要污染物 | | | 排放方式 | 处理措施及排放去向 |
|---|---|---|---|---|---|---|---|---|
| | | | | 名称 | 产生浓度/(mg/L) | 产生量/(kg/h) | | |
| 废水 | 含油污水 | 膜分离单元重力分离罐 | 1 | pH | 6～9 | | 间断 | 污水处理厂 |
| | | | | 石油类 | 210 | 0.21 | | |
| | | | | $COD_{Cr}$ | 300 | 0.3 | | |
| | 清净废水 | 转换单元汽水分离器 | 2 | pH | 9 | | 连续 | 含盐废水处理装置 |
| | | | | 含盐 | 700～800 | 1.4 | | |
| | | 变换单元蒸汽发生器 | 1 | pH | 9 | | 连续 | 含盐废水处理装置 |
| | | | | 含盐 | 700～800 | 0.7 | | |
| | 缓冲罐及机泵冷却含油废水 | PSA 缓冲罐 | 1 | pH | 6～9 | | 间断 | 污水处理厂 |
| | | | | $COD_{Cr}$ | 20 | 0.02 | | |
| | | | | 石油类 | 10 | 0.01 | | |
| | 机泵冷却含油污水 | 转换及脱碳单元 | 2 | pH | 6～9 | | 连续 | 污水处理厂 |
| | | | | $COD_{Cr}$ | 300 | 0.6 | | |
| | | | | 石油类 | 210 | 0.42 | | |

#### 2.2.2.11　除氧水及凝液精制

除氧水及凝液精制站的功能是为油品合成、油品加工、尾气处理三个装置的中低压锅炉提供合格的锅炉给水，同时对上述装置的透平凝结水和工艺凝结水回收处理。主要工艺包括除氧水制备系统、凝结水回收处理系统和锅炉给水系统。

(1) 除氧水制备系统

除氧系统采用内置式热力除氧器，加热蒸汽来自厂区 0.5MPa 蒸汽管网。除氧器工作压力为 0.1MPaG，出水温度为 120℃，出水溶解氧含量≤15μg/L，符合 GB/T 12145—2008《火力发电机及蒸汽动力设备水汽质量》的要求。

(2) 凝结水回收处理系统

① 潜在污染工艺凝结水预处理系统　潜在污染工艺凝结水预处理系统的主要功能是除油、铁、有机物等杂质，主要由凝结水换热器、富集阻截除油管、阻截凝集禁油罐、活性炭过滤器组成。

潜在污染工艺凝结水首先输送到换热器降温到 100℃以下，进入富集阻截除油罐。该罐装有管式阻截膜除油单元，阻截来水的悬浮油和乳化油。出水进入阻截凝集禁油罐使出水含油量≤0.5mg/L。阻截凝集禁油罐出水进入活性炭过滤器。活性炭过滤器内部装有椰壳活性炭，可进一步除去水中的有机物。凝结水由设备上部进入，穿过滤料层，由设备下部送出。当压差≥0.10MPa或达到预定的周期制水量时，过滤器失效，需要进行反冲洗。反冲洗结束后，即可继续投入运行。活性炭过滤器出水进入冷凝水中间水罐。

② 洁净工艺凝结水预处理系统　洁净工艺凝结水首先输送到换热器降温到100℃以下，进入活性炭过滤器、活性炭过滤器内部装有椰壳活性炭，可进一步除去水中的有机物。凝结水由设备上部进入，穿过滤料层，由设备下部送出。当压差≥0.10MPa或达到预定的周期制水量时，过滤器失效，需要进行反冲洗。反冲洗结束后，即可继续投入运行。活性炭过滤器出水进入冷凝水中间水罐。

③ 透平凝结水预处理系统　透平凝结水送入除铁型精密过滤器。除铁型精密过滤器内部装有滤芯可以除去凝结水中的铁等各种颗粒杂质。精密过滤器正常运行的压差约为0.02MPa，当压差≥0.10MPa或达到预定的周期制水量时，过滤器失效，需要进行反冲洗。反冲洗结束后，即可继续投入运行。精密过滤器出水进入冷凝水中间水罐。

④ 凝结水精处理系统　根据项目的实际情况，采用粉末树脂覆盖过滤器凝结水精处理系统。

粉末树脂覆盖过滤器是集过滤和除盐功能于一体的过滤器。在过滤器内部安装的过滤元件表面上预涂纤维粉或树脂粉达到过滤和除盐的目的。当过滤器进出口的压差、过滤器出水水质（电导率或二氧化硅）达到设定值时，过滤器处于失效状态，此时对过滤器进行曝膜、反洗和铺膜后再重新投入运行。粉末树脂覆盖过滤器出水进入精处理凝结水罐。

（3）锅炉给水系统

锅炉给水系统分为次高压锅炉给水系统、中压锅炉给水系统和低压锅炉给水系统。

① 次高压锅炉给水系统　次高压锅炉给水系统主要是为尾气处理装置提供锅炉给水，尾气处理装置废热锅炉额定供压力5.4MPa，锅炉给水设计压力7.5MPa。

② 中压锅炉给水系统　中压锅炉给水系统主要是为费托合成装置提供锅炉给水，费托废热锅炉额定供汽压力2.8MPa，锅炉给水设计压力5.5MPa。为了提高系统的可靠性，其中2台泵采用背压透平驱动，2台采用电驱动，另设1台电泵作为备用。

③ 低压锅炉给水系统　低压锅炉给水系统主要是为油品合成和油品加工装置提供锅炉给水，上述装置废热锅炉的额定供汽压力分为1.0MPa和0.5MPa两种，锅炉给水设计压力1.8MPa。

除氧水及凝液精制工艺流程及产污环节如图2-15所示。

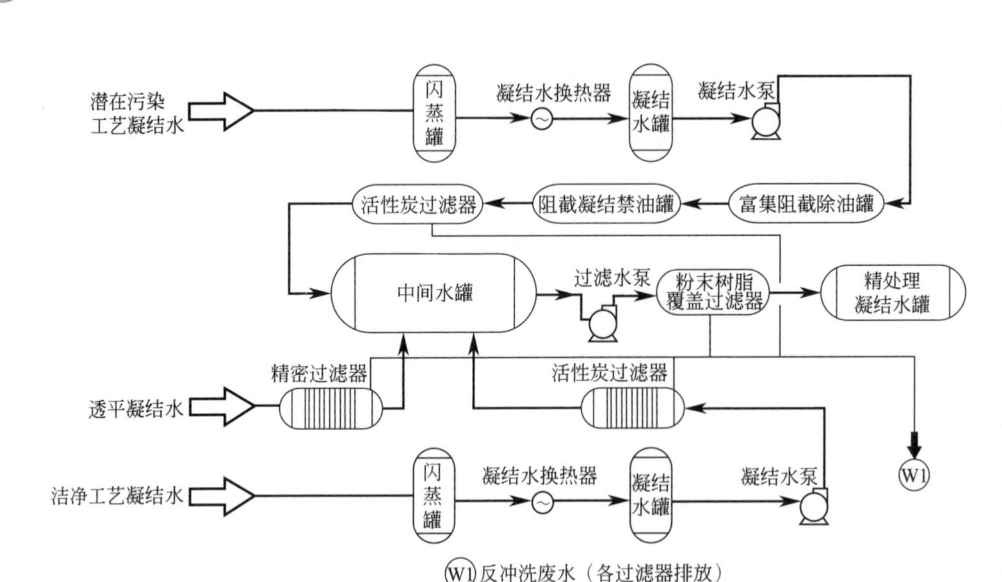


图 2-15　除氧水及凝液精制工艺流程及产污环节示意图

该装置废水主要是反冲洗废水、间断排放，送至含油污水预处理。除氧水及凝液精制废水污染源见表 2-24。

**表 2-24　除氧水及凝液精制废水污染源一览表**

| 类别 | 污染源名称 | 排放点 | 排放量/($m^3$/h) | 主要污染物 | | 排放方式 | 处理措施及排放去向 |
|---|---|---|---|---|---|---|---|
| | | | | 名称 | 产生浓度/(mg/L) | | |
| 废水 | 反冲洗废水 | 过滤器 | 0/434(max) | 悬浮物 | 200 | 间断 | 污水处理厂 |
| | | | | $COD_{Cr}$ | 700 | | |
| | | | | pH | 6～8 | | |
| | | | | 油 | 100 | | |

## 2.2.2.12　甲醇合成装置

甲醇合成装置建设主要目的是利用煤气化、净化装置生产的合成气来生产精甲醇。甲醇装置主要包括甲醇合成单元、甲醇精馏单元和甲醇中间罐区。甲醇合成单元利用高效率甲醇合成催化剂将来自低温甲醇洗装置的净化合成气、$CO_2$ 生产粗甲醇。甲醇精馏单元采用预精馏塔、加压塔、常压塔三塔连续精馏技术，将粗甲醇经甲醇精馏生产精甲醇产品。生产的精甲醇和杂醇在中间罐区存储。甲醇中间罐区设置粗甲醇罐 1 个，存储时间 24h；设置精甲醇罐 2 个，每个罐存储时间为 1 个班（8h）；设置杂醇罐 1 个，存储时间为 30 天；设置退甲醇罐 1 个（5000$m^3$），存储净化装置停车时退出的精甲醇。

甲醇合成装置工艺流程如下。

① 甲醇合成单元　来自净化装置的合成气经压缩机，与通过 $CO_2$ 脱硫反应器的 $CO_2$ 混合进入精脱硫反应器脱硫至 30μg/L 以下，来自合成工序的循环气经循环气压缩机升压至合成反应所需要压力后，与新鲜原料气混合。与循环气混合的原料气进入中间换热器，与来自合成反应器的其他气体进行热交换，加热至甲醇合成反应需要温度后进入水冷合成塔。原料气在反应器中自上而下流经管内催化剂、床层，经催化作用发生甲醇合成反应，反应气由水冷合成塔底部出来进入合成气空冷器，冷却后进入合成气水冷器，冷却至 40℃后进入甲醇分离器分为粗甲醇和未冷凝气体。来自锅炉房的锅炉给水进入甲醇合成汽包，汽包连续排污水进入排污膨胀槽闪蒸，闪蒸产生的蒸汽去低低压蒸汽管网，闪蒸污水经排污冷却器冷却至 40℃后去污水处理装置。

② 甲醇精馏单元　闪蒸后的甲醇经流量控制进入精馏单元预精馏塔。送至预精馏塔的粗甲醇仍含有部分溶解的气体如 $CO_2$ 和 $N_2$ 等。这些气体和低沸物（醚类和甲酸类）混在大量的甲醇蒸气中在塔顶移除。塔顶气相通过冷却器回流，绝大部分甲醇冷凝回收至回流罐中，再经回流泵送至塔顶。不凝气经冷却器回收部分甲醇至回流罐。剩余气相经不凝气压缩机加压后送至界区做燃料。

甲醇合成装置工艺流程及产污环节如图 2-16 所示。

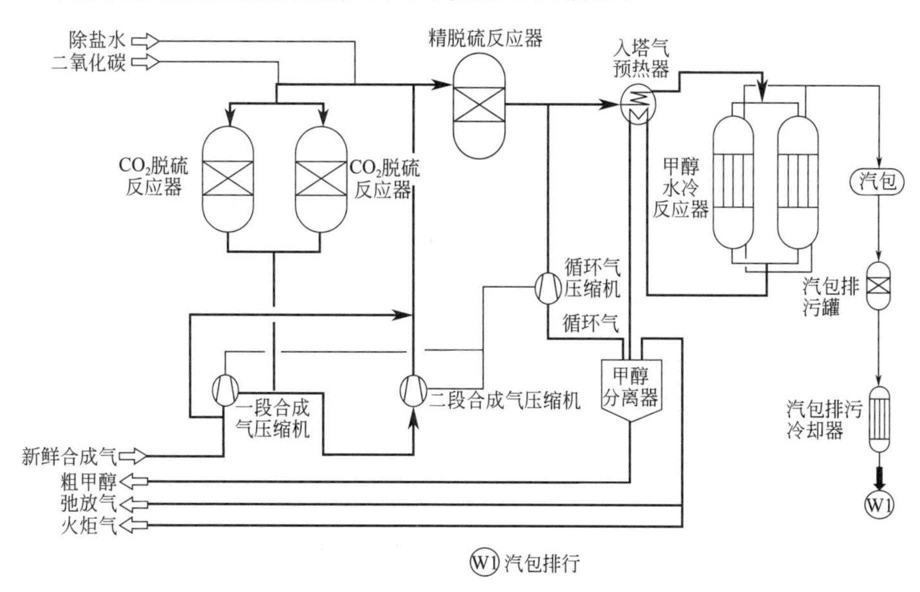


图 2-16　甲醇合成装置工艺流程及产污环节示意图

③ 甲醇中间罐区　粗甲醇罐用来作为粗甲醇的中间储罐，可在一定程度上接受甲醇合成和甲醇精馏单元的非同时操作。通常情况下，粗甲醇直接被送到甲醇精馏单元，粗甲醇罐的另一个用途是作为不达标甲醇的储罐，不达标甲醇来自

于精馏或者精甲醇的中间储罐，不达标甲醇将重新进入甲醇精馏单元。精甲醇罐用来储存产品。但只有被检测合格的产品才能送至该储罐。常压塔的杂醇将送至杂醇罐，通过杂醇泵进行装车外售。洗涤塔用来回收甲醇及杂醇罐中的气相甲醇，洗涤后的甲醇与水的混合物被送至膨胀槽，用来回收闪蒸气中的甲醇，气相在高点放空。

甲醇精馏和甲醇中间罐区工艺流程及产污环节如图 2-17 所示。

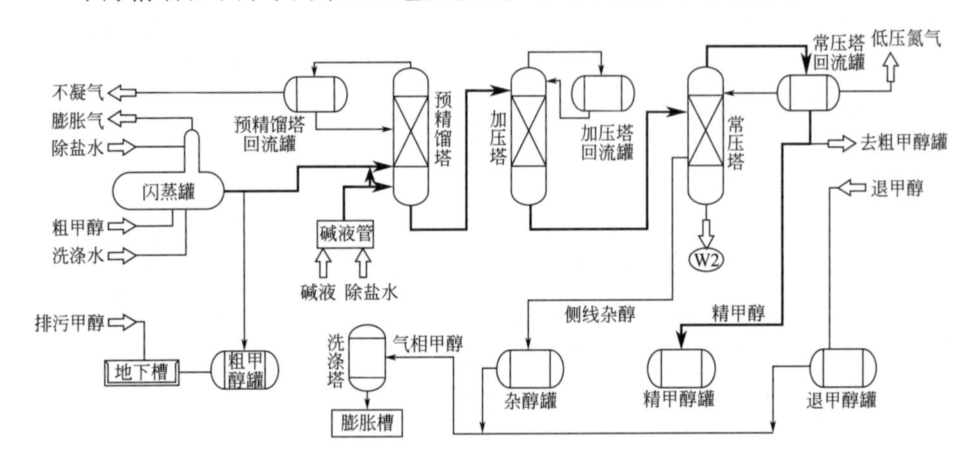


图 2-17 甲醇精馏和甲醇中间罐区工艺流程及产污环节示意图

甲醇合成单元的汽包排污水连续排放，主要包括 Cu、Fe 和 Na 等金属离子，排放至污水处理厂。甲醇精馏废水冷却器排放的工艺废水为连续排放，主要含甲醇等高级醇，排放至全厂污水处理厂。甲醇罐区的冲洗废水为间断排放，排放至污水处理厂。甲醇合成装置废水污染源见表 2-25。

**表 2-25 甲醇合成装置废水污染源一览表**

| 类别 | 污染源名称 | 排放点 | 排放量/($m^3$/h) | 主要污染物 | | | 排放方式 | 处理措施及排放去向 |
|---|---|---|---|---|---|---|---|---|
| | | | | 名称 | 产生浓度/(mg/L) | 产生量 | | |
| 废水 | 汽包排污 | 汽包 | 1.383 | 磷酸盐 | 少量 | | 连续 | 污水处理厂 |
| | 工艺废水 | 甲醇精馏常压塔 | 9.859 | COD | 600 | | 连续 | 污水处理厂 |
| | 甲醇罐区冲洗水 | 甲醇罐 | 正常 0<br>最大 20 | COD | 300 | | 间断 | 污水处理厂 |

### 2.2.2.13 厂外工程

厂外工程主要分以下厂外工艺：

① 厂外工艺管线 厂外工艺管线主要用于神华煤间接液化项目与宁煤烯烃一期项目物流的输送。厂外工艺管线包含了高压氮气、低压氮气、甲醇、液态丙烯、富氢气、99.6%液氨、天然气、中压蒸汽/低低压蒸汽及低低压蒸汽凝液等管线，共两条厂外管廊，分别为厂外工艺管线管廊和厂前蒸汽管廊。高压氮气、低压氮气、甲醇、液态丙烯、富氢气、99.6%液氨、天然气7根厂际管线布置在纬一路北侧的厂外管廊，管廊长860m。此管廊穿越经四路、经五路，再向南沿经五路东侧敷设，连接到煤炭间接液化项目。中压蒸汽/低低压蒸汽及低低压蒸汽凝液管线，由烯烃二套项目五合一装置（变换装置、甲醇合成装置、低温甲醇洗装置、硫回收装置及MTP装置）已有管网接出中压蒸汽管线，经过减温减压器及地面阀组，布置在已有甲醇装置管廊，再沿已有烯烃二套项目的厂际管廊敷设。出厂界区后，沿新建矮管架敷设，在穿经四路、经五路时采用埋地套管敷设，此管线供给煤炭间接液化项目厂前区的办公室及浴室。共新建矮管架（地墩）710m。对管线的冷（热）补偿采用自然补偿方式。

② 厂外供水设施 厂外供水设施主要包括厂外供水加压泵站和厂外供水管线。根据所供各装置的生产水用量，厂外供水加压泵站的设计能力为6000$m^3$/h。从经五路与纬四路交汇处附近两条$DN$1800给水管道上各引一根$DN$1600管线到计量间，计量间接出两根$DN$1200管线沿经五路至厂外供水加压泵站，生产水经加压后沿经五路由北向南敷设两条$DN$800给水管道至纬二路与经五路交汇处，再沿经二路自西向东敷设至项目界区处，至界区处的压力为0.2MPaG。

同时，沿纬二路（经四路-经五路）段修建一根$DN$800水管道，在经四路与纬二路路口与纬二路的一根直径$DN$800给水管道连通，作为备用水源，与基地西侧已建成的管网连通，形成局部环状供水管网。

厂外供水加压泵站主要由清水池两座、吸水池一座、生产给水加压泵四台、泵房和计量间等组成。

③ 厂外排水管线 清净雨水经收集后通过厂区内的雨水提升泵站提升后通过厂外排水管线排至南侧的导洪沟。

污水处理厂内设置有雨水泵站，用于排出场内清净雨水。

厂区的清净雨水在进入雨水调节池之前，先经格栅以去除水中较大的颗粒，然后由雨水排水泵提升后通过厂外排水管线，沿经六路道路向南敷设，穿越铁路专用线、运渣公路，排入基地南侧的导洪沟，然后进入下游的大河子沟。考虑在污水处理厂内的雨水泵站进行削峰，厂外排水管线（$DN$1600）的设计流量为5$m^3$/s。

④ 厂外第3电源 全厂正常运行时，供电主要依靠来自蒋家南变电站的两路330kV架空进线，并以厂内动力站的发电作为补充，以满足一级用电负荷的供电要求。

为了进一步提供供电可靠性，并尽可能降低停电带来的损失，从厂区西侧烯烃一期总变引一路 35kV 电源作为备用电源。经与烯烃一期确认，其总变可提供一路容量为 25MV·A 的 35kV 电源作为备用电源。正常运行时，该电源只作为热备用，当蒋家南变电站的两路 330kV 架空进线失电，且厂内孤岛运行失败时，起动该 35kV 备用电源。

### 2.2.2.14 空压站

大气经空压站入口空气过滤器过滤后送入空气压缩机，经空气压缩机多级压缩后排除，干燥、除尘后成为合格的仪表空气和装置空气。其中装置空气直接通过压力调节阀送出界区进入全厂装置空气管网，而仪表空气进入仪表空气缓冲罐后分为二股，其中一股出界区进入全厂仪表空气管网；另一股送至仪表空气增压机加压，加压后的仪表空气送入仪表空气事故缓冲球罐储存。在仪表空气事故缓冲罐出口设有压力调节阀，当发生停电事故时，经出口调节阀减压后向全厂提供能满足 30min 的仪表空气。

空压站工艺流程及产污环节如图 2-18 所示。

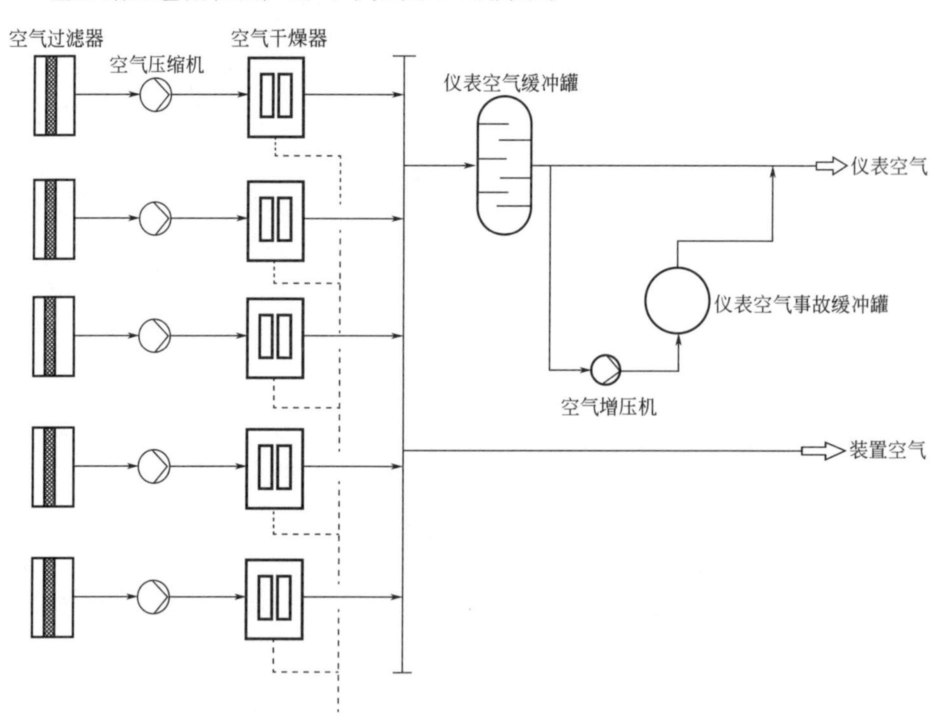


图 2-18 空压站的工艺流程及产污环节示意图

空压站所产生的废水主要包括冲洗水和生活污水，其中地面冲洗水排放量为 $1\sim2m^3/h$，间断排放，冲洗废水经收集后送全厂生产污水系统。生活污水 $1m^3/h$ 经化粪池预处理后重力流排入生活污水系统。冲洗废水和生活污水最终都进入全厂污水处理厂处理。

#### 2.2.2.15 余热回收站

全厂设置一座余热回收站，利用低品位工艺余热加热全厂采暖伴热管线，同时为部分工艺装置提供锅炉给水。

余热回收站利用变换装置的低温余热将热水由70℃加热至95℃，返回余热回收站混合后送至各个用户。作为采暖季加热热源，冷却后热水回送余热回收站循环使用。余热回收站内设置一套锅炉除氧给水系统，向全厂除费托装置区和动力站外的其他装置提供锅炉给水。

余热回收站由供热热水循环系统、采暖热水循环系统、热水温度控制系统、蒸汽凝液回收系统、锅炉给水除氧系统和加药系统构成。

① 供热热水循环系统 热水循环量约6000t/h，设计高温供水温度为95℃，回水温度为70℃。由除氧器、热水缓冲罐、凝液闪蒸罐、换热器等设施组成。热水通过取热热水循环泵经取热供水母管送入一氧化碳变换装置取热，加热到95℃后进入取热回水母管，返回余热回收站，来自不同变换系列的热水在母管中充分混合后再通过供热热水循环泵经供热供水母管送往全厂各热水用户，在各装置内使用冷却后，经供热回水母管回送至余热回收站，再经取热热水循环泵送至一氧化碳变换装置取热，循环利用。

② 采暖热水循环系统 采暖热水循环系统热水通过供热热水循环供出的高温热水进行加热到合适温度，进入采暖供水母管，作为采暖热源使用。使用冷却后，经采暖回水母管回到余热回收站送至采暖热水循环泵，再次被加热，循环使用。

③ 热水温度控制系统 根据全厂热水负荷的情况，热水循环量在一定范围内进行调整。当从一氧化碳变换装置返回的取热热水温度达不到95℃时，余热回收站将启用低低压蒸汽换热器加热部分热水，满足全厂热水供水温度要求。在全厂供热负荷小于一氧化碳变换装置能够提供的热负荷时，将由一氧化碳变换装置保证取热热水出水温度在95℃，多余的热量由一氧化碳装置设置的空冷器或者循环水冷却器冷却，保障工艺装置连续运行。

④ 蒸汽凝液回收系统 余热回收站内设有三台蒸汽加热热水的换热器。在工艺余热负荷较低无法满足供热需求时，使用蒸汽加热部分供热及采暖热水，其凝结水在本装置内收集并闪蒸至常压。闪蒸后的常压凝结水通过凝液泵送至装置内除氧器作为补充水。在除氧器尚未运行或者凝液水质达不到要求的情况下通过管道利用凝液泵送至全厂凝结水管道，送往位于动力站的凝液精制站处理。

⑤ 锅炉给水除氧系统 为满足装置的锅炉给水的需求，余热回收站设置3台除氧器，单台除氧器出力为1000t/h，4台中压锅炉给水泵，3台运行一台备用，4台低压锅炉给水泵，3台运行1台备用。除氧器工作温度为120℃。

为充分利用装置产生的余热，从除盐水站送来的冷除盐水，通过变换装置加热至110℃后，再送入余热回收站除氧器。

⑥ 加药系统　按照锅炉给水水质要求，在除氧给水系统的除氧器水箱中添加除氧剂，进一步降低锅炉给水中的溶解氧；在除氧器出水管线上添加中和剂，维持锅炉给水pH值在8.8～9.3之间。

为防止热水系统管道腐蚀，保证热水水质，定期化验热水。向热水系统中加入氨水溶液，调节pH值在8.3～9.5之间，适当加入除氧剂，减少热水中的含氧量，降低氧腐蚀。

#### 2.2.2.16 液体罐区

液体罐区设三个分区：液体产品罐区、液体中间产品罐区及化学原料罐区，同时还配置有火车、汽车装车栈台。

(1) 液体材料化学原料罐区

化学原料罐区包括：硫酸罐区、氢氧化钠罐区和丙烯罐区。

硫酸罐区储存的是98%浓度（冬季93%）的浓硫酸，储存天数为18.5天。同时新建1台硫酸卸车泵用于硫酸卸车，1台硫酸转输泵向循环水厂供料。

氢氧化钠罐区储存的是35%浓度的氢氧化钠水溶液，罐里配比后成为20%浓度的氢氧化钠，储存天数为18.9天，同时新建3台碱液卸车泵用于碱液卸车，2台碱液转输泵向气化装置、甲醇装置、动力站和污水处理厂供料。

丙烯罐用于储存自低温甲醇洗装置检修工况来的液态丙烯，液态丙烯按常温压力储存，新建1台丙烯供料泵和一台事故水泵。

化学原料罐区与液体产品罐区布置在相同区域。

(2) 中间原料罐区

中间原料罐区主要负责油品合成和油品加工装置各单元各装置原料油、中间产品、开工用油和不合格油品的储存和输送。并承担油品合成和油品加工装置各单元停工检修时退出油品的储存和切水输送。

中间原料罐区各储存罐以油品合成装置和油品加工装置各单元中间产品或原料量为主，按两装置各单元同时开工、停工检修进行考虑。

中间原料罐区包括轻质油罐组、重质油罐组、重柴油罐组、蜡罐组及合成水罐组。

① 轻质油罐组　本罐组接受外购开工石脑油，费托合成单元的轻质石脑油、低温油洗单元的油洗石脑油、加氢精制/加氢裂化单元的不合格石脑油，各装置的停工退轻油和不合格石脑油。其中，轻质石脑油送入低温油洗单元，油洗石脑油、不合格石脑油、停工退轻油和轻污油送入加氢精制单元。

轻质油罐组包括1000m$^3$的轻质油内浮顶储罐2座，600m$^3$的费托轻质油低压储罐 3 座，1000$m^3$ 的轻污油拱顶储罐 1 座。

② 重质油罐组　本罐组接收外购开工柴油，费托合成单元的稳定重质油，加氢精制单元的降凝原料，加氢精制/加氢裂化单元的不合格柴油和不合格重柴油，各装置的停工退重油和重污油。其中，稳定重质油、不合格重油、停工退重油和重污油送入氢精制单元，降凝原料送入加氢裂化单元。

重质油罐组包括 2000$m^3$ 的稳定重质油拱顶储罐 4 座和 1000$m^3$ 的重污油拱顶储罐 1 座。

③ 重柴油罐组　接受外购开工液体石蜡，加氢精制单元的重柴油。其中，重柴油送入催化剂还原单元及蜡过滤单元，若检测出不合格重柴油则将其送入加氢裂化单元。重柴油罐组设置了 1000$m^3$ 重柴油拱顶储罐 3 座。

④ 蜡罐组　本罐组接受费托合成单元的稳定蜡，蜡过滤单元的合格蜡，加氢精制单元的精制尾油、停工退蜡、过滤污蜡，加氢裂化单元的裂化尾油、停工退蜡、过滤污蜡。其中，稳定蜡、过滤污蜡送入蜡过滤单元，合格蜡、精制停工退蜡送入加氢精制单元，精制尾油、裂化尾油、裂化停工退蜡送入加氢裂化单元。

蜡罐组包括 5000$m^3$ 拱顶储罐 4 座和 2000$m^3$ 拱顶储罐 2 座。

⑤ 合成水罐组　本罐组接受费托合成单元的合成水、低温油洗单元的含酸含油含乙二醇污水。其中，合成水、含酸含油含乙二醇污水经混合静置切油后，送入合成水处理单元，醇分离塔处理后的合成水送至污水处理厂。

合成水罐组包括 3000$m^3$ 的合成水拱顶储罐 6 座，50$m^3$ 的合成水切油罐卧罐 1 座。

(3) 液体产品罐区

液体产品罐区的设置是为了平衡产品产出与销售之间的不平衡。主要为接收、储存柴油、混醇，并通过火车槽车和汽车槽车将产品输往各用户，石脑油和 LPG 作为原料管道输送至深加工项目。

液体产品罐区内设柴油、石脑油和火车装车泵，设柴油和混醇汽车装车泵，均为间断操作。柴油铁路装车泵 4 台，其中一台兼旋喷、抽底泵，其余三台兼倒罐泵。柴油公路装车 3 台、其中一台兼铁路装车。混醇公路装车配置 2 台装车泵。

(4) 液体产品铁路装车

液体铁路装车单元共设一条石脑油和柴油装车线，石脑油与柴油共用一座装车台，装车台按双侧装车设计，每侧设置 60 个装车鹤位，且每侧各设一个上卸鹤位。

柴油和石脑油共用装车栈台共设 60 个柴油装车鹤位和 30 个柴油、石脑油公用装车鹤位，柴油年设计装车量为 284.69 万吨，石脑油年设计装车量为 91.13

万吨，柴油火车装车采用顶部装车鹤管，石脑油火车装车采用顶部液下密闭装车鹤管，石脑油油气经专设气相线至油气回收设施处理。

为了安全操作和管理，每个鹤管均采用独立的监控级定量装车系统。成品铁路槽车装车贸易交接以轨道衡计量为准。

罐车洗涤单元年装车辆约为 87000 辆。考虑有 10%的油槽车存在换装的可能，故每天平均洗车辆约为 25 辆。当铁路运输不均衡系数为 1.4 时，油槽车每天洗车量为 35 辆。罐车洗涤采用机械清洗方式，选用 1 套机械清洗设备，洗车能力为 48 辆/天，洗车时产生的轻污油送至全厂轻污油管网。

(5) 液体公路装车站

液体产品包括：柴油产量 273.3 万吨/年、混醇产量 8.5 万吨/年，柴油按 20%能力汽车装车外运；混醇按 100%能力汽车装车外运。

柴油设 10 个装车鹤位，年设计装车量 56.938 万吨，采用顶部液下装车鹤管，设置独立装车台。

混醇设 2 个装车鹤位，年设计装车量 7.52 万吨，采用顶部液下密闭装车鹤管，设置独立装车台。

为了安全操作和管理，每个鹤管均采用独立的定量装车系统，成品汽车槽车贸易交接以汽车衡计量为准。

(6) 油气回收装置

为降低无组织废气排放，项目在装车站台设置油气回收装置。由于柴油装车中产生的油气挥发量极少，故不进行回收，因此仅对火车、汽车装车中会产生较大挥发气体的石脑油进行油气密闭回收。根据石脑油汽车装车量 $300m^3/h$ 和火车装车量 $900m^3/h$，综合考虑设置 2 套处理规模为分别为 $500m^3/h$（标准状况）的油气回收处理设施并联使用。

油气回收采用三级冷凝＋活性炭吸附＋活性炭纤维吸附工艺。

油气依次通过冷凝系统的前置冷凝器、一级冷凝器、二级冷凝器、三级冷凝器。冷凝下的液体进入暂存罐。经冷凝系统净化后的气体进入活性炭吸附器，活性炭吸附分为两组，一组吸附一组脱附，两组依次轮流吸附脱附。经活性炭吸附器净化后，气体进入活性炭纤维吸附器，活性炭纤维吸附器分三组，两组吸附一组脱附，三组依次轮流进行脱附再生。活性炭纤维的吸附精度是目前吸附法的最高精度，经过活性炭纤维吸附器的净化后，排出的废气达到最新要求的排放标准。

油气回收处理系统的净化效率不小于 97%，满足《石油炼制工业污染物排放标准》(GB 31570—2015) 有机废气排放口的去除效率要求（≥97%）。

液体罐区主要工艺工程均在密闭系统中进行，生产采样采用密闭采样器，减轻了生产过程中的烃类无组织排放。非正常工况从各安全阀排除的无法回收的各种油气，送入密闭的工厂火炬系统。储罐定期清洗产生的油泥送至焚烧炉系统处理。液体罐区主要装置废水污染源见表2-26。

**表2-26 液体罐区主要装置废水污染源一览表**

| 类别 | 污染源名称 | 排放点 | 排放量 | 主要污染物 | | | 排放方式 | 处理措施及排放去向 |
|---|---|---|---|---|---|---|---|---|
| | | | | 名称 | 产生浓度/(mg/L) | 产生量/(kg/h) | | |
| 废水 | 含油污水 | 液体产品罐区 | 40t/h正常<br>80t/h最大 | COD | 700 | 28 | 间断 | 送至含油污水预处理 |
| | | | | 石油类 | 500 | 20 | | |
| | | | | BOD | 210 | 8.4 | | |
| | 储罐排污孔和切水器 | 中间罐区 | $20m^3/h$<br>$30m^3/h$ | $COD_{Cr}$ | 700 | 14 | 间断 | 送至含油污水预处理 |
| | | | | 油 | 500 | 10 | | |
| | 冲洗废水 | 中间罐区 | $30m^3/h$ | $COD_{Cr}$ | 700 | 21 | 间断 | 送至含油污水预处理 |
| | | | | 油 | 500 | 15 | | |
| | 含酸、碱污水 | 化学原料罐区 | 5.5t/h正常<br>8t/h最大 | $H_2SO_4$、HCl、NaOH | 少量 | | 间断 | 污水处理厂 |
| | | | | pH | 6～9 | | | |
| | 含油污水 | 液体产品铁路装车设施 | 20.5t/h正常<br>31t/h最大 | COD | 700 | 14.35 | 间断 | 送至含油污水预处理 |
| | | | | 石油类 | 500 | 10.25 | | |
| | | | | BOD | 210 | 4.31 | | |
| | | | 1t/h正常<br>2t/h最大 | COD | 700 | 0.7 | 间断 | 送至含油污水预处理 |
| | | | | 石油类 | 500 | 0.5 | | |
| | | | | BOD | 210 | 0.21 | | |

### 2.2.2.17 原、燃料煤储运设施

煤储运设施中原、燃料煤均有火车运输至配煤中心，火车来煤进入受煤坑进行卸煤，将铁路来煤卸入至受煤坑内。卸入受煤坑下的煤通过下部出料口叶轮给煤机出煤，将煤送至集料带式输送机上，再由转载带式输送机将煤运至圆形料场内储存。每一股道上的煤经带式输送机转载后均可进入任意一个圆形料场，为后续配煤提供来煤系统的灵活性。

煤泥综合利用年使用煤泥128.96万吨，全部作为原料煤使用，煤泥含水率为29.9%。煤炭在开采和利用过程中，由于洗选工艺的要求，会有大量的煤泥水产生，煤泥水经过压滤机加压脱水后，经刮板输送机头部溜槽进入破碎机，破碎后的煤泥通过溜槽进入胶带输送机与洗精末混合，混合后的产品通过溜槽进入胶带输送机与筛末产品混合，混合后的产品通过溜槽进入配仓刮板输送机进入末煤产品仓。末煤仓中产品经皮带转载至定量仓装火车运至厂区。煤泥的运输、处

理、掺混等从煤泥产生的源头完成，至厂区后其输送和掺混工艺，按照卸储煤装置的工艺操作流程文件执行。

圆形料场储量应为6天项目用煤量，设计共布置有6个直径为90m的圆形料场，侧壁堆高17m，每个圆形料场的储量为7.6万吨。

进圆形料场时，每3个圆形料场串联布置，来自受煤坑的原、燃料煤可经过圆形料场堆取料机中心上部的分叉溜槽进入本料场内，也可以转载至下一个料场储存。出圆形料场时，串联布置的3个圆形料场下部设有1台出料带式输送机，2台或3台取料机同时工作时可以配煤。6个圆形料场下共有2台出料带式输送机，这2台出料带式输送机之间也可以在T5转载点或厂内缓冲煤仓内进行二次配煤。

经堆取料机及转载带式输送机配好的合格原、燃料煤，再通过输煤栈桥输送到厂内缓冲煤仓内。厂内布置有3个$\phi$30m缓冲煤仓，对应3条输煤线路，分别供给西边气化、动力站及东边气化装置。

#### 2.2.2.18 火炬系统

火炬系统是用于处理全厂各工艺装置、辅助设施在正常生产、开停车及事故状态时排放的可燃性气体的设施。其设置的主要目的是保证人员与化工生产装置的安全，同时有效减少对环境的污染。

根据生产及排放特点，火炬系统设置上游高压火炬系统、下游高压火炬系统、全厂低压火炬系统、酸气火炬系统以及含氨气火炬系统。

全厂共设置两个火炬塔架：

① 上游火炬塔架　上游高压火炬系统的两座火炬（$DN$1800）与酸气火炬（$DN$1400）和含氨火炬（$DN$400）共架敷设，捆绑于一座总高为150m的自卸式火炬塔架上，布置在全厂区以南的山坡上。

② 下游火炬塔架　下游高压火炬（$DN$1800）与全厂低压火炬（$DN$1800）共架敷设，捆绑于一座总高为150m的自卸式火炬塔架上，布置在靠近油品合成装置西侧的甲醇制烯烃项目的火炬区附近。

全厂火炬系统共划分为三个单元，分建于全厂的不同区域，各个子项的功能及设施概述如下：

① 火炬凝液收集设施　位于厂区南部，用于收集主厂区南侧火炬外管输送过程中产生的火炬凝液，主要包括上游高压火炬系统、酸气火炬系统以及含氨气火炬系统的凝液收集罐、凝液输送泵等设施。

② 上游火炬系统　位于主厂区以南位置，主要包括两套上游高压火炬配套的分液罐、水封罐、凝液泵等设施；酸气火炬配套的分液罐及凝液泵等设施；含氨火炬配套的分液罐及凝液泵等设施；以及配套火炬头、筒体、火炬塔架和相应的控制系统及附属设施。

③ 下游火炬系统　位于主厂区以西位置，主要包括下游高压火炬配套的分液罐、水封罐、凝液泵等设施；全厂低压火炬配套的分液罐、水封罐、凝液泵等设施以及配套火炬头、筒体及火炬塔架和相应的控制系统及附属设施。

火炬系统有以下几个主要的工艺流程：

（1）火炬凝液收集设施

集中设置的火炬凝液收集设施布置在主厂区南侧的铁路附近，靠近铁路线路。用于收集主厂区南侧火炬外管低点处的火炬凝液，主要包括上游高压火炬系统、酸气火炬系统以及含氨气火炬系统凝液收集罐和凝液输送泵等设施。

上游高压、酸气、含氨火炬总管的凝液均采用凝液收集罐送往火炬设施。酸性气火炬总管和含氨火炬凝液收集罐分离下来的液体经分液罐分液处理后，再送往火炬设施。经上游高压、酸气、含氨火炬凝液收集罐分离下来的液体经各自对应的一开一备的火炬凝液泵在界区处汇合成为一根总管后送至动力站进行掺烧。

① 上游高压火炬系统　上游高压火炬系统的最大处理量为2343t/h，设置两套处理量为1171.5t/h的上游高压火炬。来自界区外的两路上游高压火炬气管在火炬设施界区内设有连通管，分别进入上游高压火炬分液罐和下游高压火炬分液罐。经过分液罐分液后，分别进入水封罐，两座水封罐的液封高度分层设置，以实现至少两台气化炉同时排放时，仅一座火炬接受突破水封的火炬气，另一座火炬不燃烧，以延长火炬寿命、节省消耗。

上游高压火炬气经过分液罐后，分液罐中分离下来的火炬凝液经火炬凝液泵送回动力站掺烧。

上游高压火炬系统包括两套筒体直径$DN1800$的火炬、两台卧式分液罐、四台火炬凝液泵、两台卧式水封罐，火炬总管为150m。

② 酸气火炬系统　酸气火炬的最大处理量为346t/h。来自界区外的酸气火炬总管经过火炬气分液罐分离直径大于600$\mu$m的液滴后，直接进入含氨火炬放空燃烧。含氨火炬气经过分液罐，分液罐中分离下来的火炬凝液经火炬凝液泵送回动力站掺烧。

③ 含氨火炬系统　包括一套筒体直径为$DN400$的火炬、1台含氨火炬分液罐、2台火炬凝液泵，火炬总高为150m。

以上四套火炬筒体共架捆绑敷设在一座塔架上，采用可拆卸式高架火炬。除火炬筒、分液罐和水封罐以外，每套火炬系统均配置提升系统、点火系统、控制系统及相应的工艺和公用工程管线。

（2）下游火炬系统

① 下游高压火炬系统　下游高压火炬系统的最大处理量为826.34t/h。来自

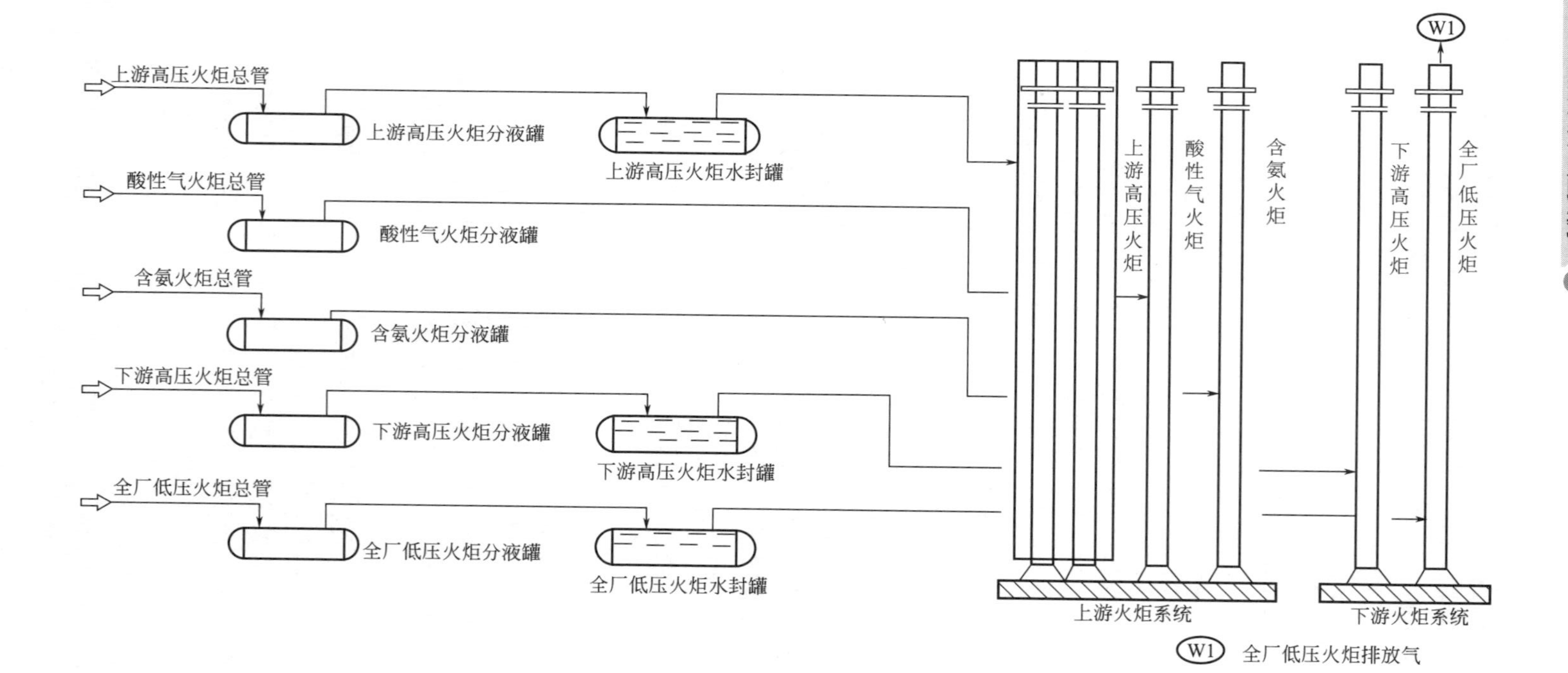


图 2-19 火炬系统工艺流程及产污环节示意图

界区外的下游高压火炬气总管在火炬设施界区内分为两根总管分别进入下游高压分液罐。分离直径大于600μm的液滴后，汇成一根总管进入下游高压火炬水封罐，火炬气冲破水封后，排到下游高压火炬放空燃烧。

下游高压火炬气经过分液罐后，分液罐中分离下来的火炬凝液经火炬凝液泵送至下游火炬系统污油罐。

下游高压火炬系统包括一套筒体直径 $DN$1800的火炬、两台卧式分液罐、两台火炬凝液泵、一台卧式水封罐，火炬总管为150m。

② 全厂低压火炬系统　全厂低压火炬系统的最大处理量为1081.826t/h、来自界区外的全厂低压火炬气总管进入全厂低压分液罐，分离直径大于600μm的液滴后，分成两根总管后分别进入全厂低压火炬水封罐，火炬气冲破水封后，在进入塔架前汇成一根总管排到全厂低压火炬放空燃烧。

全厂低压火炬气经过分液罐后，分液罐中分离下来的火炬凝液经火炬凝液泵送至下游火炬系统污油罐。

全厂低压火炬系统包括一套筒体直径 $DN$1800的火炬、一台卧式分液罐、两台火炬凝液泵、两台卧式水封罐，火炬总管为150m。

以上两套火炬筒体共架捆绑敷设在一座塔架上，采用可拆卸式高架火炬。除火炬筒、分液罐和水封罐以外，每套火炬系统均配置提升系统、点火系统、控制系统及相应的工艺和公用工程管线。

火炬系统工艺流程及产污环节如图2-19所示。

火炬分液罐、凝液收集罐收集火炬气凝液，经凝液泵升压后送往工艺装置回炼或处理。

① 上游高压火炬凝液泵正常流量凝液量为 $50m^3/h$，间断性操作。

② 下游高压火炬凝液泵正常流量凝液量为 $50m^3/h$，间断性操作。

③ 低压火炬凝液泵正常流量凝液量为 $50m^3/h$，间断性操作。

④ 酸性火炬凝液泵正常流量凝液量为 $10m^3/h$，间断性操作。

⑤ 含氨火炬凝液泵正常流量凝液量为 $5m^3/h$，间断性操作。

火炬系统废水污染源见表2-27。

**表2-27　火炬系统废水污染物排放一览表**

| 类别 | 污染源名称 | 排放点 | 排放量/($m^3/h$) | 主要污染物 | 排放方式 | 处理措施及排放走向 |
|---|---|---|---|---|---|---|
| 废水 | 上游高压火炬凝液 | 上游高压火炬分液罐 | 50 | 烃类、水 | 间断 | 送动力站原煤掺烧 |
| | 下游高压火炬凝液 | 下游高压火炬分液罐 | 50 | 烃类、水 | 间断 | |
| | 全厂低压火炬凝液 | 全厂低压火炬分液罐 | 50 | 烃类、水 | 间断 | |
| | 酸性气火炬凝液 | 酸性气火炬分液罐 | 10 | 烃类、水 | 间断 | |
| | 含氨火炬凝液 | 含氨火炬分液罐 | 5 | 烃类、水 | 间断 | |

# 第3章 煤制油废水水质水量状况

## 3.1 水质监测

### 3.1.1 监测评价标准

根据原内蒙古自治区环境保护局内环函字［2004］76号《关于确认神华集团有限责任公司神华煤直接液化项目环境影响评价执行标准的函》中相关执行标准要求，对该项目验收监测数据进行评价。废水排放、回用水标准如表3-1所示。

**表3-1 废水排放、回用水标准**

| 污染物 | 标准值/(mg/L) | 执行标准 |
| --- | --- | --- |
| 氰化物 | 0.5 | 《污水综合排放标准》(GB 8978—1996)一级 |
| 镍 | 1.0 | 《污水综合排放标准》(GB 8978—1996)一类污染物标准 |
| $COD_{Cr}$ | ≤10 | 神华煤制油分公司《热点中心除盐水站进水水质标准》 |
| 石油类 | ≤1.0 | |
| 溶解性总固体 | ≤1000 | |

注：表中内容为神华煤制油工程项目验收时执行标准（下同）。2003年7月1日起城镇污水处理厂污水的排放按《城镇污水处理厂污染物排放标准》（GB 18918—2002）执行，不再执行GB 8978—1996。

### 3.1.2 监测分析方法

废水及地下水监测分析方法见表3-2。

表 3-2 废水及地下水监测分析方法

| 项目 | 分析方法 | 测定下限 | 分析方法来源 |
| --- | --- | --- | --- |
| pH 值 | 玻璃电极法 | 0.01 | GB 6920—86 |
| COD | 重铬酸钾法 | 5mg/L | 《水和废水监测分析方法(第四版)》 |
| SS | 重量法 | 4mg/L | GB 11901—89 |
| 石油类 | 红外分光光度法 | 0.01mg/L | HJ 637—2012 |
| 氨氮 | 纳氏试剂光度法 | 0.025mg/L | HJ 535—2009 |
| 硫化物 | 亚甲基蓝分光光度法 | 0.005mg/L | GB/T 16489—1996 |
| 氰化物 | 异烟酸-吡唑啉酮比法色 | 0.004mg/L | HJ 484—2009 |
| 挥发酚 | 4-氨基安替比林萃取光度法 | 0.0003mg/L | HJ 503—2009 |
| 氟化物 | 离子选择电极法 | 0.05mg/L | GB 7484—87 |
| 总磷 | 钼锑抗分光光度法 | 0.01mg/L | GB 11893—89 |
| 总硬度 | EDTA 滴定法 | 0.05mmol/L | GB 7476—87 |
| 高锰酸盐指数 | 酸性法 | 0.5mg/L | GB 11892—89 |
| 镍 | 等离子发射光谱法 | 0.002mg/L | 《水和废水监测分析方法(第四版)》 |
| 溶解性总固体 | 重量法 | 4mg/L | GB/T 11901—1989 |
| 苯 | 吹扫捕集-气相色谱/质谱联机法 | 0.10μg/L | US EPA 524.2(1989) |
| 甲苯 | 吹扫捕集-气相色谱/质谱联机法 | 0.10μg/L | US EPA 524.2(1989) |
| 间/对二甲苯 | 吹扫捕集-气相色谱/质谱联机法 | 0.10μg/L | US EPA 524.2(1989) |
| 邻二甲苯 | 吹扫捕集-气相色谱/质谱联机法 | 0.10μg/L | US EPA 524.2(1989) |

水样的采集、运输、保存、实验室分析和数据计算的全过程均按照《环境水质监测质量保证手册（第四版）》的要求进行。即做到：采样过程中应采集不少于10%的平行样；实验室分析过程一般应加不少于10%的平行样；对可以得到标准样品或质量控制样品的项目，应在分析的同时做10%的质控样品分析，对无标准样品或质量控制样品的项目，且可进行加标回收测试的，应在分析的同时做10%加标回收样品分析。

### 3.1.3 废水监测内容

废水监测点位及监测项目见表3-3。

表 3-3 废水监测点位及监测项目

| 编号 | 监测点位名称 | 监测项目 | 监测频次 |
| --- | --- | --- | --- |
| 1 | 高浓度废水预处理装置入口 | pH 值、COD、硫化物、氨氮、氰化物、石油类、挥发酚、氟化物、总磷、苯、甲苯、二甲苯 | 连续监测 2 天，每天 4 次 |
| 2 | 高浓度废水预处理装置出口(臭氧氧化后) | | |
| 3 | 废水深度处理系统出口 | pH 值、COD、硫化物、氨氮、氰化物、石油类、挥发酚、氟化物、总磷、苯、甲苯、二甲苯、溶解性总固体、TOC | |
| 4 | 催化剂制备废水处理装置入口 | pH 值、COD、硫化物、Ni | |
| 5 | 催化剂制备废水处理装置出口 | | |
| 6 | 清净水池 | pH 值、COD、硫化物、氨氮、氰化物、石油类、挥发酚、氟化物、总磷、苯、甲苯、二甲苯、TOC | |
| 7 | 雨排口 | pH 值、COD、硫化物、氨氮、氰化物、石油类、挥发酚、氟化物、总磷、苯、甲苯、二甲苯、TOC | 监测 1 次 |
| 8 | 蒸发塘 | pH 值、COD、硫化物、氨氮、氰化物、石油类、挥发酚、氟化物、总磷、苯、甲苯、二甲苯 | |

### 3.1.4 监测结果与分析

(1) 高浓度废水预处理装置废水监测结果

pH 范围为 5.18～5.27，COD、硫化物、氨氮、总磷、氰化物、石油类、氟化物、苯、甲苯、邻二甲苯、间/对二甲苯日均最大值分别为 12mg/L、0.009mg/L、224.9mg/L、0.21mg/L、0.010mg/L、0.09mg/L、0.74mg/L、0.79μg/L、0.89μg/L、2.87μg/L、0.48μg/L，挥发酚未检出，氰化物排放浓度满足《污水综合排放标准》(GB 8978—1996) 表 4 一级标准要求；污染物去除率分别为 COD99.8%、总磷 83.3%～84.0%、氰化物 83.3%、石油类 98.0%～98.5%、挥发酚 99.9%、氟化物 37.3%～37.4%、苯 39.2%～39.4%、甲苯 41.4%～44.4%、邻二甲苯 15.8%～19.2%、间/对二甲苯 40.0%～41.5%。监测结果如表 3-4 所示。

(2) 污水深度处理系统废水监测结果

pH 范围为 7.33～7.60，COD、硫化物、挥发酚未检出，氨氮、总磷、氰化物、石油类、氟化物、溶解性总固体、苯、甲苯、邻二甲苯、间/对二甲苯日均最大值分别为 1.542mg/L、0.02mg/L、0.004mg/L、0.15mg/L、0.41mg/L、329mg/L、0.77μg/L、0.87μg/L、2.89μg/L、0.48μg/L，氰化物浓度满足《污水综合排放标准》(GB 8978—1996) 表 4 一级标准要求，COD、石油类、溶解性总固体浓度满足《热电中心除盐水站进水水质标准》(厂内标准)。监测结果如表 3-5 所示。

**表 3-4　高浓度废水预处理装置废水监测结果**

单位：mg/L（pH 无量纲，苯、甲苯、邻二甲苯、间对二甲苯 μg/L）

| 点位编号 | 采样时间 | pH | COD | 硫化物 | 氨氮 | 总磷 | 氰化物 | 石油类 | 挥发酚 | 氟化物 | 苯 | 甲苯 | 邻二甲苯 | 间/对二甲苯 |
|---|---|---|---|---|---|---|---|---|---|---|---|---|---|---|
| 高浓度废水预处理装置入口★1 | 2014.1.11 | 9.38 | 5971 | 0.005L | 75.72 | 1.21 | 0.065 | 5.92 | 29.91 | 1.24 | 1.31 | 1.54 | 3.42 | 0.76 |
| | | 9.40 | 5526 | 0.005L | 76.15 | 1.27 | 0.060 | 6.60 | 30.01 | 1.20 | 1.30 | 1.52 | 3.44 | 0.80 |
| | | 9.39 | 5349 | 0.005L | 77.32 | 1.23 | 0.055 | 6.23 | 29.58 | 1.17 | 1.27 | 1.50 | 3.40 | 0.82 |
| | | 9.38 | 5678 | 0.005L | 78.91 | 1.28 | 0.063 | 5.27 | 29.54 | 1.11 | 1.33 | 1.53 | 3.36 | 0.80 |
| | 日均值/范围 | 9.38～9.40 | 5631 | 0.005L | 77.03 | 1.25 | 0.060 | 6.01 | 29.76 | 1.18 | 1.30 | 1.52 | 3.41 | 0.80 |
| | 2014.1.12 | 9.35 | 5756 | 0.005L | 76.83 | 1.25 | 0.083 | 5.30 | 29.50 | 1.15 | 1.26 | 1.55 | 3.4 | 0.83 |
| | | 9.35 | 5479 | 0.005L | 78.46 | 1.26 | 0.059 | 4.95 | 29.53 | 1.16 | 1.25 | 1.52 | 3.43 | 0.83 |
| | | 9.37 | 5532 | 0.005L | 77.28 | 1.24 | 0.052 | 4.41 | 29.47 | 1.10 | 1.26 | 1.51 | 3.43 | 0.84 |
| | | 9.42 | 5677 | 0.005L | 79.74 | 1.28 | 0.057 | 3.78 | 29.52 | 1.19 | 1.29 | 1.54 | 3.42 | 0.79 |
| | 日均值/范围 | 9.35～9.42 | 5611 | 0.005L | 78.08 | 1.26 | 0.060 | 4.61 | 29.51 | 1.15 | 1.27 | 1.53 | 3.42 | 0.82 |

续表

| 点位编号 | 采样时间 | pH | COD | 硫化物 | 氨氮 | 总磷 | 氰化物 | 石油类 | 挥发酚 | 氟化物 | 苯 | 甲苯 | 邻二甲苯 | 间/对二甲苯 |
|---|---|---|---|---|---|---|---|---|---|---|---|---|---|---|
| 高浓度废水预处理装置出口★2 | 2014.1.11 | 5.25 | 12 | 0.008 | 227.2 | 0.20 | 0.006 | 0.10 | 0.0003L | 0.75 | 0.77 | 0.91 | 2.88 | 0.48 |
| | | 5.27 | 9 | 0.010 | 225.4 | 0.21 | 0.007 | 0.07 | 0.0003L | 0.78 | 0.78 | 0.90 | 2.86 | 0.47 |
| | | 5.24 | 12 | 0.008 | 222.9 | 0.20 | 0.005 | 0.09 | 0.0003L | 0.75 | 0.80 | 0.86 | 2.89 | 0.49 |
| | | 5.22 | 10 | 0.008 | 224.1 | 0.21 | 0.004L | 0.11 | 0.0003L | 0.66 | 0.82 | 0.90 | 2.86 | 0.48 |
| | 日均值/范围 | 5.22～5.27 | 11 | 0.009 | 224.9 | 0.20 | 0.010 | 0.09 | 0.0003L | 0.74 | 0.79 | 0.89 | 2.87 | 0.48 |
| | 2014.1.12 | 5.19 | 13 | 0.005L | 224.6 | 0.22 | 0.010 | 0.08 | 0.0003L | 0.69 | 0.77 | 0.84 | 2.87 | 0.48 |
| | | 5.21 | 10 | 0.005L | 226.5 | 0.21 | 0.008 | 0.07 | 0.0003L | 0.73 | 0.78 | 0.87 | 2.87 | 0.47 |
| | | 5.18 | 13 | 0.005L | 223.8 | 0.20 | 0.007 | 0.10 | 0.0003L | 0.70 | 0.76 | 0.82 | 2.87 | 0.48 |
| | | 5.20 | 10 | 0.005L | 221.4 | 0.21 | 0.006 | 0.12 | 0.0003L | 0.77 | 0.77 | 0.85 | 2.86 | 0.48 |
| | 日均值/范围 | 5.18～5.21 | 12 | 0.005L | 224.1 | 0.21 | 0.010 | 0.09 | 0.0003L | 0.72 | 0.77 | 0.85 | 2.87 | 0.48 |
| 标准限值 | | — | — | — | — | — | 0.5 | — | — | — | — | — | — | — |
| 达标情况 | | — | — | — | — | — | 达标 | — | — | — | — | — | — | — |
| 去除率/% | | — | 99.8 | — | — | 83.3～84.0 | 83.3 | 98.0～98.5 | 99.9 | 37.3～37.4 | 39.2～39.4 | 41.4～44.4 | 15.8～19.2 | 40.0～41.5 |
| 执行标准 | | 氰化物执行《污水综合排放标准》(GB 8978—1996)表4一级标准 | | | | | | | | | | | | |

注：0.0003L中的“L”表示检出限。

**表 3-5 废水深度处理系统废水监测结果**

单位：mg/L（pH 无量纲，苯甲苯、邻二甲苯、间/对二甲苯 μg/L）

| 点位编号 | 采样时间 | pH | COD | 硫化物 | 氨氮 | 总磷 | 氰化物 | 石油类 | 挥发酚 | 氟化物 | 溶解性总固体 | 苯 | 甲苯 | 邻二甲苯 | 间/对二甲苯 |
|---|---|---|---|---|---|---|---|---|---|---|---|---|---|---|---|
| 废水深度处理系统出口★3 | 2014.1.11 | 7.57 | 5L | 0.005L | 1.822 | 0.02 | 0.004 | 0.16 | 0.0003L | 0.43 | 312 | 0.79 | 0.89 | 2.88 | 0.48 |
| | | 7.56 | 5L | 0.005L | 1.676 | 0.02 | 0.004 | 0.14 | 0.0003L | 0.45 | 324 | 0.75 | 0.86 | 2.86 | 0.48 |
| | | 7.60 | 5L | 0.005L | 1.435 | 0.02 | 0.004L | 0.13 | 0.0003L | 0.40 | 338 | 0.74 | 0.86 | 2.92 | 0.49 |
| | | 7.58 | 5L | 0.005L | 1.236 | 0.02 | 0.004L | 0.15 | 0.0003L | 0.36 | 306 | 0.78 | 0.87 | 2.90 | 0.46 |
| | 日均值/范围 | 7.56～7.60 | 5L | 0.005L | 1.542 | 0.02 | 0.003 | 0.15 | 0.0003L | 0.41 | 320 | 0.77 | 0.87 | 2.89 | 0.48 |
| | 2014.1.12 | 7.56 | 5L | 0.005L | 1.008 | 0.02 | 0.004L | 0.12 | 0.0003L | 0.33 | 330 | 0.71 | 0.80 | 2.87 | 0.47 |
| | | 7.33 | 5L | 0.005L | 1.262 | 0.02 | 0.005 | 0.13 | 0.0003L | 0.32 | 320 | 0.70 | 0.83 | 2.88 | 0.47 |
| | | 7.39 | 5L | 0.005L | 0.986 | 0.02 | 0.004L | 0.15 | 0.0003L | 0.37 | 342 | 0.72 | 0.81 | 2.87 | 0.46 |
| | | 7.51 | 5L | 0.005L | 0.873 | 0.02 | 0.004L | 0.17 | 0.0003L | 0.40 | 322 | 0.72 | 0.81 | 2.84 | 0.48 |
| | 日均值/范围 | 7.33～7.56 | 5L | 0.005L | 1.032 | 0.02 | 0.004 | 0.14 | 0.0003L | 0.36 | 329 | 0.71 | 0.81 | 2.87 | 0.47 |
| 标准限值 | | — | 10 | — | — | — | 0.5 | 1.0 | — | — | 1000 | — | — | — | — |
| 达标情况 | | — | 达标 | — | — | — | 达标 | 达标 | — | — | 达标 | — | — | — | — |
| 执行标准 | | 氰化物执行《污水综合排放标准》(GB 8978—1996)表 4 一级标准；COD、石油类、溶解性总固体执行企业《热电中心除盐水站进水水质标准》。 | | | | | | | | | | | | | |

(3) 催化剂制备废水处理装置监测结果

pH 范围为 8.82～9.08，硫化物、镍未检出，COD 日均最大值为 8mg/L，镍排放浓度满足《污水综合排放标准》(GB 8978—1996) 一类污染物标准，COD 去除率为 97.9%，镍去除率为 99.5%～99.6%。监测结果如表 3-6 所示。

**表 3-6 催化剂制备废水处理装置监测结果**

单位：mg/L (pH 无量纲)

| 点位编号 | 采样时间 | pH | COD | 硫化物 | 镍 |
|---|---|---|---|---|---|
| 催化剂制备废水处理装置入口★4 | 2014.1.11 | 8.84 | 289 | 0.005L | 0.24 |
| | | 8.86 | 336 | 0.005L | 0.22 |
| | | 8.86 | 358 | 0.005L | 0.23 |
| | | 8.85 | 342 | 0.005L | 0.22 |
| | 日均值/范围 | 8.84～8.86 | 331 | 0.005L | 0.23 |
| | 2014.1.12 | 8.85 | 323 | 0.005L | 0.18 |
| | | 8.88 | 375 | 0.005L | 0.20 |
| | | 8.83 | 389 | 0.005L | 0.21 |
| | | 8.91 | 409 | 0.005L | 0.20 |
| | 日均值/范围 | 8.85～8.91 | 374 | 0.005L | 0.20 |
| 催化剂制备废水处理装置出口★5 | 2014.1.11 | 8.82 | 7 | 0.005L | 0.002L |
| | | 9.08 | 9 | 0.005L | 0.002L |
| | | 8.89 | 5 | 0.005L | 0.002L |
| | | 8.82 | 7 | 0.005L | 0.002L |
| | 日均值/范围 | 8.82～9.08 | 7 | 0.005L | 0.002L |
| | 2014.1.12 | 8.89 | 6 | 0.005L | 0.002L |
| | | 8.90 | 10 | 0.005L | 0.002L |
| | | 8.99 | 8 | 0.005L | 0.002L |
| | | 8.93 | 8 | 0.005L | 0.002L |
| | 日均值/范围 | 8.90～8.99 | 8 | 0.005L | 0.002L |
| 标准限值 | | — | — | — | 1.0 |
| 达标情况 | | — | — | — | 达标 |
| 去除率/% | | — | 97.9 | — | 99.5～99.6 |
| 执行标准 | | 镍执行《污水综合排放标准》(GB 8978—1996)一类污染物标准 | | | |

(4) 蒸发塘监测结果

pH、COD、硫化物、氨氮、总磷、氰化物、石油类、挥发酚、氟化物、苯、甲苯、邻二甲苯、间/对二甲苯监测结果分别为 9.32mg/L、791mg/L、0.007mg/L、451.0mg/L、7.49mg/L、0.100mg/L、0.83mg/L、1.197mg/L、6.84mg/L、0.79μg/L、0.91μg/L、2.94μg/L、0.52μg/L。氰化物监测结果满足《污水综合排放标准》(GB 8978—1996) 一级标准要求。监测结果如表 3-7 所示。

表 3-7　蒸发塘监测结果

| 监测项目 | 单位 | 监测日期 | 标准限值 | 达标情况 |
|---|---|---|---|---|
| | | 2014.1.11 | | |
| pH | — | 9.32 | — | — |
| COD | mg/L | 791 | — | — |
| 硫化物 | mg/L | 0.007 | — | — |
| 氨氮 | mg/L | 451.0 | — | — |
| 总磷 | mg/L | 7.49 | — | — |
| 氰化物 | mg/L | 0.100 | 0.5 | 达标 |
| 石油类 | mg/L | 0.83 | — | — |
| 挥发酚 | mg/L | 1.197 | — | — |
| 氟化物 | mg/L | 6.84 | — | — |
| 苯 | μg/L | 0.79 | — | — |
| 甲苯 | μg/L | 0.91 | — | — |
| 邻二甲苯 | μg/L | 2.94 | — | — |
| 间/对二甲苯 | μg/L | 0.52 | — | — |
| 执行标准 | 氰化物执行《污水综合排放标准》(GB 8978—1996)一级标准 | | | |

## 3.2　煤直接液化水质水量状况

项目工程用水由浩勒报吉水源地提供。该工程给水系统包括生产、生活和循环水系统。

工程排水包括低浓度含油废水、(含硫、含酚) 高浓度废水、含盐废水、催化剂废水、浓盐水及生活污水。全厂生活污水及生产废水全部进入相应的净化处理装置，污水回用率 98%以上；约 300t/d 的蒸发器浓缩液需排至蒸发塘自然蒸发外，无其他污水排放。全厂生产用新鲜水消耗量 817.7$m^3$/h。

工程各装置、单元在生产过程中产生的废水有：含油废水、煤制氢气化水、生活污水、高浓度废水、电站水处理排水、锅炉排污水、循环水场排污水、催化剂废水和清净排水。

### 3.2.1 低浓度废水水质水量状况

低浓度废水包括含油废水、煤制氢气化水、生活污水。含油废水主要为各装置内塔、容器、机泵排水，冲洗地面水、围堰内含油雨水及罐区切水、洗罐水等；生活污水来自办公楼、化验楼、食堂、浴室等生活用水的排水，以及厕所排水经过化粪池处理后排水；煤制氢气化水来自煤制氢气化过程排水。低浓度废水进污水处理厂含油污水处理系统进行生化处理后进入深度处理部分进一步处理。废水来源及水量、水质如表 3-8 所示。

表 3-8 低浓度废水来源及水量、水质一览表

| 序号 | 装置名称 | 污染源名称 | 排放量/($m^3$/h) | 主要污染物/(mg/L) | | | |
|---|---|---|---|---|---|---|---|
| | | | | COD | 石油类 | 氨氮 | 硫化物 |
| 1 | 催化剂制备装置 | 机泵冷却及地坪冲洗水 | 3 | 200～400 | 100～200 | | |
| 2 | 煤液化装置 | 机泵冷却及地坪冲洗水 | 81 | 200～400 | 100～200 | | |
| 3 | 加氢稳定装置 | 机泵冷却及地坪冲洗水 | 57 | 200～400 | 100～200 | | |
| 4 | 加氢改质装置 | 机泵冷却水 | 15 | 200～400 | 100～200 | | |
| 5 | 重整抽提及异构化装置 | 机泵冷却水 | 6 | 200～400 | 100～200 | | |
| 6 | 煤制氢装置 | 变换洗涤塔废水<br>甲醇水分离塔废水 | 15<br>25 | 1500 | | 350<br>63 | 47 |
| 7 | 轻烃回收装置 | 机泵冷却水 | 6 | 200～400 | 100～200 | | |
| 8 | 气体脱硫装置 | 机泵冷却水 | 6 | 200～400 | 100～200 | | |
| 9 | 污水汽提装置 | 机泵冷却水 | 3 | 200～400 | 100～200 | | |
| 10 | 油渣成型装置 | 机泵冷却水 | 3 | 200～400 | 100～200 | | |
| 11 | 循环水场 | 旁滤罐反洗水 | 45 | 150～200 | 100～200 | | |
| 12 | 洗槽站 | 含油废水 | 20 | 600～1000 | 300～500 | | |
| 13 | 生活区及其他 | 生活污水 | 55 | 300 | | 30 | |
| 合计(汇合后) | | 低浓度废水 | 340 | 350～456 | 96～186 | 25 | 2.1 |

清净排水来源主要为后期雨水，经监控池监测合格后排往乌兰木伦河。

### 3.2.2 高浓度废水水质水量状况

高浓度废水是来自煤液化装置及加氢稳定、加氢改质等装置高、低压分离器排水及硫黄回收尾气急冷塔排水。其经过污水汽提、酚回收装置后进入污水处理厂高浓度污水处理系统，经催化氧化、高效生物滤池、臭氧氧化后进入深度处理部分进一步处理。

其具体的来源及水量、水质情况如表 3-9 所示。

表 3-9 高浓度废水来源及水量、水质一览表

| 装置名称 | 污染源名称 | 排放量/($m^3$/h) | 主要污染物/(mg/L) | | | | |
|---|---|---|---|---|---|---|---|
| | | | 硫化物 | 氨氮 | 石油类 | 挥发酚 | COD |
| 酚回收装置 | 脱酚水 | 270 | 50 | 100 | 100 | 50 | 10000 |

### 3.2.3 含盐废水水质水量状况

含盐废水主要包括循环水场排污水、煤制氢装置气化废水及水处理站排水，其中循环水场排污水占水量的一半。其污水特点为污水中 COD 含量不高，但盐含量达到新鲜水的 5 倍以上。其具体的水量、水质情况见表 3-10。

表 3-10 含盐废水来源及水量、水质一览表

| 序号 | 污染源名称 | 排放量/($m^3$/h) | 主要污染物(pH 除外)/(mg/L) | | | | | |
|---|---|---|---|---|---|---|---|---|
| | | | COD | $SO_4^{2-}$ | 氨氮 | $Cl^-$ | TDS | TSS |
| 1 | 煤制氢气化废水 | 75 | 300 | 50 | 160 | 4430 | 7880 | 100 |
| 2 | 循环水场排污水 | 240 | 150～200 | — | 30 | 1000 | 3400 | 30 |
| 3 | 水处理站中和排水 | 120 | 16 | 1633 | — | 300 | 5046 | — |
| 4 | 合计(汇合后) | 435 | 170 | 460 | 45 | 1400 | 4625 | 35 |

含盐废水经 PT（微滤、反渗透膜处理）系统处理后净化水进入回用系统或深度处理系统，浓盐水进入 GE 循环蒸发器。

### 3.2.4 催化剂制备废水水质水量状况

催化剂制备废水来自催化剂制备装置，其具体的水量、水质情况见表 3-11。

表 3-11 循环水场排污水来源及水量、水质一览表

| 名称 | 排放量/($m^3$/h) | 主要污染物/(mg/L) | | | | | |
|---|---|---|---|---|---|---|---|
| | | COD | $SO_4^{2-}$ | 氨氮 | $Cl^-$ | TDS | TSS |
| 催化剂制备废水 | 309 | 85.6 | 35000 | 13000 | 5.5 | 46650 | 16 |

## 3.3 煤间接液化水质水量状况

### 3.3.1 低浓度废水水质水量状况

低浓度废水进污水处理厂含油废水处理系统进行生化处理后进入深度处理部分进一步处理。废水来源及水质、排放去向如表 3-12 所示。

**表 3-12 低浓度废水水质水量状况一览表**

| 装置名称 | 单元名称 | 废水名称 | 排放量/($m^3$/h) | 污染物 | | 排放规律 | 排放去向 |
|---|---|---|---|---|---|---|---|
| | | | | 名称 | 浓度/(mg/L) | | |
| 气化装置 | 黑水处理 | 气化废水 | 357.3 | 氨氮 | ≤300 | 连续 | 生产废水处理系统 |
| | | | | COD | ≤900 | | |
| | | | | $BOD_5$ | ≤300 | | |
| 油品合成装置 | 蜡过滤 | 气泡排污 | 21.6 | TDS | 17 | 连续 | 废水处理及回用装置 |
| | 催化剂还原 | 生产废水 | 正常 0 | $COD_{Cr}$ | ≤200 | 间断 | 生产废水处理系统 |
| | | | 最大 5 | | | | |
| | 蜡过滤 | 生产废水 | 正常 0 | $COD_{Cr}$ | ≤200 | 间断 | 生产废水处理系统 |
| | | | 最大 5 | | | | |
| 尾气处理装置 | 尾气处理 | 含油废水 | 0.72 | COD | 700 | 连续 | 生产废水处理系统 |
| | | | | 石油类 | 500 | | |
| | | 泵排含油废水 | 正常 0 | COD | 700 | 间断 | |
| | | | 最大 2.6 | 石油类 | 500 | | |
| 油品加工装置 | 加氢精制 | 冷低分含油废水 | 2.621 | COD | 700 | 连读 | 生产废水处理系统 |
| | | | | 石油类 | 50 | | |
| | | 分馏塔顶回流罐含油废水 | 3.919 | COD | 700 | | |
| | | | | 石油类 | 50 | | |
| | | 减压塔顶罐含油废水 | 3 | COD | 700 | | |
| | | | | 石油类 | 100 | | |
| | 加氢裂化 | 分馏塔顶罐排含硫废水 | 6.602 | COD | 700 | | |
| | | | | 石油类 | 100 | | |
| | | 减压塔顶分水罐含油废水 | 3.065 | COD | 700 | | |
| | | | | 石油类 | 100 | | |
| | | 富液压缩机出口分液罐含油废水 | 0.184 | COD | 700 | | |
| | | | | 石油类 | 100 | | |
| | | 稳定塔回流罐含油废水 | 0.003 | COD | 700 | | |
| | | | | 石油类 | 100 | | |

## 3.3.2 高浓度废水水质水量状况

高浓度废水主要来自油品合成装置中 F-T 合成单元和油品加工装置的合成水处理单元。高浓度废水一般经过废水汽提、酚回收装置后进入污水处理厂高浓度废水处理系统，经催化氧化、高效生物滤池、臭氧氧化后进入深度处理部分进一步处理。高浓度废水水质水量及排放去向如表 3-13 所示。

**表 3-13 高浓度废水水质水量状况一览表**

| 装置名称 | 单元名称 | 废水名称 | 排放量/($m^3$/h) | 污染物 | | 排放规律 | 排放去向 |
|---|---|---|---|---|---|---|---|
| | | | | 名称 | 浓度/(mg/L) | | |
| 油品合成装置 | F-T 合成单元 | 合成水 | 313.58 | pH | 3.1 | 连续 | 油品加工装置合成水处理单元 |
| | | | | $COD_{Cr}$ | 41900 | | |
| | | | | 石油类 | 1003.2 | | |
| 油品加工装置 | 合成水处理单元 | 生产废水 | 308.1 | COD | 8000～12000 | 连续 | 合成水处理单元 |
| | | | | BOD | 4000～8000 | | |

## 3.3.3 含盐废水水质水量状况

浓盐水回用系统产生的高盐水送 EP 纯化系统处理，设计规模与前述处理系统匹配，即设计规模：54$m^3$/h。

纯化系统将废水中剩余微量杂质进一步去除分离（氟、硅、钙、镁、COD 等），浓缩分离单元利用物化方法将盐水中大分子有机物聚集成更大的个体，将之高倍浓缩去除，高倍浓缩的 COD 废水（TDS 基本不浓缩）回流至生物污泥池（经氧化处理提高可生化性），浓缩分离后的出水再经化学除杂、深度除杂和氧化系统，以去除盐水中残留的以及蒸发浓缩后富集的硬度和 Si、碱、F、COD 等杂质，保证随后的蒸发结晶系统能够长期稳定运行，并保证蒸发结晶盐能达到国家产品标准。

纯化系统采用“有机浓缩系统＋化学除杂＋深度除杂＋吸附氧化系统”工艺处理高盐水，EP 纯化系统进出水水质见表 3-14。

**表 3-14 EP 纯化系统进出水水质一览表** 单位：mg/L

| 名称 | 进水 | 出水 | 名称 | 进水 | 出水 |
|---|---|---|---|---|---|
| pH | 6～9 | 6～9 | $NH_3$-N | 202～229 | 5 |
| TDS | 46500～51717 | 142153～51717 | 氯 | 23692～26232 | 23692～26232 |
| COD | 893～902 | 150 | 硫酸根 | 2922～6500 | 2922～6500 |
| 钠 | 16876～20604 | 16876～20604 | 碳酸氢根 | 834 | 5 |
| 钾 | 935 | 935 | 硝酸根 | 924～1907 | 924～1907 |
| 钙 | 7 | 1 | 氟 | 34 | 20 |
| 镁 | 7 | 1 | 总硅 | 68 | 30 |

生化出水回用系统和清净废水回用系统的浓盐水，均进入浓盐水回用处理系统。浓盐水回用系统设计规模与生化回用、清净废水回用设计规模相匹配，确定设计规模：376$m^3$/h。

处理生化出水回用系统浓盐水及清净废水回用系统浓盐水，通过前系统的浓缩，TDS、硬度、硅、有机物等污染物质均上升，根据该水质特点，通过化学软化预处理降低水中的硬度、碱度、硅等污染物质，然后通过调节 pH 值后，进入微滤＋超滤系统去除废水中悬浮物，在进膜前废水经过树脂软化系统，使二价阳离子基本去除，确保后续膜回用浓缩单元长期安全稳定运行，浓盐水回用处理系统进出水水质如表 3-15 所示。

**表 3-15 浓盐水回用处理系统进出水水质** 单位：mg/L

| 名称 | 进水 | 出水 | 名称 | 进水 | 出水 |
|---|---|---|---|---|---|
| pH | 6～9 | 6～9 | $NH_3$-N | 30～34 | 1～2 |
| TDS | 7143～8904 | 340～420 | 氯 | 3000～3393 | 432～960 |
| COD | 154 | 14 | 硫酸根 | 432～960 | 21～48 |
| 钠 | 2286～2876 | 123～151 | 碳酸氢根 | 842～933 | 6 |
| 钾 | 138 | 7 | 硝酸根 | 136～282 | 7～14 |
| 钙 | 116 | 1 | 氟 | 28～30 | 10 |
| 镁 | 27～29 | 1 | 总硅 | 1 | 1 |

## 3.4 废水溶解性有机物的光谱学分析

溶解性有机物（dissolved organic matter，DOM）通常是指水溶液中存在的、粒径小于微米（μm）的有机物组分。存在于如海洋、湖泊、河流等生态系统，参与系统内的物质和能量转换，对生态环境及动植物、微生物的活动构成一定的影响。根据可生物降解性差异可将其分成两类，即可生物降解组分和难生物降解组分。生物过程会转化可生物降解组分而残留下难生物降解组分，难降解组分通常被认为是腐殖质类和大分子（高分子量）类物质，可降解组分包括小分子类和非腐殖质类（如碳水化合物、蛋白质等）物质。研究发现生物过程不仅仅是分子的简单降解转化过程，溶解性微生物产物（soluble microbial products）既可能来自于底物代谢过程，也可能由微生物残体消解产生。易于被生物降解的组分如氨基酸和碳水化合物也可能是腐殖质类物质的一种存在形式，而在实验室规模的反应器中发现葡萄糖会转化成大分子物质。研究在物理、化学、生物降解等过程中的转化及其在自然水体和废水处理工艺流程中的形态变化，有助于认识的迁移转化规律，从而有效地控制和去除生态危害，从而实现研究的三大目标：潜在生态风险评估，处理工艺优化，环境污染物质控制。表征分析是实现以上目标的基本途径。常见的表征分析方法包括树脂分离、光谱分析等。不同的表征方法具有各自的特点和优缺点，分析认识形态与特性的关键即是要采用合理的手段辨明研究对象的组成和分布特征。工业废水生物出水成分复杂，危害性大，如何安全达标排放是亟待解决的环境问题之一，因而对工业废水的分析研究显得尤为重要。

目前已有多种手段被用于污染物的深度处理，包括吸附、混凝、高级氧化等。不同工艺的特点和优势有所不同，评价工艺运行效果除了去除率和水质基本参数外，有机物的特征和转化规律也是重要的参考内容。作为自然界中最重要的有机物复合体，是如何产生的，对环境的危害、分析表征手段及主要控制手段都是首先必须思考的问题。

## 3.4.1 溶解性有机物概述

### 3.4.1.1 溶解性有机物来源

定义表明是多种有机物的统称，其分子量范围从几百到数十万道尔顿（Da）不等。DOM的浓度、组成、化学性质差异性极大，主要由其来源所决定，并受到环境温度（*T*）、离子强度、pH、水体主要阳离子组成以及吸附质表面化学性质的影响。DOM的分布包括海洋、湖泊、河流、湿地、沼泽等生态系统，以及地面径流、地下水体、污水处理厂、排水管网、垃圾渗滤液等，产生途径可分为自然源和人为源。

自然源是指未受人类活动影响而产生于自然水体中的有机物复合体，这一类出现在自然水体中的有机物也被称为天然有机物（natural organic matter，NOM）。NOM随着水源与季节的变化存在较大的差异性，其有机碳的主要来源包括外源性有机碳（allochthonous organic carbon）和自生性有机碳（autochthonous organic carbon）两类，前者是由于地面径流等对土壤的冲刷和溶解作用带入，后者则主要来源于水体中动、植物的生物代谢活动。

天然水体中DOM的50%～90%是腐殖质，它是水体、土壤中存在的动植物残体在长期的物理、化学、生物等作用下转化而成的一类有机高分子化合物，其分子量从数百到数万道尔顿（Da），形态呈酸性和多分散性。水体中的腐殖质有两个来源：外来物质和自生物质，前者源于植物及土壤的陆生来源，后者源自水体体系中生物活动所产生的物质。海洋中的腐殖质主要来源于海水中低等生物的残体转化，淡水河流湖泊中腐殖质的重要来源是河流淋洗、冲刷以及河流上游的水土流失。海洋是最大的接纳体，主要是浮游植物的代谢产物，其中蛋白质含量占25%～50%，脂类占5%～25%，碳水化合物占40%以上。陆源经由河流、湖泊、冰川等迁移途径最终进入海洋，这是全球碳循环的重要组成部分。

人为源是指在人类生产活动中产生的、由于管理或控制措施的不完备而进入生态环境的有机物。化学品的制造、工业生产废水、市政污水、垃圾填埋场的渗滤液等都是人为源的主要内容。人为活动加剧了的产生量和有机物种类，使生态系统的自我调节功能承受额外的压力，人为源具有点源污染的特点，直接对受体生态环境造成危害甚至是毁灭性打击。

根据存在于介质的类型可以分为地表水（河流、湖泊、海洋）、地下水、废水、大气沉降、土壤或沉积物孔隙水中的溶解性有机物（Frimmel 和 Abbt-Braun，2009）；以提取分离的方式又可以划分为亲脂性、亲水性、酸溶性、碱溶性等溶解性有机物（Leenheer 和 Croué，2003）。狭义上，溶解性有机物多指生物代谢物或残体分解产生的大分子化合物或大分子降解物，如占溶解性有机物主要成分的腐殖质（腐殖酸、富里酸和非腐殖化有机物）。图 3-1 所示为溶解性有机物的类型。

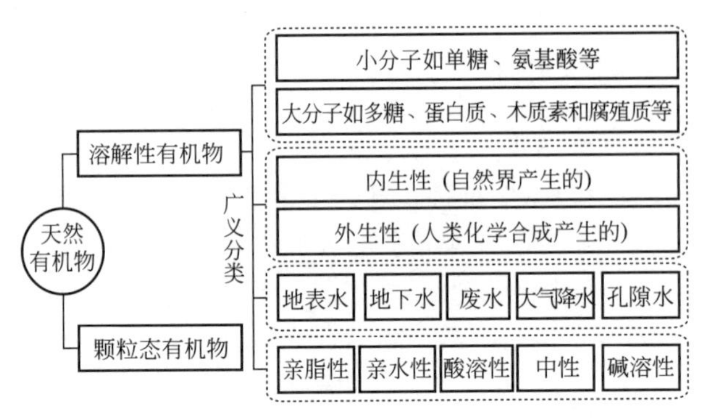


图 3-1　溶解性有机物的类型

### 3.4.1.2　溶解性有机物的危害

Levine A D 等首先以粒径（0.45μm）作为标准定义了 DOM，将有机物质分为溶解性有机碳（dissolved organic carbon，DOC）和颗粒有机碳（particulate organic carbon，POC）两部分。研究发现 DOM 是一类含有脂肪烃类和芳香类结构的混合有机物，这些结构与羟基、羧基、酮基、酰胺基等其他基团相连，其组成成分包括腐殖酸（humic acid，HA）、富里酸（fulvic acid，FA）、氨基酸、碳水化合物以及一些亲水性有机酸等。以氨基酸为例，其在天然水体的占比达 1%～3%，其存在形式包括自由态、缩氨酸（多肽）、腐殖质结构中的官能团分子。典型有机物的组成及其尺寸分布如图 3-2 所示。

在陆地生态系统中 DOM 是一类极为活跃的有机组分，是生物圈、大气圈、水圈、岩石圈、土壤圈层相互之间发生物质交换和能量传递的重要形式之一。土壤圈中的 DOM 影响土壤的形成、矿物质的风化和污染物的迁移，在营养元素如碳、氮、磷、硫的地球生物化学过程中扮演重要角色，还影响着微生物的生长代谢、土壤中有机质的分解及土壤中污染物的迁移转化过程。绝大多数存在于土壤、大气、岩石中的 DOM 都会由于地表径流等作用进入水圈生态系统，参与到水相中的物质循环和能量传递过程。

DOM 在水体中具有直接或潜在的危害。DOM 在水体中是一种强螯合剂，

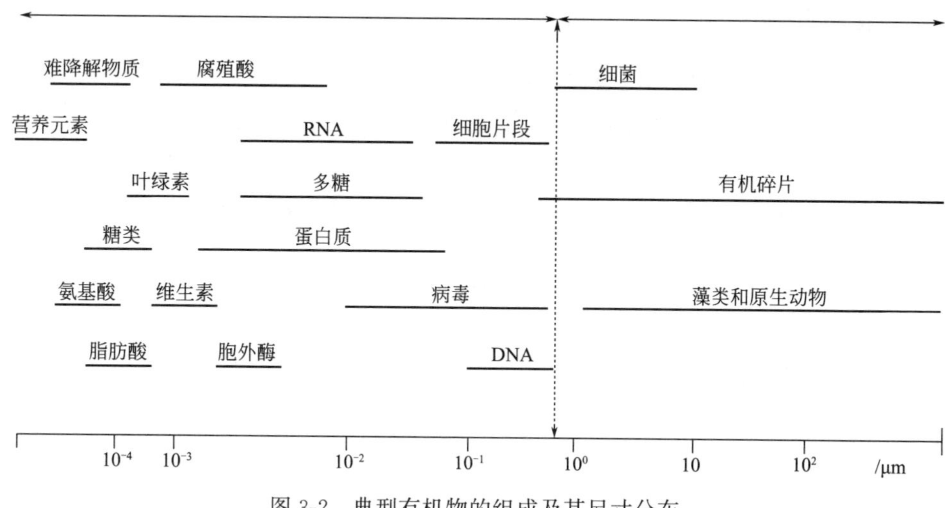


图 3-2 典型有机物的组成及其尺寸分布

影响金属离子的迁移、溶解性和毒性，它还是一种缓冲剂，影响离子在固液相之间的分布，参与有机污染物的转化过程，形成胶体粒子，参与光化学反应。

#### 3.4.1.3 天然水体中的溶解性有机物

天然水体中的溶解性有机物即天然有机物（NOM），它构成了地表水中大部分溶解性有机碳（DOC），是水体中复杂的有机物质综合体。NOM 作为水体中色、嗅、味的主要来源，极大地影响着水体水质的感官指标。而且，还是消毒副产物的前体物质，能够产生对人体有害的如三氯甲烷等物质。能与水体中的化学农药、金属离子、多环芳烃等结合，例如，NOM 会与水中存在的微量有机物和金属离子发生包卷、络合等作用，进而影响它们在水体中的分布和降解，以及有机物对水生生物的毒性作用，影响水体生态系统和生物化学过程。另外，NOM 还会增加混凝剂的投加量，影响混凝处理效果，加速滤膜的堵塞，与氯或臭氧会反应生成大量消毒副产物，造成输水管道中细菌微生物的再度繁殖。

由于 DOM 复杂的化学结构和低浓度水平，以及其组分之一的溶解性腐殖质直接影响海洋碳预算的平衡，海洋水体中 DOM 的浓度、组成和循环过程一直受到人们的关注。河流入海口处的动态变化还会影响生态系统的结构和生产率以及河口水体的溶解氧含量。在湖泊等天然水体中有机物会逐渐积累并形成难降解 DOM，它既是水体有机污染物的复合体，也是以微生物为基础的水生食物链的能量来源，影响水体中痕量物质的循环及藻类和细菌的微生物活性。

自然水体是所有的接纳对象，在自然水体中它是潜在的消毒副产物（DBPs）前驱物，威胁人类的饮用水安全。生态系统只能在一定的范围内调节系统的物质和能量循环正常进行，而由于人类活动范围的扩大和生产水平的提升，超出自然水体承受能力的被排放进入水体，破坏区域生态环境，并长期对当地动植物活动造成直接和间接的影响。

#### 3.4.1.4 人类活动产生的溶解性有机物

人类活动产生的DOM排放进入自然水体对环境产生的影响更为强烈，这是由于DOM在组成、浓度、毒性、难降解性等方面都具有较NOM更为突出的作用。典型的DOM来源包括市政污水、垃圾渗滤液、印染废水、焦化废水等。

市政污水经过化学生物系统处理后有机物浓度得到大幅度削减，但其出水中仍然含有大量的天然有机物、合成有机物、微生物代谢产物及消毒副产物等，同时受工业废水排放的影响，城市污水处理厂二级出水中有机物种类更纷繁复杂。

垃圾渗滤液是填埋垃圾在降解和稳定化过程中产生的大量含高浓度溶质的一类难降解废水。渗滤液组成成分复杂，其中DOM含量在垃圾渗滤液总有机物中占比超过85%，是一类重要且亟待去除的污染物。渗滤液DOM主要成分包括挥发性脂肪酸和难降解有机物，如腐殖酸类化合物等。随填埋年限的延伸其组成会发生变化，在填埋中后期渗滤液中出现腐殖酸、富里酸类物质，可生化性降低。

### 3.4.2 溶解性有机物的分析

DOM的表征分析有助于评估DOM的环境生态风险，也是区域生态修复策略、DOM总量控制与削减工作的基础步骤。动植物和微生物新陈代谢、分解消亡等活动产生的DOM，以及污水处理厂等人类活动排放的DOM，都通过径流途径进入自然水体。对污水处理工艺的处理效率最大化、最优化工作需要考虑DOM在自然水体中的迁移转化规律，这正是DOM表征分析研究的目的之一。与此同时，DOM的组成成分、特征性质、有机物质类别等信息是控制与消除DOM的理论基础，分析不同来源的DOM能够为此提供参考和依据。

#### 3.4.2.1 TOC、DOC、BDOC和BOM分析

TOC、DOC和BDOC是基于DOM中溶解性有机物的含碳量表征废水的性质特征的。废水中TOC、DOC含量标示着废水的污染水平，BDOC则代表着能够被微生物分解的有机物含量。

TOC（total organic carbon，总有机碳）是表征水体中有机物含量最直观和最基础的数据。由于有机污染物在天然水体中所占比例很低，在自然水体中TOC值甚至能够直接代表水体中NOM（natural organic matter，天然有机物）的浓度水平。天然水体中TOC的浓度范围很广，沼泽水体中TOC浓度能够达到50mg/L，这是地下水水体TOC浓度水平的500倍。

DOC（dissolved organic carbon，溶解性有机碳）与 POC（particulate organic carbon，颗粒有机碳）的区别在于有机物的粒径（0.45μm）大小。相比于 POC，DOC 占 TOC 总量的绝大部分。研究发现，在天然水体中 POC 含量占总 TOC 值的比例少于 10%，在工业废水中 POC 的占比稍高，但仍低于 DOC 的占比，如在焦化废水生物出水中 DOC 含量就占总 TOC 的 67%。

BOM（biodegradable organic matter，生物可降解性有机物）表明水体中能够被微生物分解或降解的有机物含量水平，可以通过测定在给定时间内微生物对有机物的降解量和降解效率对比分析 BOC 值，即 BDOC（biodegradable dissolved organic carbon，生物可降解溶解性有机碳）。Qian 等考察了印染废水生物出水 DOM 的臭氧去除作用的影响，主要关注 DOM 的可生物降解性和吸附性能的变化。实验结果显示臭氧氧化作用降低了 DOM 中有机物的分子量大小，但增加了亲水性组分的占比，这在一定程度上有利于活性炭对 DOM 中有机物的吸附作用，但臭氧剂量过多时反而会抑制活性炭的吸附作用。由于臭氧的氧化过程去除了腐殖质类和色氨酸类荧光物质，BDOC/DOC 的比例从初始值 0.07 提升到 0.48，DOM 的可生物处理性得到了显著的提高。

TOC、DOC、BOM 和 BDOC 表征方法总体上反映出 DOM 的含碳有机物含量以及其微生物可生化性高低，很方便和其他类型的 DOM 特征进行对比分析，但是这种分析方法属于基础的 DOM 表征手段，为了获得更加具体的 DOM 组成或性质特征，有必要借助于其他表征分析手段对 DOM 进行深入的研究。

#### 3.4.2.2 树脂吸附分离

传统的分离方法对 DOM 的富集起到了一定的作用，但由于都有一定的使用局限而受到限制。如溶剂萃取、活性炭吸附和合成树脂分离，回收率太低；蒸发浓缩仅能应用于非挥发性样品，且缺乏从无机盐中提取有机物的分离技术。虽然近年来反渗透、超滤以及纤维素等分离技术的出现，可以高效地富集 DOM，但缺乏对相似组分的分离流程。

树脂吸附分离 DOM 的表征方法是基于具有不同化学性质的有机物与树脂材料之间的特异性吸附这样一个事实，而实现将有机物提取、富集、分离等目标的过程。树脂吸附分离有机物的机理源自迎头色谱分离原理。迎头色谱分离原理如图 3-3 所示。假设水样中的 3 种组分从树脂柱一端加入，最先达到吸附饱和的是吸附最弱或几乎不吸附的 A 组分，所以最先从树脂柱中流出。然后，稍强

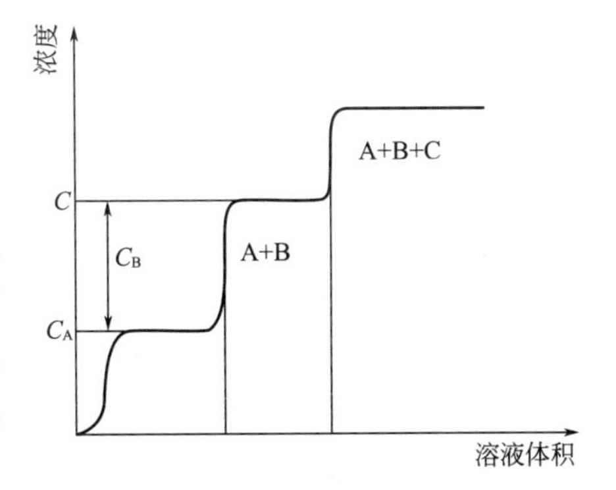

图 3-3 迎头色谱分离原理示意图

于A的B组分吸附达到饱和并从树脂柱中流出，此时流出组分是A与B的混合物。C吸附最强最后达到饱和并从树脂柱中流出，流出液中包含已经穿透的A、B组分。各组分的含量即各阶段流出溶液的浓度差。

树脂吸附材料分为2类：非离子型交换树脂和离子型交换树脂。常见的非离子型交换树脂有XAD-8、XAD-4等，离子型交换树脂有阳离子交换树脂和阴离子交换树脂。采用不同的树脂类型和分离操作方法，能够将DOM富集并分离成不同的组分，方便后续的表征分析。

XAD树脂分离方法是20世纪发展起来的富集和分离水体中DOM的高效方法。该方法的优点在于富集和分离水样同时进行，对极性相似的组分特别是憎水性组分可以得到高效的富集和分离。但是由于DOM的复杂性，目前仅有一种吸附树脂还不能完全分离出DOM中的组分，所以一般选用树脂连用技术。XAD是一种立体网状结构的非离子大孔径吸附剂。目前对树脂吸附机理尚未明确，主要是1979年Aiken首先提出了体积排阻的机理，认为溶质分子的吸附与树脂的排阻性能有关，即在给定的酸性条件下，溶质分子和树脂之间存在的一种亲水、憎水的相互作用。

以自然水体为研究对象，Thurman等利用树脂吸附富集水体中的腐殖质类物质，地下水体中腐殖酸和富里酸的树脂吸附富集结果显示，该方法的产出物浓度因子是初始值的2500倍。Fukushima等采用树脂对日本广岛县海湾的水样进行了富集分离操作并对组分浓度进行了分析。结果发现DOM及其亲水性组分（Hydrophilic）DOC浓度随季节变化规律明显，夏季浓度最高，冬季浓度最低。XD-8分离的疏水性组分（Hydrophobic）DOC浓度占海湾水体总DOC的33%，占河水总DOC的41%。郭瑾等结合XAD大孔吸附树脂和反渗透技术，浓缩并分离了松花江水体中的NOM，最后得到亲水性组分、憎水性组分、腐殖酸和富里酸四种组分，并针对四种组分研究了DOC占比情况和芳香性、不饱和性等水质特征。

树脂分离技术不仅在自然水体中应用广泛，逐渐也被应用到了城市生活污水和工业废水的DOM表征分析研究中。Imai等联用非离子型树脂和两种离子型树脂，将污水处理厂的出水DOM分离成6种组分，分别为水生腐殖质（AHS）、疏水性碱性组分（HOB）、疏水性中性组分（HON）、亲水性酸性组分（HIA）、亲水性碱性组分（HIB）和亲水性中性组分（HIN）。结果发现AHS和HIA在DOM组分中占主要部分，二者合占总DOC的55%以上。Quaranta等采用DAX-8和XAD-4树脂对美国康涅狄格州各市政污水处理厂的出水有机物进行了提取分离。DAX-8和XAD-4对TOC的分离回收率分别为18%～42%、6%～12%。组分的表征结果显示尽管污水处理厂的工艺设计存在差异性，但出水有机物的水质特征具有稳定性，而且在水质特征上与天然水体有机质具有相似性。赵风云等利用XAD-8树脂将城市生活污水厌氧-缺氧-好氧工艺的生物处理出水

DOM进行了组分分离，并依次对各组分进行了表征分析。结果发现亲水性物质（HIS）占总DOC的65%，且组分中芳香族化合物的含量明显高于其他组分，但单位质量的HIS、HOA疏水性酸性组分、HOB、HON中芳香族化合物含量相差不大。结合XAD-8和XAD-4树脂，等对焦化废水生物处理出水DOM进行了组分分离，结果显示疏水性组分是DOM的主要组分，HON和HOA的占比分别为37.1%、27.7%，其次是亲水性组分HIS，占比25.4%，超亲水性物质占比最低，为9.8%。DOM在渗滤液的总有机质中占比达85%，选取垃圾填埋场和焚烧厂的渗滤液为研究对象，方芳等利用树脂吸附原理将渗滤液中的DOM分离成腐殖酸、富里酸和亲水性有机质三类，对比分析表征了各组分的羧基官能团含量、组分含量、芳香度等特性。

实验中对非腐殖质的分离采用以下路线XAD-8→阳离子交换树脂→阴离子交换树脂，Sirotkma最早提出了通用的分离河水中溶解有机物的方法，水样先后经过冷冻干燥、离子交换、纤维素吸附解析以及凝胶过滤等步骤，该流程总有机物的流失不会超过10%，比较适用于含有大分子高聚物的天然水体。在此基础上，1981年Leenheer采用XAD-8树脂和阴阳离子交换树脂连用技术，提出了一种广泛使用的分离天然水和废水中溶解有机碳的制备型方法。分离流程如图3-4所示：未酸化的水样经XAD-8吸附后，用0.1mol/LHCl反洗得憎水性碱；流出液酸化至pH=2经XAD-8吸附，用0.1mol/L的NaOH反洗得憎水性酸；XAD-8树脂在空气中干燥后用甲醇浸取得憎水性中性物质。XAD-8的流出液经氢型阳离子交换树脂吸附，用1mol/L的氨水洗脱得亲水性碱；流出液再经阴离子交换树脂用3mol/L的氨水洗脱得亲水性酸；最后流出液为亲水性中性物质。图3-4所示为溶解性有机物分离流程。

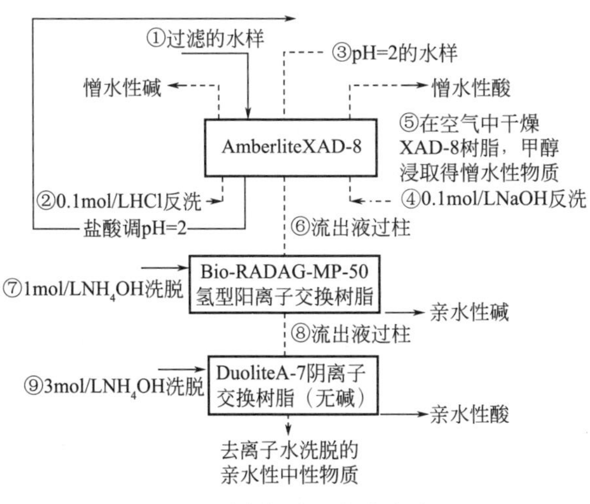


图3-4　溶解性有机物分离流程

### 3.4.3 光谱分析方法

物质的性质由物质的结构决定，光分析方法多数被用于物质的结构分析研究。光分析法是一种基于物质和电磁辐射之间相互作用而产生的辐射信号或者所引起的变化而进行分析的一种方法，包括光谱法和非光谱法两类。光谱法主要包括紫外-可见吸收光谱、分子荧光光谱、红外光谱、原子吸收光谱、原子发射光谱和核磁共振波谱等。其基本原理是根据光的发射、吸收、拉曼散射等作用，以检测光谱的波长、强度等信号而进行分析。在对 DOM 的表征分析研究中，光谱分析占据十分重要的地位，主要是因为光谱分析方法具有样品处理简单、样品量少、分析迅速、特征性强等优点，并且提供了大量关于物质组成、结构等信息，促进了环境保护、污染物消除、反应机理研究等工作的开展。

#### 3.4.3.1 表征技术的发展

溶解性有机质的表征技术经历了初期依靠光谱、色谱技术表征到后来的比表面积、热分析、电镜、原子力显微镜、X 射线能谱、质谱等技术。这些表征技术从溶解性有机质的表观到分子等多个层面展开，具体而言，光谱技术仍然是溶解性有机质元素、化学键、官能团及分子空间构型的主要表征手段，如电感耦合等离子体发射光谱仪（ICP-AES 或 ICP-OES）、原子吸收光谱仪（AAS）、原子荧光光谱仪（AFS）多用于研究溶解性有机质溶解于水中后金属或类金属元素的组成及含量的测定（Itoh 和 Haraguchi，1994；Aster 等，1996；Dong 等，2010）；X 射线荧光光谱仪（XRF）多用于溶解性有机质非溶解状态下颗粒表面附着的金属或类金属元素的组成及相对含量的测定（Langner 等，2013）。原子光谱应用于元素测定，而分子光谱用于研究化学键、官能团及分子空间构型，也是溶解性有机质最常用的表征手段，如紫外-可见光谱仪（UV-Vis）可用于共轭体系多环芳烃含量的表征（Kalbitz 等，2000），傅里叶变换红外光谱仪 FT-IR 用于 C—H、N—H、C—O 等化学键组成及相对含量的表征（Ouellet 等，2008），荧光光谱仪（FS）常用于表征可以激发获得荧光的溶解性有机质，可反映的物质包括类腐殖酸物质、类富里酸物质、类蛋白物质等（Henderson 等，2009）；核磁共振波谱仪（NMR）可定性或定量测定溶解性有机质不同类型碳（脂肪基团碳、羧基碳、羰基碳、芳香基团碳等）及不同类型氢（脂肪基团氢、羧基氢、羟基氢、芳香基团氢等）（Nebbioso 和 Piccolo，2013）；元素分析仪（EA）采用梯度燃烧溶解性有机质获得 C、H、N 和 S 等氧化气体，然后通过红外检测器检测得到各元素含量（Ouellet 等，2008）；激光光散射仪（LLS）用于表征溶解性有机质的流体力学半径分布图，与色谱技术中的体积排阻色谱柱（SEC）均能用于表征物质的分子量大小（Wagoner 等，1997）。比表面积仪（BET）采用气体吸附法测定溶解性有机质固体颗粒状态下的比表面积（Wu 等，2011）。热分析（TA）技术可用于表征溶解性有机质的玻璃化转变温度以了解其成岩或热变化特征（Zhang 等，2007）。质谱（MS）技术的发展使得对溶解性有机质分子结构的研究更深入一步，稳定同位素质谱仪（SIMS）可以测$^{13}C^{15}N$的丰度，常用于反映溶解性有机质的来源（Cozzi 和 Cantoni，2011）；热裂解质谱仪（Pyr-GC-MS）可直接对固体溶解性有机质进行裂解进样测定（Nguyen 和 Hur，2011）；高效液相色谱-质谱（HPLC-MS）可直接用于溶解性有机质的表征不同吸附性质的化合物质核图谱，获得分子结构信息（Dong 等，2013）；随着高分辨率质谱仪的发明，飞行时间质谱（TOF）和傅里叶变换离子回旋共振质谱（FT-ICR-MS）可获得溶解性有机质更为详细的分子结构信息，如确定分子碎片的化学式（Haberhauer 等，2000；Nebbioso 和 Piccolo，2013；Kujawinski 等，2002；Sleighter 和 Hatcher，2007）。色谱技术常与光谱、质谱等技术联合使用，以获得不同分子量（SEC 色谱柱）或者不同吸附性质（$C_{18}$ 色谱柱）的溶解性有机质的元素组成、分子结构等特征（Woods 等，2010；Itoh 和 Haraguchi，1994）。在微观图像表征领域，电子显微镜（EM）技术、原子力显微镜（AFM）技术和X 射线能谱（XPS）技术使人们对溶解性有机质的实际表面化学特性、空间外观特性和各类作用力特性有了深入的认识（Balnois 等，1999；Wu 等，2011）。图3-5 所示为溶解性有机质物化性质表征技术。

#### 3.4.3.2　紫外-可见光谱分析

从分子结构上来看，有机物分子中主要包含三种电子：形成单键的 σ 电子，形成双键的 π 电子，未成键的孤对电子，即 n 电子。当分子吸收一定能量的光子后，处于基态的分子中的 σ 电子、π 电子或 n 电子均有可能跃迁至相应能量较高的 σ 轨道或 π 轨道中，从而成为激发态电子。三种电子可能发生的跃迁形式及所需的跃迁能量如图 3-6 所示。

① $\sigma \rightarrow \sigma^*$ 跃迁。由图 3-6 可以看出，此种类型的跃迁所需的能量最大，因此只有吸收高能量的短波辐射才能实现这一跃迁。其对应的吸收峰一般均位于小于200nm 的远紫外区。该跃迁比较常见于饱和碳氢化合物中，因此一般不对这种跃迁进行讨论。

② $n \rightarrow \sigma^*$ 跃迁。在含有杂原子的饱和烃衍生物的分子轨道内，有一对未成键的 n 电子，它除了发生 $\sigma \rightarrow \sigma^*$ 跃迁外，还会发生 $n \rightarrow \sigma^*$ 跃迁。这些杂原子主要有 O、N、S、Cl、Br 和 I 等原子。吸收峰的波长一般出现在 200nm 附近。

③ $\pi \rightarrow \pi^*$ 跃迁。所需的能量比 $n \rightarrow \sigma^*$ 跃迁小，其吸收峰波长在 200nm 以上，含有 C═C、C═O 或 C═C 等基团的不饱和有机物都会发生这类跃迁。

④ $n \rightarrow \pi^*$ 跃迁。当 π 键一端的碳原子被含未成键电子的杂原子取代时，杂原子上的未成键电子可以被激发至 π 反键轨道上而产生 $n \rightarrow \pi^*$ 跃迁。

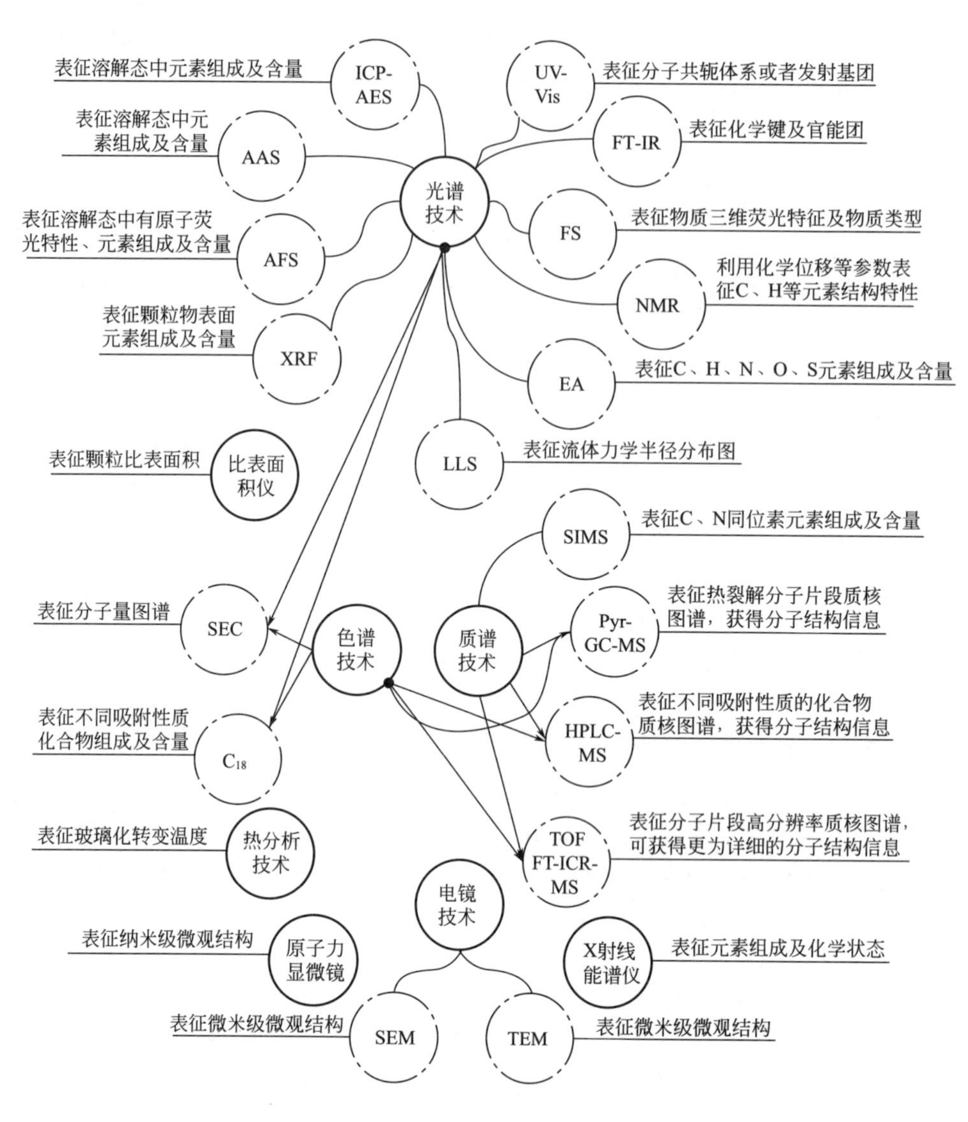


图 3-5 溶解性有机质物化性质表征技术

⑤ $\sigma \rightarrow \pi^*$ 或 $\pi \rightarrow \sigma^*$ 跃迁。该跃迁所需能量小于 $\sigma \rightarrow \sigma^*$ 跃迁。一般不对这两种类型的跃迁进行讨论。

(1) 朗伯-比尔定律

朗伯-比尔定律是光吸收的基本定律，是吸光光度法、比色分析法和光电比色法的基础。它适用于所有的吸光物质及电磁辐射。物质吸收光如图 3-7 所示。

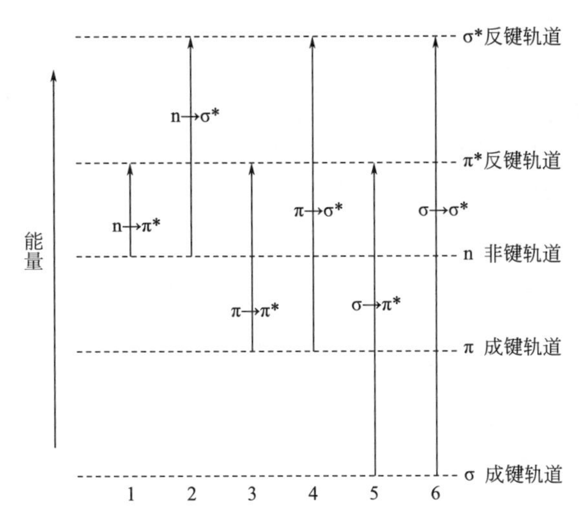

图 3-6　有机物分子中价电子的能级和跃迁示意图

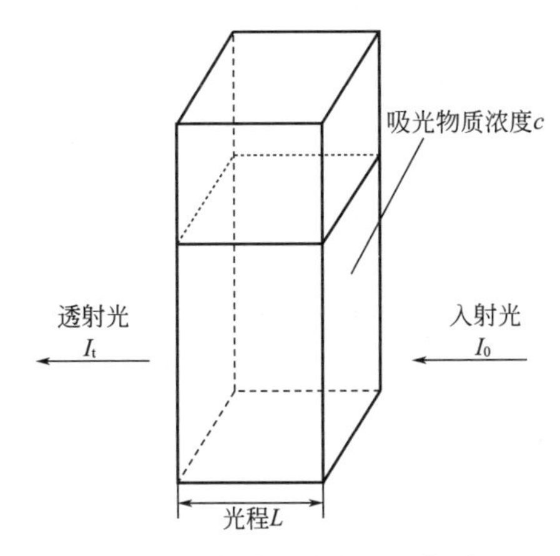

图 3-7　物质吸收光的示意图

朗伯-比尔定律表达为公式：

$$A=\lg\frac{I_0}{I_t}=\lg\frac{1}{T}=KLc$$

式中，$A$ 为吸光度；$I_0$ 和 $I_t$ 分别为入射光和透射光强度；$T$ 为透过率；$K$ 为吸收系数（它由吸收物质和溶液的性质、入射光波长和温度等因素决定）；$L$ 为光程；$c$ 为吸光物质浓度。由公式可知，当光程一定时，吸光度与吸光物质浓度成正比。但是，朗伯-比尔定律须满足以下条件方可成立：

① 入射光为平行单色光，而理论上的单色光是不存在的，所以需要入射光的光谱带宽尽量小，靠近单色光；

② 入射光照射于吸光物质时，无散射现象发生，吸光物质为均匀非分散

体系；

③ 不同吸光物质间不发生反应；

④ 入射光与吸光物质间无荧光和其他光化学现象发生，仅仅存在光吸收过程。因此需要在测试时选择波长、对光谱进行预处理等手段降低偏离因素的干扰。实际测试光谱过程中，以上条件难以全部满足而会出现偏离朗伯-比尔定律的现象。

（2）紫外-可见光谱分析在水处理过程的应用

紫外-可见光谱分析能够辨认水体中存在的特征有机物结构或发色团。地表水对紫外光和可见光的吸收作用主要是因为水体 DOM 组分中含有芳香性发色团的腐殖质，这类物质同时也具有荧光响应。Birdwell 等对多处硫化物溶洞和喷泉水体中的发色溶解性有机物进行了紫外-可见光谱等分析，以确定水体的吸收特性，并与地表环境中的水体特性进行对比分析。占新华等为考察污泥堆肥过程中 DOM 的组成与结构的特征变化，采用了紫外-可见光谱分析等光谱学表征手段。DOM 的紫外-可见光谱分析结果显示，在堆肥过程中最大吸收峰发生蓝移，堆肥过程使得 DOM 中氨氮含量降低，芳香类化合物的含量上升。

由于产生紫外-可见光谱吸收峰的发色团种类繁多，且没有能够明显辨认的典型光谱谱线，大量研究结果显示，紫外-可见光谱的扫描结果大致相同，特征不明显。对商业腐殖酸和渗滤液中提取的多种组分的紫外-可见光谱分析结果显示，所有测试样品均显示出相似的光谱形状，无明显的波峰与波谷，分析原因可能是由于腐殖质的结构相对复杂，有大量的发色团发生重叠。研究发现，紫外-可见光谱特定波长下吸光度及其比值能够表征 DOM 的某些特性，如分子量大小、芳香性等。

$E_2:E_3$（在波长 250nm 和 365nm 下吸光度比值）被用来表示 DOM 分子的相对大小，随着分子量的增大，由于较长波段下高分子量 CDOM 产生了较强的光学吸收，$E_2:E_3$ 值会变小。报道发现 $E_4:E_6$（在波长 600nm 和 400nm 下吸光度比值）与 CDOM 的芳香性呈负相关性，但研究结果显示 $E_4:E_6$ 与分子量、氧碳比（O∶C）、碳氮比（C∶N）、羧基浓度、总酸度的相关性要比与芳香性之间的相关性更好，可以反映体系的腐殖化程度。Peuravuori 等对天然水体 DOM 的分析结果发现 $E_4:E_6$ 与腐殖质的芳香度之间并没有很好的相关性，而 $E_2:E_3$ 与其则表现出较高的关联度（$r^2=0.81$），这显示出 $E_2:E_3$ 值能够指示分子大小和水生腐殖质的浓度水平。

UV254 是指单位比色皿光程下溶液在 254nm 波长处的吸光度，由于该值与 TOC 的相关性较好，因而是衡量溶液中有机物含量的重要指标。对于多数天然水体及色度不高的 DOM，在 665nm 处基本上无法检测到溶液的吸光度，UV254 或 UV280 被用来代替 $E_2:E_3$ 值指示水体的芳香性和腐殖化程度特征。

SUVA定义为样品在254nm处的吸光度与溶液TOC的比值，研究发现SUVA值与DOM的芳香化程度相关系数$r^2>0.97$，可以作为溶液中芳香性物质含量高低的指示性参数，而且也能够反映水体中消毒副产物前驱物的浓度水平。考察DOC与氯气及四甲基氢氧化铵（TMAH）的反应活性发现，具有相似SUVA值的样品表现出不同的活性，这表明一方面SUVA能够反映DOC的总体化学特性，另一方面，SUVA无法判断来源不同的DOC所具有的化学活性。

Helms等在利用紫外-可见光谱对特性进行表征方面提出了新的参数$S_{275\sim295}$（275～295区间的光谱斜率）和$S_R$（$S_{275\sim295}$与$S_{350\sim400}$的比率）。研究发现$S_{275\sim295}$和$S_R$与DOM分子量具有相关性，结果证明$S_R$值在表征自然水体中CDOM含量方面重现性好且方便简单，而且对于差异性较大的水体环境都能够很好地适用。关于以上紫外-可见光谱特征指标的含义见表3-16。

**表3-16 紫外-可见光谱特征指标含义**

| 指标 | 含义 |
|---|---|
| 吸光系数($a_{260}$) | 含共轭体系如芳香基的有机物浓度水平 |
| 单位有机碳含量吸光度($SUVA_{254}$) | 腐殖化程度，溶解性有机质中芳香族物质的组成 |
| 光谱斜率$S$ | 半定量地表示富里酸和胡敏酸比值，与富里酸的分子量有很强的相关性 |
| 吸光系数比值 | |
| $E_2/E_3$ | 有机质腐殖化程度的指示，数值低说明腐殖化程度低 |
| $E_2/E_4$ | 有机质来源，数值较高为内源，数值较低为外源 |
| $E_4/E_6$ | 较低值说明苯环C骨架的聚合程度及芳香化程度或羰基共轭度较高 |
| 光谱斜率比值$S_R(S_{275\sim295}/S_{350\sim400})$ | 数值较低说明高分子量、芳香性强及维管束植物类有机质的输入 |
| 光谱面积比值 | |
| $Q_2/Q_4$ | 木质素与其他物质在腐殖化开始的比例，与$E_2/E_4$同可指示来源 |
| $Q_2/Q_6$ | 非腐殖化物质与腐殖化物质比值，较低值说明腐殖化物质含量较多 |
| $Q_4/Q_6$ | 与$E_4/E_6$类似，较低值说明芳香性成分的压缩和聚合水平较高 |

#### 3.4.3.3 荧光光谱分析

（1）荧光光谱的产生原理

样品吸收紫外和可见光的辐射后，有机物分子的电子跃迁至激发态，处于这种激发态的分子很不稳定，会立即发生分子内或分子间的去活化过程。量子力学理论指出，这一过程可以认为是物质吸收光子后跃迁到较高能级的激发态，然后返回低能态，同时释放出光子的过程。光致发光可按延迟时间分为荧光（fluorescence）和磷光（phosphorescence），这两种方式均为激发分子辐射去活化过程。

① 荧光，分子受到光激发后，可能跃迁至高电子能级的各个振动能级上，由1的最低振动能级回到$S_0$的各个振动能级跃迁所产生的辐射方式就是荧光，其释放光量子的能量要低于分子所吸收辐射的能量。

② 磷光，电子由 $T_1$ 最低振动能级跃迁至 $S_0$ 各个振动能级的过程会产生磷光。三重激发态与对应的单重激发态相比，其能量更低。因此，$T_1 \rightarrow S_0$ 产生的磷光比 $S_1 \rightarrow S_0$ 产生的荧光波长更长。磷光产生的过程较复杂，其发光速度要比荧光慢。磷光发射在图 3-8 中以 P 表示。

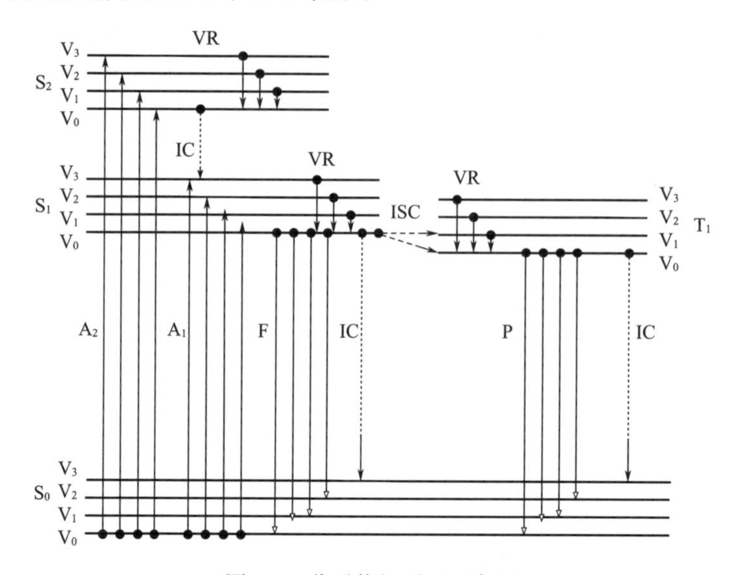


图 3-8 分子能级跃迁示意图

(2) 荧光光谱的分类

荧光激发光谱和荧光发射光谱是二维荧光光谱的两种形式，可以利用这两种光谱对物质进行识别。

① 荧光发射光谱　当保持激发光的波长与强度不变，记录各波长处荧光物质发射的荧光强度，可得到荧光强度与波长之间关系的函数，即荧光发射光谱。

② 荧光激发光谱　当固定所测量的波长，记录激发波长的变化与荧光强度之间的关系，获得荧光强度与激发光波长之间的关系函数，即荧光激发光谱。

③ 三维荧光光谱　这种光谱技术是最近几十年才发展起来的。它表达的是荧光发射的强度同时随激发波长和发射波长的变化。三维荧光光谱也称为荧光激发-发射矩阵（excitation-emission matrix，EEM），EEM 技术能直观形象地表征水中溶解性荧光物质，灵敏度高、选择性好、信息量大，而且不会对水体中有机物造成任何破坏，因此受到业界的广泛关注和认可。本研究中主要是采用 EEM 技术对焦化废水进行水质分析。

(3) 荧光光谱应用于水质分析的原理

天然水体中含有腐殖质，如腐殖酸（humic acid）、富里酸（fulvic acid），生活污水中含有核酸、氨基酸、亲水性有机酸、表面活性剂等有机污染物。工业废水中含有多种具有不同毒性的有机物分子，例如苯酚、苯、多环芳烃和多种杂环化合物。废水生物处理系统在降解污染物的过程中会产生多种具有荧光响应的衍生物质，包括酶、辅酶、色素和微生物代谢产物等。以上这些物质的分子结构中大多含有共轭双键芳香烃、羰基或羧基等共轭体系，在紫外光区受到特定波长光线的激发照射时会发射出不同波长的荧光而被荧光光谱识别；当待测样品浓度较低时，其发射荧光的强度与浓度之间成正比，基于以上理论，荧光光谱分析法可以定性识别和定量测定水体中的有机污染物。同时，荧光光谱为大型湖泊和河流的水质监测提供了潜在应用的可能，国外对该领域的研究开展较早，并取得了迅猛的发展和应用，利用荧光光谱技术可以快速、实时地监测各种水质状况，并且能取得很好的效果。

荧光光谱最新最常用的一种技术——EEM 技术能直观形象地表征水中溶解性荧光物质，灵敏度高、选择性好、信息量大，而且不会对水体中有机物造成任何破坏，因此受到业界的广泛关注和认可。EEM 能够提供庞大信息量的数据，来表征水体中有机物的成分和特性。鉴于 EEM 谱图庞大的数据以及所表征的有机物种类繁多，在研究过程中学者们开发出两种分类识别方法，在近年来得到广泛应用。表 3-17 提供了两种典型的荧光光谱分类方式：一种是基于 Coble 提出的“寻峰法”识别荧光物质；另外一种是基于 Chen 等提出的荧光区域积分法（FRI），但都将溶解性有机物分成了两大类：类蛋白质有机物和类腐殖质有机物，其中，类蛋白质有机物包括了芳香性类蛋白质有机物［$E_x/E_m$=(200～250)/(280～380)，Ⅰ+Ⅱ区］和生物活动相关的类蛋白质有机物［$E_x/E_m$=(200～250)/(380～480)，Ⅳ区］，而类腐殖质则包括了类腐殖酸［$E_x/E_m$=(280～340)/(380～480)，Ⅴ区］和类富里酸［$E_x/E_m$=(200～250)/(330～380)，Ⅲ区］有机物。根据 Chen 等提出的荧光区域积分法将图谱划分为 5 个区域，如图 3-9 所示。

**表 3-17　典型的 EEM 荧光光谱分类方式**

| 分类方式 | 峰/区域 | 代表物质 | $E_x/E_m$/(nm/nm) | 可能物质来源 |
|---|---|---|---|---|
| 寻峰法 | 峰 A | 紫外区类腐殖酸 | (250～260)/(380～480) | 河水等淡水、沿海和海水 |
| | 峰 C | 可见光区类腐殖酸 | (300～350)/(420～480) | 陆源性有机物、淡水、深层海水、深度降解的腐殖质 |
| | 峰 M | 海洋类腐殖酸 | (310～320)/(380～420) | 海洋物质 |
| | 峰 B | 酪氨酸类蛋白质 | (270～280)/(300～320) | 海洋物质、生物物质、可生物降解物质 |
| | 峰 T | 色氨酸类蛋白质 | (270～280)/(320～350) | 生物活性成分 |
| FRI | Ⅰ+Ⅱ区 | 芳香族蛋白质 | (200～250)/(280～380) | 酪氨酸、可生物降解有机物 |
| | Ⅲ区 | 富里酸 | (200～250)/(330～380) | 疏水性酸 |
| | Ⅳ区 | 溶解性微生物副产物 | (200～250)/(380～480) | 色氨酸 |
| | Ⅴ区 | 腐殖酸 | (280～340)/(380～480) | 腐殖酸 |

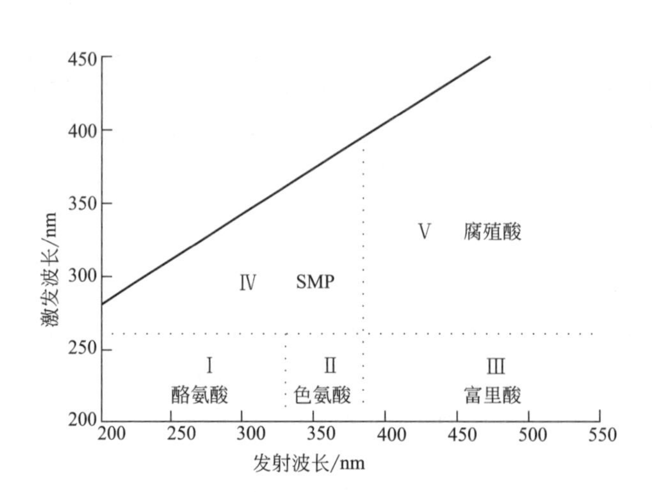


图 3-9 图谱分区

对 EEM 的分析有定性区分和定量测定，“寻峰法”只能对 EEM 进行定性描述，而 FRI 可以根据区域积分求得相应区域荧光物质的量。除了 FRI 外，近年来国内外学者越来越多地采用平行因子分析法（PARAFAC）对 EEM 进行定量分析。下面对 PARAFAC 做一简要介绍。

PARAFAC 是以三线性分解理论为基础，通过交替最小二乘算法实现的一种化学计量模型，它将一个三维数据矩阵 $\boldsymbol{X}$ 分解为三个矩阵，分别是得分矩阵 $\boldsymbol{A}$、载荷矩阵 $\boldsymbol{B}$ 和载荷矩阵 $\boldsymbol{C}$。分解模型如方程所示：

$$x_{ijk}=\sum_{f-1}^{F}a_{if}b_{jf}c_{kf}+\varepsilon_{ijk},i=1,2,\cdots,I;j=1,2,\cdots,J;k=1,2,\cdots,K$$

式中 $x_{ijk}$——第 $i$ 个样品在第 $j$ 个发射波长、第 $k$ 个激发波长处的荧光强度值；

$\varepsilon_{ijk}$——残差矩阵，代表不能被模型识别的信号；

$F$——产生实际贡献的独立荧光成分数；

$a_{if}$、$b_{jf}$、$c_{kf}$——三个矩阵的元素，分别代表荧光组分的浓度、发射光谱和激发光谱。

FRI、PARAFAC 为研究水体环境中 DOM 的 EEMs 定性分析及定量计算提供了快速有效的方法。EEMs 结合这两种计量方法已经被广泛地应用于河流、海水、垃圾渗滤液和市政废水中 DOM 的检测中，并且用来追踪光化学降解以及与微生物降解过程中 DOM 的变化特征。但是 EEM 技术用来分析工业废水特别是焦化废水及其在实际处理工程中有机物的去除行为的报道还很鲜见。

这类具有荧光特征的溶解性有机质根据荧光激发/发射波长特征划分为类蛋白和类腐殖质：类蛋白主要由类酪氨酸、类色氨酸或其衍生物组成，鲜见类苯胺酸，类酪氨酸随环境变化小，而类色氨酸会随环境变化发生蓝移；类腐殖质包括类腐殖酸和类富里酸，其中类富里酸又分为紫外类富里酸和可见富里酸（蒋愉林等，2008）。图3-10中（a）、（b）、（c）三张图总结了国内外海洋、河口、河流、湖泊、降水、地下水、孔隙水、废水、湿地、饮用水中三维荧光光谱中峰值对应的激发波长和发射波长的二维图。大部分文献将溶解性有机质划分为6类，分别是类富里酸（A）、类腐殖酸（C）、低激发色氨酸类（S）、高激发色氨酸类（T）、低激发酪氨酸类（D）、高激发酪氨酸类（B）。以上几类溶解性有机质在河流中广泛存在，也是海水中这几类有机质的来源之一，而作为河流的主要输入源降水，其未含有低激发类氨基酸，但降雨径流可携带湿地中的低激发类氨基酸进入河流湖泊（席北斗等，2008；方芳等，2010；徐成斌等，2010；冯龙庆等，2011；吴静等，2011；陈欣，2012；王曼霖等，2012；吴静等，2012；杨长明等，2012；祝鹏等，2012；戴春燕等，2013；吕丽莎等，2013；闫丽红等，2013a，2013b；赵瑾等，2013；赵芸等，2013；Schwede-Thomas等，2005；Birdwell和Valsaraj，2010；Huguet等，2010）。人为废水由于含有大量的生物废弃物如蔬菜、肉类等，其含有所有类别的溶解性有机质，不做处理的废水也是对河流湖泊贡献这些物质的来源之一。孔隙水和地下水中含有这些溶解性有机质，可能是由地表水向地下水的渗透造成的。

### 3.4.3.4 红外光谱分析

分子在红外光照射下会发生分子振动，分子中的每一个化学键包含两种振动模式，分别为伸缩振动和弯曲振动。红外光谱分析即是通过振动信号的变换判定分子化学键种类和结构的。傅里叶变换红外光谱是一种重要的定性表征有机物化学基团的分析方法，被广泛应用于土壤有机物、有机废物及其堆肥产物等研究领域。DOM也可能是复杂的有机物体系，利用FT-IR分析DOM及其组分能够辨明组分中有机物具有的有机官能团结构，而组分所表现出来的物理化学特性就可能与这些官能团相关。

FT-IR能够定性或定量分析羧酸、苯酚、酰胺、酯类、饱和或不饱和烃等物质具有的功能基团，所以被广泛用于对腐殖酸的研究。Mecozzi等分析了沉积物中不同分子量分布的富里酸和腐殖酸中，碳水化合物、脂类和蛋白质的分布情况。Abduiia等定量分析了河口断面高分子量（$M_W$>1kDa）物质中主要有机物如碳水化合物、羧酸、脂肪族、芳香族化合物的变化情况。而且研究发现，不同年龄填埋场渗滤液DOM的FT-IR分析发现随着时间的增长，红外光谱的峰高发生了升高或降低的变化，轻微的峰位移则表明分子结构发生了变化。垃圾渗滤液DOM在厌氧降解过程中有机物质发生了变化，FT-IR分析发现组分中羧酸、芳香性酸的含量有所降低，醇和脂肪族化合物的含量则相应地有所上升。

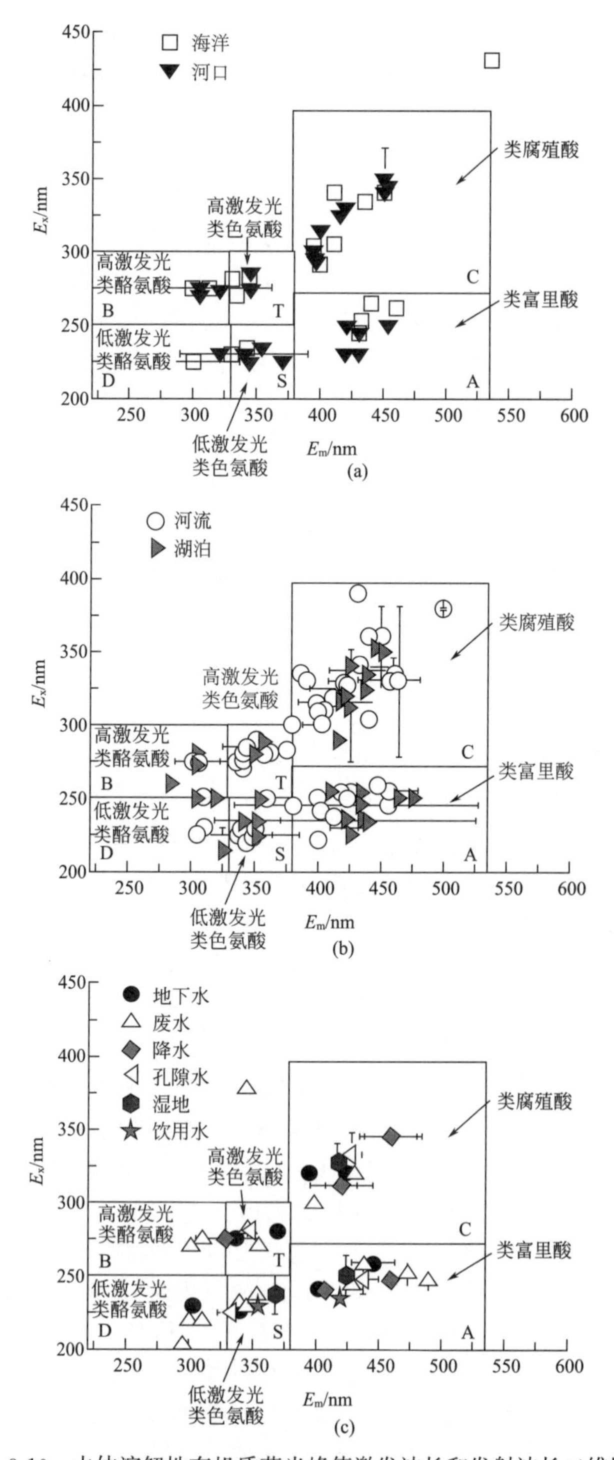


图 3-10 水体溶解性有机质荧光峰值激发波长和发射波长二维图

DOM 中有机物质所含有的功能基团决定了其具有的化学性质，如不饱和键的存在表明组分具有一定的氧化性，而苯环结构则说明组分的芳香性特性。FT-IR 分析有助于判断 DOM 的基团和结构信息，在 DOM 的光谱分析研究中具有无法替代的作用。

（1）红外光谱分析的原理

分子运动有平动、转动、振动和电子运动四种，其中后三种为量子运动。分子从较低的能级 $E_1$，吸收一个能量为 $h\nu$ 的光子，可以跃迁到较高的能级 $E_2$，整个运动过程满足能量守恒定律 $E_2-E_1=h\nu$。能级之间相差越小，分子所吸收的光的频率越低，波长越长。

红外吸收光谱是由分子振动和转动跃迁所引起的，组成化学键或官能团的原子处于不断振动（或转动）的状态，其振动频率与红外光的振动频率相当。所以，用红外光照射分子时，分子中的化学键或官能团可发生振动吸收，不同的化学键或官能团吸收频率不同，在红外光谱上将处于不同位置，从而可获得分子中含有何种化学键或官能团的信息。

红外光谱法实质上是一种根据分子内部原子间的相对振动和分子转动等信息来确定物质分子结构和鉴别化合物的分析方法。

分子的转动能级差比较小，所吸收的光频率低，波长很长，所以分子的纯转动能谱出现在远红外区（25～300μm）。振动能级差比转动能级差要大很多，分子振动能级跃迁所吸收的光频率要高一些，分子的纯振动能谱一般出现在中红外区（2.5～25μm）（注：分子的电子能级跃迁所吸收的光在可见以及紫外区，属于紫外-可见吸收光谱的范畴）。

值得注意的是，只有当振动时，分子的偶极矩发生变化时，该振动才具有红外活性（注：如果振动时，分子的极化率发生变化，则该振动具有拉曼活性）。

（2）分子的主要振动类型

在中红外区，分子中的基团主要有两种振动模式，伸缩振动和弯曲振动。伸缩振动指基团中的原子沿着价键方向来回运动（有对称和反对称两种），而弯曲振动指垂直于价键方向的运动（摇摆、扭曲、剪式等），如图 3-11 所示。

（3）红外光谱和红外谱图的分区

通常将红外光谱分为三个区域：近红外区（0.75～2.5μm）、中红外区（2.5～25μm）和远红外区（25～300μm）。一般说来，近红外光谱是由分子的倍频、合频产生的；中红外光谱属于分子的基频振动光谱；远红外光谱则属于分子的转动光谱和某些基团的振动光谱（注：由于绝大多数有机物和无机物的基频吸收带都出现在中红外区，因此中近红外光谱仪红外区是研究和应用最多的区域，积累的资料也最多，仪器技术最为成熟。通常所说的红外光谱即指中红外光谱）。

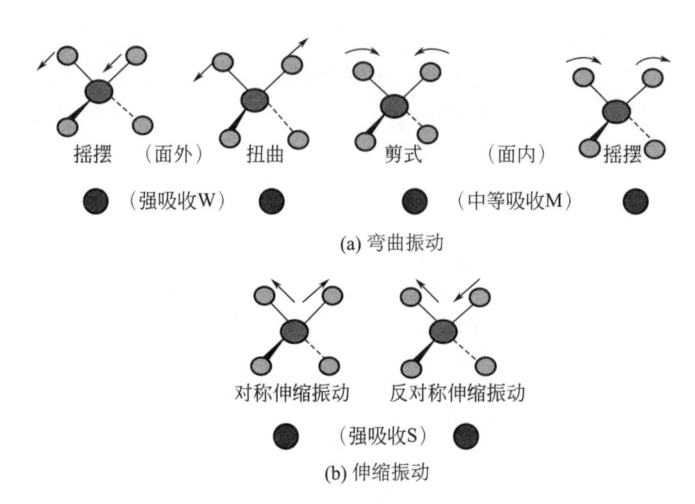


图 3-11 振动模式示意图

按吸收峰的来源，可以将中红外光谱图（2.5～25μm）大体上分为特征频率区（2.5～7.7μm，即 4000～1330$cm^{-1}$）以及指纹区（7.7～16.7μm，即 1330～400$cm^{-1}$）两个区域。其中特征频率区中的吸收峰基本是由基团的伸缩振动产生，数目不是很多，但具有很强的特征性，因此在基团鉴定工作上很有价值，主要用于鉴定官能团。如羰基，不论是在酮、酸、酯或酰胺等类化合物中，其伸缩振动总是在 5.9μm 左右出现一个强吸收峰，如谱图中 5.9μm 左右有一个强吸收峰，则大致可以断定分子中有羰基。

指纹区的情况不同，该区峰多而复杂，没有强的特征性，主要是由一些单键 C—O、C—N 和 C—X（X 表示卤素原子）等的伸缩振动及 C—H、O—H 等含氢基团的弯曲振动以及 C—C 骨架振动产生。当分子结构稍有不同时，该区的吸收就有细微的差异。这种情况就像每个人都有不同的指纹一样，因而称为指纹区。指纹区对于区别结构类似的化合物很有帮助。表 3-18 所示为一些特征基团的振动频率。

**表 3-18 特征基团振动频率**

| 波长/$cm^{-1}$ | 对应的官能团和化合物 |
| --- | --- |
| 3600～3300 | OH 伸缩振动 |
| 2965～2955 | $CH_3$ 反对称伸缩 |
| 2930～2920 | 烷烃 $CH_2$ 反对称伸缩 |
| 2860～2850 | 烷烃 $CH_2$ 对称伸缩 |
| 2600～2500 | 硫氢 S—H 伸缩 |
| 2500～1900 | C≡C 或 C≡N 伸缩振动，C═C═C，C═C═O 等累计双键不对称伸缩振动 |
| 1750～1700 | 醛、酮及羧酸 C═O 伸缩振动 |
| 1700～1640 | 酰胺基 C═O 伸缩振动；芳香酮、羧酸或者醌 C═O 伸缩振动 |
| 1690～1580 | 芳香 C═C 骨架振动；酰胺Ⅰ带 C═O 振动；醌 C═O 振动 |
| 1510～1390 | $NO_3^-$ 反对称伸缩 |
| 1365～1330 | 芳香族 $NO_2$ 对称收缩 |

#### 3.4.3.5 其他分析方法

污染物质的粒径分布是理解水质特征、评价技术可行性以及评估去除效率的重要参考，DOM 的分子量分布表征方法主要有连续超滤法和尺寸排阻色谱法。超滤膜多级联用表征 DOC 分子尺寸大小的研究表明，表观分子量分布特征受 pH、离子强度、超滤膜类型、膜压力、校准标准等因素的影响，而且两种方法都无法给出完整的分子量分布信息。

应用超滤膜法表征水库水体 DOM 的分子量分布表明，占 DOC 比例最高的是相对分子质量$<10^3$ 的有机物，其次为 $10^4\sim3\times10^4$ 之间的有机物，三卤甲烷主要前驱物为相对分子质量$<10^4$ 的有机物。Dule 等利用多级超滤膜过滤方法表征印染废水和生物污水的有机物粒径分布，考察粒径分布和 COD 组分之间的相关性，并以此作为预测废水可生化性高低的指标。

SEC 分析不同来源生活污水出水的结果显示，DOM 分子占据了一个较窄的尺寸区间，平均分子量范围为 380～830g/mol，来源不同 DOM 的尺寸分布无太大差异性。活性炭对水溶液中有机聚电解质（腐殖酸、马来酸、富里酸和 NOM 等）的吸附作用也可以用 SEC 进行分析。结果发现，低分子量物质被优先吸附，而且不同样品都具有类似的现象。

质谱法（MS）是一种先进的对化合物结构信息进行分析的方法，其原理是把分子电离或离解成各种不同的带电粒子，根据质荷比（质量电荷比）的大小进行质量分离、记录。化合物化学结构的鉴定首先是对其分子式的确定，而质谱分析方法能够提供分子量信息，并确定物质的分子式。通常将 MS 与其他分析方法结合，用以分析 DOM 的分子特征。FT-ICR MS（傅里叶变换离子回旋质谱）分析具有超高分辨率，而且可以和非破坏性离子源（如 ESI）联合使用，在检测离子化有机物方面具有突出的优势。Ye 等以 8 个连续搅拌式生物气反应器中的 DOM 为研究对象，调控温度、水力停留时间等运行参数，利用 ESI-FT-ICR-MS 分析手段考察不同反应器中 DOM 分子组成的变化情况。该方法还被用于考察 DOM 从陆生系统向海洋水体迁移过程中分子水平上的变化。

水处理过程中有机物质在各个工艺段的迁移转化特征，可以采用放射性同位素表征技术进行分析。Bird 等分析了用$^{13}C$ 和$^{14}C$ 同位素标记的 DOM 在水处理工艺中的变化规律，研究发现在处理过程中有新的有机碳源出现，根据放射性时间和稳定同位素分析结果推测有机碳主要是微生物代谢活动产生。

核磁共振波谱（NMR）分析能够提供化合物的分子结构信息，由于能够检测到被标记的原子核，从而可以判断 DOM 特定功能基团的分布。$^{13}C$ NMR 可以用于研究 DOM 组分中不同碳结构的化学分布，研究发现相比于陆生 DOM，海洋原生中 DOM 含有更高的碳水化合物、脂肪族物质以及更低的芳香类物质。利用$^{13}$C NMR技术Abdulla等分析了河流DOM向海洋迁移过程中化学组成的变化情况，结果发现杂多糖类组分增多，富羧基化合物比例降低，酰胺氨基糖组分基本保持不变。

### 3.4.4 实例分析——A/O工艺前废水水质分析（以神华煤直接液化示范工程废水为例）

（1）DOM组分分布部分

溶解性有机碳代表的是溶液中总有机碳的含量水平，分布显示出中碳源的分布情况，废水的六种分离组分含量占总含量的比例分布如图3-12所示。

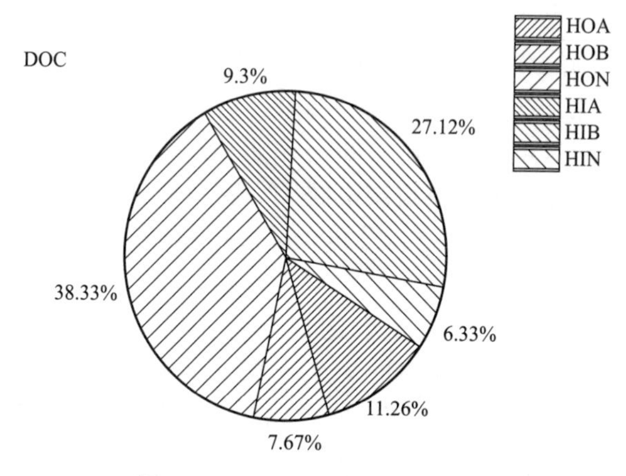


图3-12 DOM组分的DOC分布

从图中可以看出，DOM的主要组分是HON、HIB，占比分别为38.33%、27.12%，其他组分HOA、HIA、HOB、HIN的占比分别为11.26%、9.3%、7.67%、6.33%。本研究显示疏水性物质主要为中性有机组分HON，亲水性物质主要为碱性有机组分HIB，两者约占DOC总量的65.45%，说明经过前段的高级氧化处理及一级氧化后，大分子的腐殖酸类物质已大部分降解，不过仍存在HOA、HOB组分中的一些腐殖酸、富里酸类物质。

UV254是指单位比色皿光程下溶液在254nm波长处的吸光度，由于该值与TOC的相关性较好，因而是衡量溶液中有机物含量的重要指标。对于天然水体中溶解性有机物大部分为腐殖酸类物质的特点，UV254可以用来表征水体中腐殖化的程度。UV254能够反映的是腐殖质类大分子有机物以及C═C双键和C═O双键的芳香族化合物的含量。分离组分的UV254值占DOM总值的比例分布如图3-13所示。

UV254占比最多的是HON组分，其比例达到56.69%，其次是HOA组分，比例为30.28%，HOB、HIA、HIB、HIN分别占1.47%、1.02%、

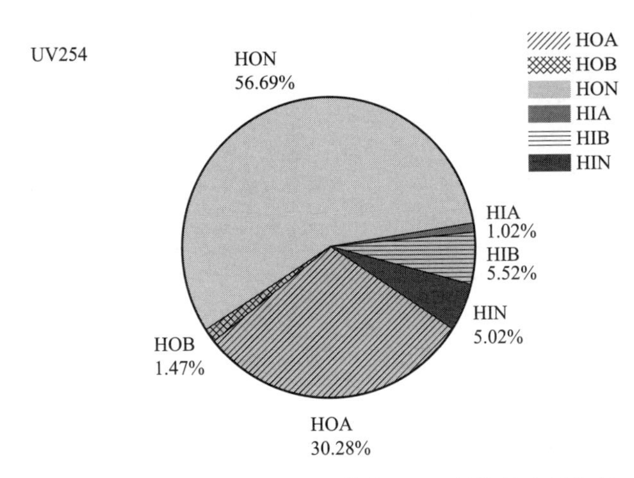


图 3-13　分离组分的 UV254 值占 DOM 总值的比例分布

5.52%、5.02%。这表明 DOM 中 HON 组分含有最高比例的不饱和双键类物质。UV254 的表征结果反映出水体中组分中不饱和双键类物质的含量高低，间接地指示出组分的可氧化性高低。对于高 UV254 值的水体或者废水，采取氧化法对其进行处理有利于去除水体中含有的此类不饱和物质。

(2) 紫外-可见光谱部分

紫外-可见光谱能够分析辨认水体中存在的特征有机物结构或发色团，进而表征溶解性有机物的特征。紫外-可见吸收光谱是从分子对紫外、可见光吸收的层面反映其特性，并可以通过吸收峰的识别和 UV 参数的分析揭示有机物分子结构方面的性质。溶液在 220～250nm 演示强烈吸收表明该组分存在共轭双键（共轭二烯烃、不饱和醛、不饱和酮）。紫外-可见光谱常用于表征污水中有机物的特性，在紫外光区不饱和有机物特别是具有环状共轭体系的有机物存在 E 吸收带和 B 吸收带。E 吸收带是芳香族化合物的特征吸收带，B 吸收带为精细结构吸收带，常用来辨认芳香族（包括杂环芳香族）化合物。单环的芳香族化合物如苯酚和苯胺等 E 吸收带最大吸收波长在 200～250nm，B 吸收带最大吸收波长在 275nm 左右，多环芳烃和杂环化合物的 E 吸收带的最大波长在 300～370nm，B 吸收带最大波长在 300～370nm 之间。

从图 3-14 中可以看出 7 个组分的样品在波长 $\lambda>450$nm 时吸光度趋近于零，其中 DOM、HON、HOA 都呈现出相似的形状，在波长在 220～250nm 之间有明显的吸收峰，根据紫外-可见光谱的判断准则可知，废水中含有大量的单环芳香族化合物，且吸收强度顺序依次为 HON>DOM>HOA，与有机物含量的分布是否表现出一致性。

根据紫外-可见光谱数据得出的光谱参数如表 3-19 所示。$E_{254}/E_{365}$ 是水样在波长为 254nm 和 365nm 处吸光度的比值，可以用来表征溶解性有机物的

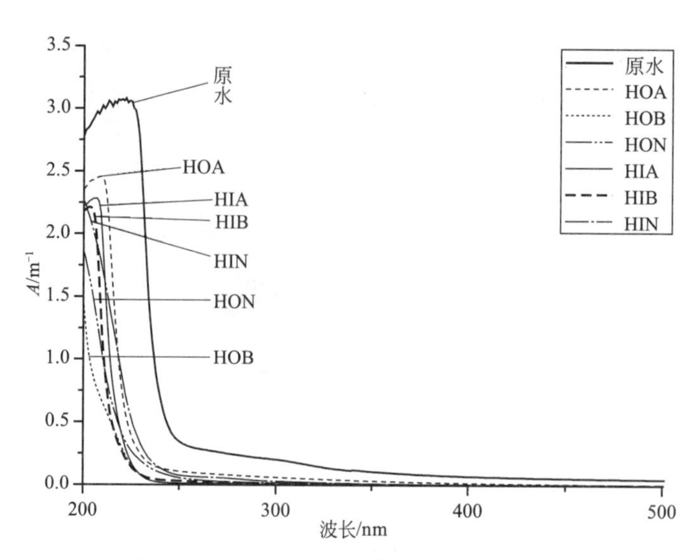


图 3-14 DOM各组分的紫外-可见吸收光谱

分子量。$E_{254}/E_{365}$ 越大，水样中小分子有机物的比例越高。由表可知，HON组分比值最大。可知其水样中小分子有机物的比例最高，其大小顺序依次为HON>HIN>HIB>HOA>HOB>HIA>DOM。

$E_{300}/E_{400}$ 可用于表征组分的腐殖化程度，比值越小，腐殖化程度越高，一般认为有机质腐殖化程度越高，组分中苯环结构含量就越多。HIN组分 $E_{300}/E_{400}$ 值为8.17808，其值最大，可知其腐殖化程度最低，可生物降解性最高，DOM组分 $E_{300}/E_{400}$ 值为0.29，其值最低，可知其腐殖化程度最高，可生物降解性最低，DOM组分最复杂，这和理论相符合。

**表 3-19 DOM各组分的紫外-可见光谱参数**

| 组分 | $E_{254}$ | $E_{365}$ | $E_{254}/E_{365}$ | $E_{300}$ | $E_{400}$ | $E_{300}/E_{400}$ | $S_{275\sim295}$ | $S_{350\sim400}$ | $S_R$ |
|---|---|---|---|---|---|---|---|---|---|
| 原水(DOM) | 0.46471 | 0.13068 | 3.556091 | 0.028664 | 0.09855 | 0.290857 | 0.00397 | 0.00105 | 3.780952 |
| HOA | 0.41053 | 0.03855 | 10.64929 | 0.11283 | 0.01956 | 5.768405 | 0.00282 | 0.00061 | 4.622951 |
| HOB | 0.01996 | 0.00327 | 6.103976 | 0.00754 | 0.00266 | 2.834586 | 0.00025 | 0.00022 | 1.136364 |
| HON | 0.76867 | 0.01779 | 43.20798 | 0.05624 | 0.01233 | 4.561233 | 0.00343 | 0.00018 | 19.05556 |
| HIA | 0.01378 | 0.00271 | 5.084871 | 0.00585 | 0.00268 | 2.182836 | 0.00018 | 0.000001 | 180 |
| HIB | 0.0749 | 0.00688 | 10.88663 | 0.0239 | 0.00472 | 5.063559 | 0.00082 | 0.00007 | 11.71429 |
| HIN | 0.0681 | 0.00516 | 13.19767 | 0.02113 | 0.00314 | 6.729299 | 0.00165 | 0.00007 | 23.57143 |

$E_{465}/E_{665}$ 能够表征苯环C骨架的聚合程度，比值越小，聚合度越大。Chen等研究发现 $E_{465}/E_{665}$ 与有机物分子大小有关，分子量降低时，$E_{445}/E_{665}$ 往往会增高。光谱斜率 $S$ 可以半定量地表示富里酸和腐殖酸比值，与富里酸的分子量有很强的相关性。光谱斜率陡峭表明低分子量的材料和较低的芳香性物质，光谱斜率浅表明更高

分子量的腐殖质和较高的芳香性物质。$S_{275\sim295}$ 是水体在波长 275～295nm、这段波形的斜率，$S_{350\sim400}$ 是水体在波长 350～400nm 这段波形的斜率。光谱斜率比值 $S_R$ 则是 $S_{275\sim295}$ 和 $S_{350\sim400}$ 的比值。Helms 等研究发现 $S_R$ 值与溶解性有机物的分子量大小有一定的关系。其中数值低说明高分子量、芳香性强及维管束植物类有机质的输入。由表 3-19 可知，DOM、HOA、HOB 组分 $S_R$ 都比较低，其中 HOB 组分的 $S_R$ 值最低，可得出其中含有高分子量、芳香性强有机质的输入。而 HIA 组分 $S_R$ 值最高，可知其组分中多为低分子量、芳香性较弱的物质。

（3）三维荧光光谱分析

本研究对焦化废水及分离出的四种极性不同的有机物进行 3D EEMs 扫描，EEM 参数设置：激发波长 $E_x$ 为 200～450nm，发射波长 $E_m$ 为 280～550nm，扫描步长分别为 5nm 和 2nm，激发和发射狭缝宽度为 5nm，PMT 设为 400V，响应时间为自动方式，扫描光谱自动校正，扫描速度 1200nm/min，扫描间隔 5nm。此外，通过扣除蒸馏水的荧光光谱来排除拉曼散射，通过将 $E_m \leqslant E_x+5\text{nm}$ 和 $E_m \geqslant E_x+300\text{nm}$ 两个三角区域的数据置零的方法来消除瑞利散射的干扰。各水样的 3D EEMs 如图 3-15 所示。

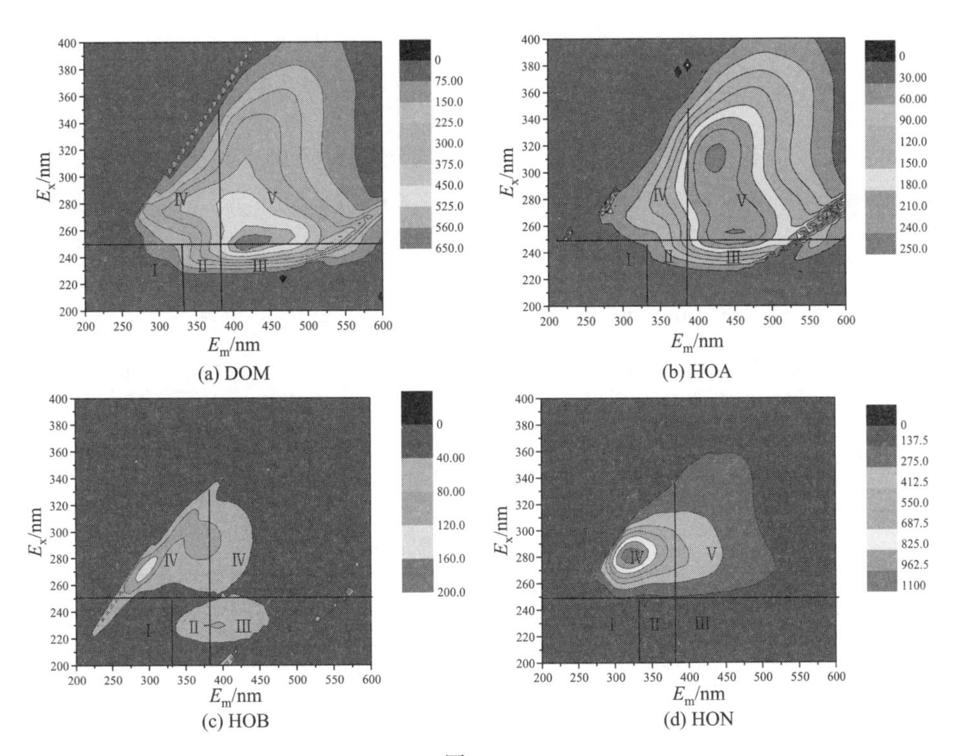


图 3-15

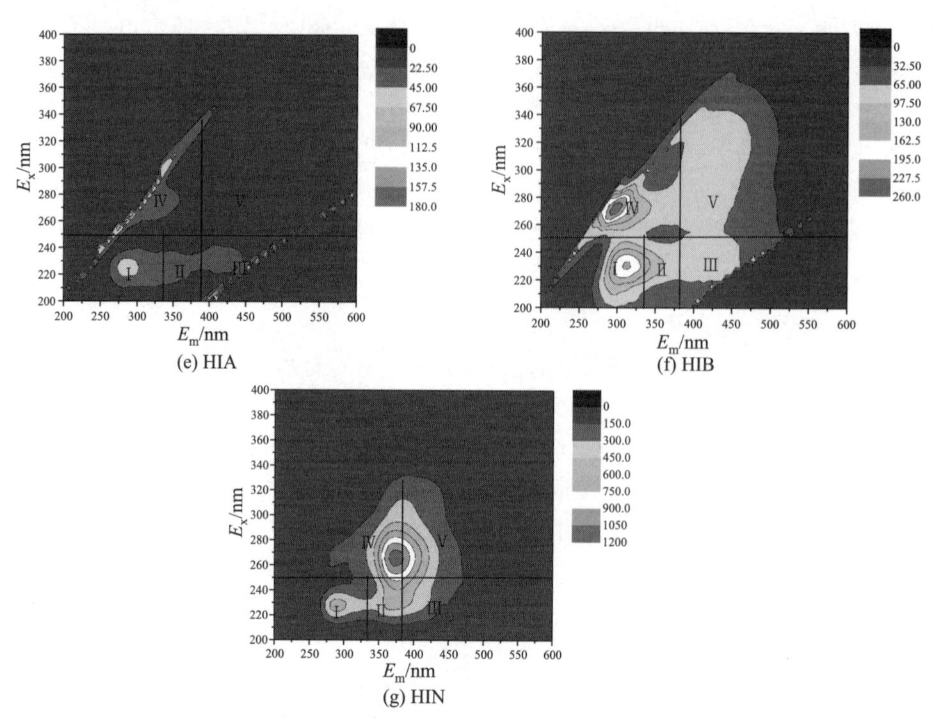


图 3-15 A/O 工段前废水各组分三维荧光图

根据 Coble 提出的“寻峰法”来识别荧光光谱。可以看出 A/O 工段前废水有九个荧光峰，分别为原水峰 A—富里酸类（$\lambda E_x/E_m$=250/395，荧光相对强度 593.7）、HOA 峰 B—腐殖酸类（286/420，荧光相对强度 227.5）、HOB 峰 C—类微生物副产物（270/300，荧光相对强度 152.9）、HON 峰 D—类微生物副产物（280/320，荧光相对强度 1031）、HIA 峰 E—芳香类蛋白质Ⅰ（225/290，荧光相对强度 59.89）、HIB 峰 F—类微生物副产物（265/360，荧光相对强度 1117）和峰 G—芳香类蛋白质Ⅰ（227/295，荧光相对强度 526.2）、HIN 峰 H—类微生物副产物（270/300，荧光相对强度 254.4）和峰 I—芳香类蛋白质Ⅰ（230/312，荧光相对强度 201.2），具体参数及分析指标见表 3-20。

**表 3-20 各组分三维荧光分析指标**

| 组分 | 峰 | $E_x/E_m$ | 荧光相对强度 | 区 域 |
|---|---|---|---|---|
| 原水 | A | 250/395 | 593.7 | 富里酸类（疏水性酸、腐殖酸类、富里酸） |
| HOA | B | 286/420 | 227.5 | 腐殖酸类（疏水性酸、腐殖酸类） |
| HOB | C | 270/300 | 152.9 | 类微生物副产物（酪氨酸类蛋白质） |
| HON | D | 280/320 | 1031 | 类微生物副产物（含色氨酸蛋白质类） |
| HIA | E | 225/290 | 59.89 | 芳香类蛋白质Ⅰ（酪氨酸） |

续表

| 组分 | 峰 | $E_x/E_m$ | 荧光相对强度 | 区域 |
|---|---|---|---|---|
| HIB | F | 265/360 | 1117 | 类微生物副产物(溶解性微生物产生物) |
| | G | 227/295 | 526.2 | 芳香类蛋白质Ⅰ(酪氨酸) |
| HIN | H | 270/300 | 254.4 | 类微生物副产物(色氨酸类蛋白质) |
| | I | 230/312 | 201.2 | 芳香类蛋白质Ⅰ(酪氨酸) |

由图表分析可得，在这9个不同强度的荧光峰中，其中峰F的强度最高，为1117，说明煤直接液化A/O工段前废水中类微生物副产物的含量更高，其中溶解性微生物产生物及色氨酸类蛋白质都有很高的含量，因为此废水为一级生化出水，二级生化进水，经一级生化微生物反应后，此类物质会有大量的提高。从总体来看类蛋白质的荧光强度明显高于类腐殖质，说明在前面的高级氧化预处理工艺很好地处理了难降解的大分子溶解性有机污染物，降低了生化处理的负荷压力。另外在六种亲疏水性不同的组分中，HIB的整体荧光强度最高，它是此工段废水的主要贡献者，说明其有较高的氨基、醚基、羟基等官能团物质含量。荧光强度较高的是HON，荧光强度最低的是HIA，说明此废水中亲水性酸性物质中荧光团数量最少。

(4) 傅里叶变换红外光谱分析

组分的化学性质主要是由有机基团所表达的，傅里叶变换红外（FT-IR）光谱能够表征特征分子基团及其结构信息，组分的光谱如图3-16所示。组分有多个特征吸收峰，结合文献和扫描光谱的结果，列出对应官能团和化合物如表3-21所示。

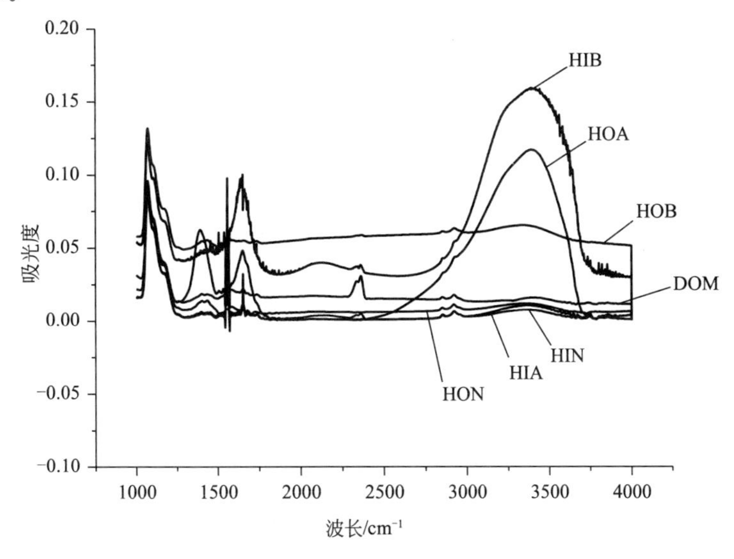


图3-16 DOM各主要组分的红外光谱

表 3-21 DOM及组分特征峰对应的官能团

| 特征基团 | 频率/$cm^{-1}$ | 特征基团 | 频率/$cm^{-1}$ |
|---|---|---|---|
| OH伸缩 | 3800～3300 | $NH_4^+$ 不对称变角 | 约1430 |
| 液体 $H_2O$ 对称,反对称伸缩 | 约3400 | $CO_3^{2-}$ 反对称伸缩 | 约1430 |
| $NH_2$ 反对称伸缩 | 3400～3300 | $COO^-$ 对称伸缩 | 约1410 |
| $NH_2$ 对称伸缩 | 3400～3200 | $CH_3$ 对称变角 | 约1375 |
| 炔类≡C—H伸缩 | 约3300 | $NO_2$ 对称收缩 | 约1350 |
| $CH_3$ 反对称伸缩 | 约2960 | $NO_3^-$ 反对称伸缩 | 约1350 |
| $CH_2$ 反对称伸缩 | 约2925 | $CH_2$ 扭曲振动 | 约1300 |
| $CH_3$ 对称伸缩 | 约2875 | $CH_2$ 面外摇摆 | 约1250 |
| $CH_2$ 对称伸缩 | 约2855 | P═O伸缩 | 约1250 |
| ═CH伸缩 | 3100～3000 | C—N伸缩 | 约1250 |
| SH伸缩 | 约2550 | S═O伸缩 | 约1250 |
| $CO_2$ 反对称伸缩 | 2380～2300 | C—O—C(酯)反对称伸缩 | 约1200 |
| C≡N伸缩 | 约2200 | C—O—C(酯)对称伸缩 | 约1100 |
| C═O伸缩(酯,醛,酮,酸等) | 1760～1650 | C—O—C(醚)反对称伸缩 | 约1100 |
| $H_2O$ 变角振动 | 1645 | $SO_4^{2-}$ 反对称伸缩 | 约1100 |
| $NH_2$ 变角振动 | 约1630 | $SiO_3^{2-}$ 反对称伸缩 | 约1100 |
| $NH_3^+$ 不对称变角 | 1650～1600 | $PO_4^{3-}$ 反对称伸缩 | 1100～1050 |
| C═C伸缩 | 1640～1630 | C—O伸缩 | 1100～1000 |
| $COO^-$ 反对称伸缩 | 1600～1550 | P—O—C不对称伸缩 | 1060 |
| $NO_2$ 不对称伸缩 | 1550～1500 | $NO_3^-$ 对称伸缩 | 1050 |
| $NH_3^+$ 对称变角 | 约1500 | COH(羧酸)面外弯曲 | 约930 |
| $CH_2$ 变角振动 | 约1465 | $CH_2$ 面内摇摆 | 730～720 |
| $CH_2$ 不对称变角 | 约1450 | $CO_2^-$ 剪式振动 | 685 |
| COH面内弯曲 | 约1430 | $CO_2^-$ 面外摇摆 | 约550 |

由图表可得，将DOM分离成不同组分后，组分的特征吸收峰发生了变化，这是由于DOM中亲疏水性不同的组分得到了分离的结果。DOM及其各组分有三处共同的吸收峰。3600～3300$cm^{-1}$ 是COOH、醇和苯酚中OH的伸缩振动吸收峰；1690～1580$cm^{-1}$ 是芳香C═C骨架振动、酰胺Ⅰ带C═O振动及醌C═O振动吸收峰；1510～1390$cm^{-1}$ 是芳香族 $NO_3^-$ 反对称伸缩，且吸收峰强度依次为HIB＞HOA＞HOB＞DOM＞HON＞HIA＞HIN，这与上述TOC和三维荧光光谱的结果是吻合的。以上结果表明组分中存在具有不饱和结构的双键类和芳香类化合物，这与GS-MS检测出的酚类等芳香性有机物相吻合，而基团含量在不同组分中有所不同，组分分布及紫外-可见光谱的差异性也说明了这一点。

在DOM的光谱数据中，在2363$cm^{-1}$ 和1587$cm^{-1}$ 处各存在一吸收峰，为C═N伸缩振动峰和 $COO^-$ 反对称伸缩峰，说明在原水中仍存在含氰基和羧基的物质。在1350$cm^{-1}$ 和1550～1500$cm^{-1}$ 处HOA、HOB和HON组分中都存在吸收峰，为 $NO_2$ 反对称伸缩和不对称伸缩峰，说明其组分中含有硝基的物质，这与下面 GC-MS 的检测结果相符合。在 1000～1250$cm^{-1}$ 处 HOB、HIA 和 HIN 组分中存在吸收峰，为酯、醇、醚反对称及对称伸缩峰，这与下面 GC-MS 测量结果中这些组分中存在此类物质相符合。

（5）GC-MS 分析

A/O 工艺前废水 DOM 各组分的 GC-MS 图谱如图 3-17 所示。

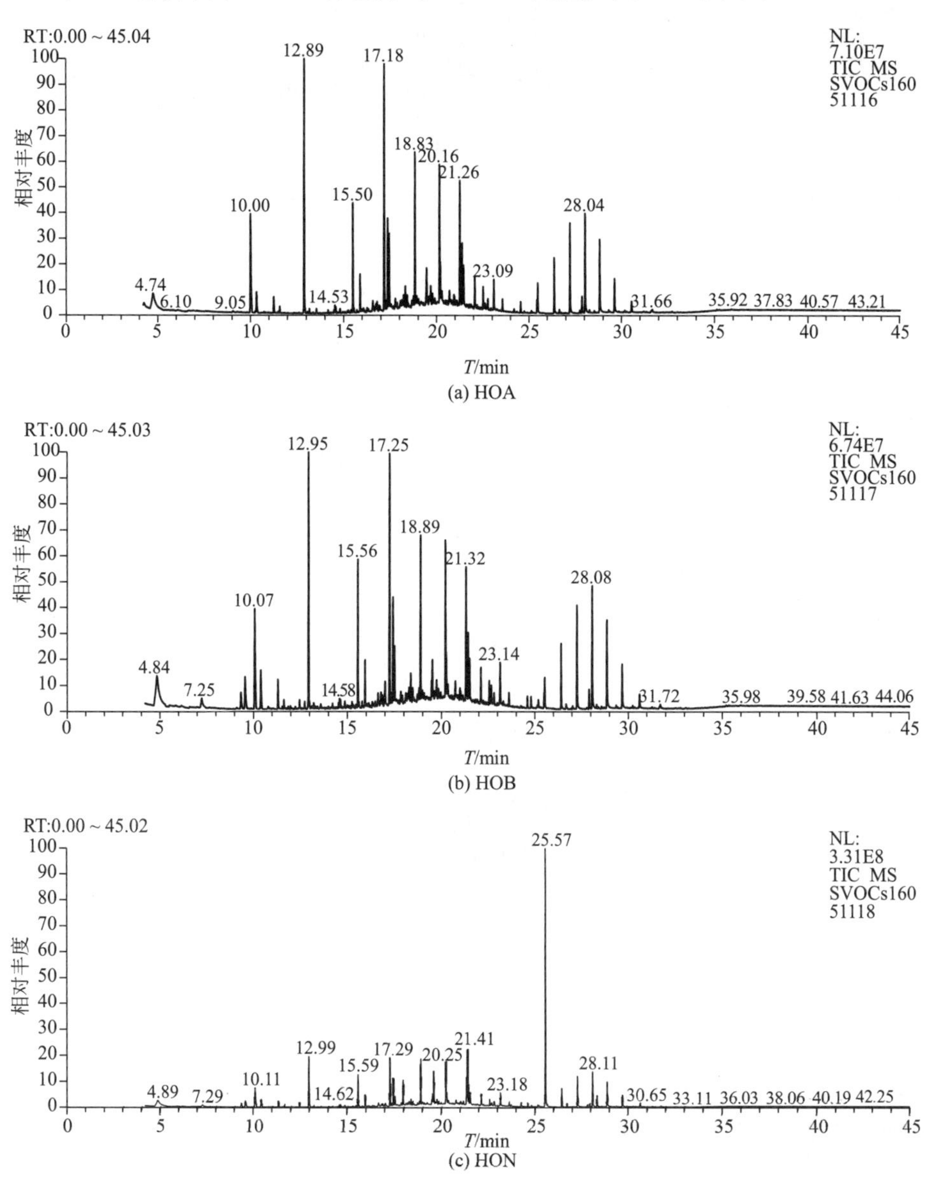


图 3-17

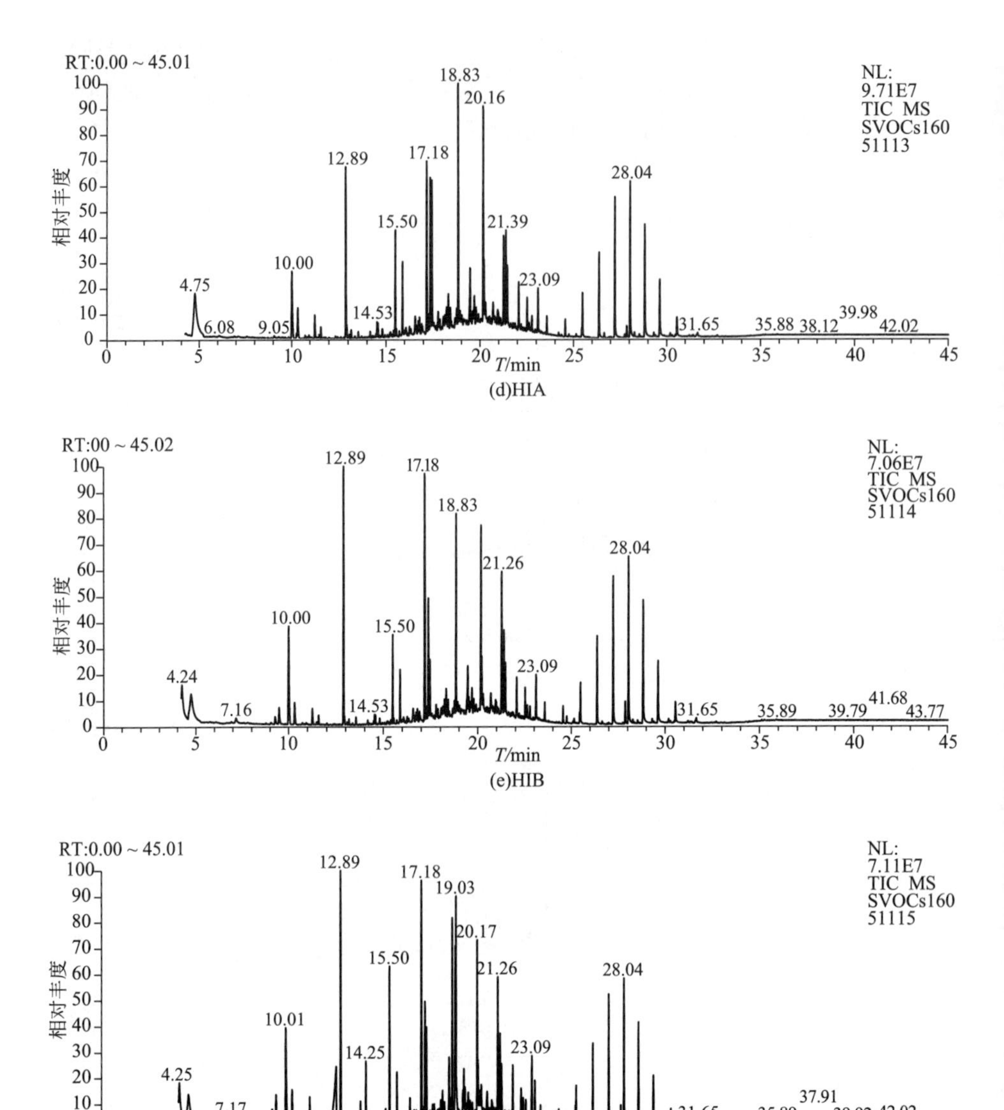


图 3-17 废水 DOM 各组分的 GC-MS 图谱

根据谱库，对色谱峰进行有机物定性分析，各组分的有机物如表 3-22 所示。HIB 中有机物的种类较少，主要是苯酚、苯胺、吡啶、苯并芘等物质，因为这几种物质都是微溶于水，在 HIB 中能够与水分子形成氢键而存在，但是 HIB 的 DOC 占废水中的 27.12%，说明 HIB 中还有大量未被二氯甲烷萃取的溶解性有机物存在。其中，HOA 含各种酚类，其中以各种甲基、硝基取代酚为主，由于原煤中还有大量的酚羟基官能团，在煤制油的过程中这些官能团可以直接进入形成酚类物质，此外 HOA 还含有部分多环芳烃及邻苯二甲酸类物质。其中 HIA 和 HIN 的有机物组分较为复杂。在这几种组分中，共同的物质及最高含量大体为苯并蒽 62μg/L、二苯并蒽 36.7μg/L、茚并芘 16.4μg/L、邻苯二甲酸二（2-乙基己基）酯 2.768μg/L、3-甲基胆蒽 2.759μg/L，此几种物质为其该种废水的特征污染物，可见仍含有部分难降解的多环芳烃等有机大分子物质。

**表 3-22 废水各组分有机物构成**

| 组分 | 有机物组成 |
| --- | --- |
| HOA | 2,4-二甲苯酚、2-氯酚、2-甲基苯酚、3&4-甲基苯酚、3,3-二氯联苯胺、*N*-硝基甲基乙胺、二苯并(*a*,*h*)蒽、六氯丁二烯、六氯丙烯、吡啶、异佛乐酮、正 & 反-异黄樟素、苯并(*g*,*h*,*i*)苝、茚并(1,2,3-*cd*)芘、邻苯二甲酸丁苄酯 |
| HOB | 1,3,5-三硝基苯、2,4-二甲苯酚、2,6-二氯酚、2-氯萘、2-硝基苯胺、*N*-亚硝基二正丁胺、*N*-亚硝基吡咯烷、二(2-氯异丙基)醚、二苯并(*a*,*h*)蒽、五氯硝基苯、邻苯二甲酸二(2-乙基己基)酯、异佛乐酮、美沙吡林、苯并(*g*,*h*,*i*)苝、茚并(1,2,3-*cd*)芘、邻苯二甲酸丁苄酯、黄樟素 |
| HON | 1,3,5-三硝基苯、2,4-二甲苯酚、2-甲基苯酚、4-氯-3-甲酚、4-氯二苯基醚、*N*-硝基甲基乙胺、二(2-氯乙氧基)甲烷、二苯并(*a*,*h*)蒽、偶氮苯、六氯丙烯、邻苯二甲酸二(2-乙基己基)酯、异佛乐酮、正 & 反-异黄樟素、芘、苯并(*g*,*h*,*i*)苝、苯甲醇、苯酚、茚并(1,2,3-*cd*)芘、菲、邻苯二甲酸丁苄酯、邻苯二甲酸二丁酯、邻苯二甲酸二乙酯 |
| HIA | 1,2,4,5-四氯苯、1,2-二氯苯、1,4-二氯苯、2,4,5-三氯酚、2,4,6-三氯酚、2,4-二硝基甲苯、2,6-二硝基甲苯、2-氯萘、2-甲基吡啶、2-甲基萘、2-硝基苯胺、3&4-甲基苯酚、3-甲基胆蒽、4-氨基联苯、4-氯-3-甲酚、4-氯二苯基醚、*N*-亚硝基二乙胺、*N*-亚硝基二正丁胺、*N*-亚硝基吗啉、*N*-硝基甲基乙胺、二(2-氯乙氧基)甲烷、二苯并(*a*,*h*)蒽、二苯并呋喃、二苯胺 &*N*-亚硝基二苯胺、五氯苯、偶氮苯、六氯丁二烯、六氯丙烯、六氯乙烷、六氯苯、邻苯二甲酸二(2-乙基己基)酯、吡啶、咔唑、异佛乐酮、正 & 反-异黄樟素、甲磺酸乙酯、甲磺酸甲酯、硝基苯、芘、芴、苊、苊烯、苯乙酮、苯并(*g*,*h*,*i*)苝、苯甲醇、苯胺、苯酚、荧蒽、菲、萘、蒽、邻苯二甲酸丁苄酯、邻苯二甲酸二丁酯、邻苯二甲酸二乙酯、邻苯二甲酸二甲酯、黄樟素 |
| HIB | 1,2,4-三氯苯、2-甲基苯酚、3&4-甲基苯酚、3-甲基胆蒽、二(2-氯乙氧基)甲烷、二苯并(*a*,*h*)蒽、吡啶、异佛乐酮、苯并(*g*,*h*,*i*)苝、苯甲醇、苯胺、苯酚 |
| HIN | 1,2,4,5-四氯苯、2,4-二氯酚、2,6-二硝基甲苯、2-氯酚、2-甲基苯酚、3&4-甲基苯酚、3-甲基胆蒽、4-氯-3-甲酚、*N*-亚硝基二正丁胺、*N*-亚硝基吗啉、*N*-亚硝基吡咯烷、*N*-硝基甲基乙胺、二(2-氯乙氧基)甲烷、二苯并(*a*,*h*)蒽、五氯硝基苯、偶氮苯、六氯丙烯、六氯乙烷、邻苯二甲酸二(2-乙基己基)酯、吡啶、咔唑、对二甲基偶氮苯、异佛乐酮、正 & 反-异黄樟素、甲磺酸甲酯、硝基苯、苯乙酮、苯并(*g*,*h*,*i*)苝、苯甲醇、苯胺、苯酚、茚并(1,2,3-*cd*)芘、邻甲苯胺、邻苯二甲酸二丁酯、邻苯二甲酸二乙酯、邻苯二甲酸二甲酯、非那西汀 |

# 第4章 煤制油废水处理技术

## 4.1 煤制油废水处理原则

结合神华煤制油工程排水水质情况和工程所在地的水资源状况，为有效地利用水资源和减少排污，工程排水治理拟遵循以下原则：

① “清污分流”、“污污分治”、“一水多用”，以提高水的重复利用率；

② 在加强“末端治理”的同时，重视清洁生产；

③ 保护环境、减小污染、节约用水、降低水耗，污水处理后尽量回用，以实现废水“零”排放。

根据污水排水的水质差异，神华煤制油工程污水处理厂共包括四个污水处理系统，即低浓度含油污水处理系统、高浓度污水处理系统、含盐污水处理系统和催化剂污水处理系统，各系统具体的废水处理措施分述如下。

## 4.2 煤制油常用废水处理技术

### 4.2.1 物理化学预处理工艺

煤化工废水的预处理至关重要，其水质复杂，具有高浓度难降解的特性，因此要根据不同的水质进行针对性的预处理。使处理后的水质满足后续处理的要求，预处理常用的方法有：酸化法、气浮法、混凝沉淀法、MAP 化学沉淀法、溶剂萃取法等。

(1) 酸化法

因为煤化工废水中一般含有的表面活性剂和油类污染物都很多，而这些活性剂和油类物质形成的乳化液特别稳定，需要打破其稳定性，才有助于煤化工废水的后续处理比较容易进行。对煤化工废水预处理采用酸化法，对破坏这种稳定性起到了很好的促进作用，利用酸性条件的介质破坏具有稳定性的乳化液，使废水破乳除油的同时也可达到降低 COD 的目的。

（2）气浮法

气浮法在煤化工废水预处理中的作用是将其中油类和其他污染物质随气体携带而出，可以达到将油类回收利用并且降解污染物的目的，而且可以对后续的处理起到预曝气的作用。其原理是以空气为载体，将空气通入废水中，而形成微小气泡，使废水中的悬浮颗粒物或油滴黏附在其上，变成水-气-颗粒三相混合体系，该体系上浮至水面形成浮渣，从而使污染物从废水中除去。因为浮渣的含水率较低易于运输，所以该方法对悬浮物的去除率较高，但其对 COD 的去除效果不佳，而且易引发严重的气泡问题，故通常与其他方法联合使用。

（3）MAP 化学沉淀法

煤化工废水中含有高浓度的氨氮，MAP 化学沉淀法能将氨氮针对性地去除。其原理是向废水中加入 $HPO_4^{2-}$ 和特定的金属离子，它们与高浓度氨氮结合生成沉淀物，过滤将其去除。现在研究最多的是向氨氮中加入 $MgCl_2$ 和 $NaHPO_4^{2-}$，可以与 $NH_4^+$ 发生反应生成 $Mg\ NH_4PO_4 \cdot 6H_2O$ 沉淀。

（4）溶剂萃取法

溶剂萃取法是利用煤化工废水中不同有机物在废水中的溶解性不同而将其去除的方法，是目前实验室和工厂回收有机物常用的工艺，由于废水中的这些有机物在某些有机溶剂中的溶解度大于它们在水中的溶解度，因此煤化工废水在溶剂中充分接触和混合时，废水中相应的有机物就会被萃取转移到溶剂中，从而减少废水中有机物的量，煤化工废水中酚浓度较高，一般利用溶剂萃取法脱除废水中的酚类。

### 4.2.2　物理化学工艺

（1）混凝法

混凝是污水处理中普遍应用且效果显著的处理技术，可用于多种废水的预处理、中间处理、深度处理以及污泥处理。常用的混凝剂有氯化铝、聚合氯化铝（PAC）、聚合氯化铝铁和聚合硫酸铁等，此外，实际应用中多加以助凝剂如聚丙烯酰胺（PAM）等作为辅助。混凝处理法的处理步骤为：根据废水的水质与水量，选用作用机理与废水相适应的一定数量的混凝剂投入废水中，采用机械搅拌或水力作用使之与废水混合均匀并充分反应，从而通过混凝剂的絮凝作用使待处理水样中的胶体物质和轻细悬浮颗粒等污染物凝集为颗粒较大、易于沉淀的絮状体，经后续的沉淀工艺将沉淀下来絮凝体加以去除，从而达到净化水质的目的。混凝法的内部反应机理比较复杂，尚无具体的结论。一般认为混凝剂通过压缩胶体的双电层、吸附架桥、电中和加上网捕卷扫等功能综合作用，产生絮凝体。在焦化废水的科研与工程中，混凝法可以用作废水治理的辅助技术措施。

（2）吹脱法

所谓吹脱，就是某种有毒有害气体存在于溶液中的含量高于气液平衡体系浓度时，则向该溶液中通入空气，推动平衡体系向气体方向移动，达到脱除目标。吹脱原理实质为物质传递，以待去除气体在平衡体系中的浓度差为驱动使传递力量。吹脱设备的种类很多，其中应用最为广泛的是塔式吹脱装置。该装置塔内装有填料的为填料吹脱塔，塔内装筛板的为筛板吹脱塔。

### 4.2.3 生物处理工艺

（1）厌氧水解酸化

厌氧水解酸化法可以看做是好氧工艺与厌氧工艺的中间形式，其反应原理是借助于反应体系中微生物特殊的生存活动使具有复杂结构的难降解的有机物经微生物体内产生的酶的作用发生开环和断链，从而使废水长链杂环的有机污染物降解为易降解物质。废水中长链化合物或多环芳烃之所以能够开环或者断链是由于厌氧微生物体内能够产生丰富多样的、容易催化的开环酶体系，从而使废水易于降解。有学者研究表明，废水中大分子难降解有机物可以在厌氧水解酸化菌的作用下被分解成分子量较小的有机物，废水中有毒物质可以得到部分降解，同时废水水质也被调节均匀。试验研究的神华煤化工废水中同时存在较多的易降解有机物，可以为水解酸化菌提供其生长代谢所必需的 C、N、P 等营养，从而给厌氧微生物提供了良好的共基质营养条件。煤化工废水经上述工艺调节水质后，废水中剩余污染物的可生化性可以得到显著提升，从而为后续采用好氧工艺进一步处理奠定良好的基础。

（2）两相厌氧生物处理工艺

在经典的厌氧废水处理系统中，微生物进行有机物厌氧代谢的全过程通常由位于同一处理隔室的产酸细菌和产甲烷细菌来完成。但产酸细菌与产甲烷细菌之间的生物特性区别明显，且最适宜的生存条件各不相同，同一反应隔室不能使两种微生物同时处于最适宜的代谢环境条件，从而对系统的处理效率产生明显的影响。1971 年，Ghosh 等对厌氧微生物进行研究，并依据其代谢原理和种群观点得出了两相厌氧消化的观点，即为保证产酸菌和产甲烷菌同时拥有最大的处理活性，将二者依次放入两个相连的反应器内并为其营造适宜的条件，从而使这二者都能处于最佳处理效率状态，微生物处理效率的提高可以提高整个反应器的处理效率，保持系统运行稳定性的同时能一定程度提高容积负荷率。产酸相与产甲烷相分别处于不同的处理单元能够使相应的微生物处理目标单一，提升效率，产酸相的目的是改善待处理废水中有机物的可生化性能，为后续处理供应合适的中间代谢产物和生长环境，从而方便产甲烷相对大部分有机物的去除。

（3）活性污泥法

20世纪60～70年代，煤化工废水处理领域开始采用生物处理技术，首先采用的是传统活性污泥法。它对COD、$SCN^-$和挥发酚的去除效果较好，而氨氮和有机氮的去除率与系统水力停留时间（HRT）关系密切。有实验表明，SBF废水经过33%稀释预处理后，在活性污泥工艺下，当水力停留时间为15h，氨氮去除率可达90%，有机氮的去除率可达51%，证明提高水力停留时间可以使活性污泥工艺具有硝化功能，而且有利于降解杂环化合物。Gallagher和Mayer对煤制气废水进行中试试验，采用活性污泥法处理，300d的运行结果表明活性污泥法对有机污染物处理效果良好，而水中硝化细菌降解能力弱，完全去除废水中的氰化物、硫氰酸盐和氨需要延长HRT。何苗等采用完全混合曝气池处理焦化废水，控制HRT=48h，MLSS=3200mg/L，几种难降解有机物的去除率为：吲哚46.0%，吡啶38.4%，喹啉77.8%，联苯49.5%。由于传统工艺污泥浓度低，Janeczek和Lamb通过投加粉末活性炭研究煤制气废水的处理效果，结果表明粉末活性炭的投加提高了污泥浓度，从而增强对废水中COD、色度的去除。

（4）厌氧-缺氧-好氧活性污泥法（$A^2/O$法）

$A^2/O$工艺是在缺氧-好氧工艺的基础上经过改进而产生的。厌氧酸化使得长链杂环有机物分解为易降解有机物，提升了废水的可生化性，所产生的小分子有机物又作为后续工艺的营养源。李捍东等利用投加菌种法和$A^2/O$法的复合，对河北省某煤化工厂生产车间焦化废水进行深入探索。试验具体操作为：借助于GC-MS检测，从试验选用的待处理废水中挑选出成分较多的不易降解的污染物质，而后采用生物方法驯化并挑选优势菌种，并将获得的优势菌种应用于好氧工艺段，对处理效果测定并分析。研究结果表明，整套煤化工废水处理工艺处理稳定性较好，抗冲击负荷能力较强，对未焦化废水$COD_{Cr}$平均去除率可达94%以上，对氨氮的去除效率能够达到85%左右。

（5）缺氧-好氧接触氧化法

缺氧-好氧接触氧化法的前一阶段即系统中废水氧含量控制在0.5mg/L以下的工作原理是借助于兼性微生物对废水中的有机物加以应用并使之成为氢的供

体，使废水中的硝酸盐氮及亚硝酸氮还原生成气态氮的形式排入空气中，同时微生物代谢反应中的产酸作用促进一些复杂的分子量大的化合物向分子量小的有机物转化。后一阶段即好氧阶段，系统中溶解氧范围控制在 2～4mg/L，好氧微生物能够进一步降解废水中有机物，以此完成降低氨氮、磷含量的目标，对水质起关键作用。

（6）SBR 工艺

SBR 法是序列间歇式活性污泥法（sequencing batch reactor activated sludge process）的简称，通过周期性间歇运行的交替方式而完成各阶段的生化反应，集生物降解、均质、脱氮除磷、沉淀等功能于一体，形成无污泥回流系统。其组成简单、高效，流程短，耐冲击负荷，并且反应器中微生物群落结构多样化。典型的 SBR 工艺包括进水期、反应期、沉淀期、排放期和闲置期五个过程，通过时间分割操作，使生物反应器不断进行好氧环境和厌氧环境的交替变化，在反应器中形成多种类的微生物菌群，从而能够处理高浓度的有机废水和拥有较强的抗冲击能力。由于 SBR 工艺拥有种种的技术优势，逐渐受到煤化工废水处理领域专家和学者的青睐，并推广到实际工程运用当中。

（7）厌氧工艺

煤化工废水中含有以吡啶、吲哚、喹啉、联苯等为代表的难降解有机物，以及氨氮、酚类和氰等对微生物有毒的物质，这些物质难以生物降解或者不能生物降解。厌氧工艺具有剩余污泥少、动力消耗少、容积负荷率高、投资成本小和改善废水可生化性等优点得到广泛的应用。研究表明，用颗粒活性炭-厌氧流化床、颗粒活性炭-厌氧膨胀床等组合工艺对 COD 的去除率达 90%。

（8）好氧生物膜法

好氧生物膜法和活性污泥法同属于好氧生物处理技术，通过微生物依附特殊载体调料生长繁殖，经过筛选形成特定种群和一定厚度的生物膜层。由于载体上附着的微生物种类繁多，其微生物浓度可以达到传统活性法中微生物浓度几倍，因此降解能力强，该生态系统具有复杂、高效的特点。常见的传统好氧生物膜法包括生物接触氧化法、曝气生物滤池和生物转盘等。

### 4.2.4 深度处理工艺

煤化工废水含有大量的不能作为系统营养物质的成分，因此，采用生物处理一般不易达到排放标准，仅仅依靠预处理及生物处理不能满足实际排放要求，还需要采用深度处理方法对前者出水进一步处理，如化学氧化工艺、芬顿氧化工艺、膜工艺、吸附工艺、离子交换工艺等。其中有些方法费用较高，技术不成熟，尚处于试验阶段，在工程上难以大规模应用。实际工程中较为常用的处理方法包括下面几种：

(1) 化学氧化法

化学氧化一般用 $Cl_2$、$Ca(ClO)_2$、$KMnO_4$、$O_3$ 等作为氧化剂，对色度、COD的去除能力比絮凝沉淀法强，但是，卤族类氧化剂处理废水时，可能产生某些有毒有害的衍生物，给出水带来二次污染。李瑞华等研究者选用臭氧催化氧化法对某生物工艺的焦化废水出水进行深度研究，测定了反应前后难降解物质的含量，逐个分析了催化的金属离子、$O_3$ 含量、气流速度对实验结果的影响。结果发现：$O_3$ 分子直接对废水进行氧化作用时，废水中有机物的去除效率较低，废水脱色反应时间较长；在反应体系中添加 $Mn^{2+}$、$Cu^{2+}$、$Fe^{2+}$、$Co^{2+}$ 等催化氧化时，脱色反应时间大大减少，仅为不添加催化剂时的一半左右，出水效果较好。

(2) 催化湿式氧化法

催化湿式氧化法是在高温和高压的条件下，加入某种适当的催化剂，经空气氧化将废水中的污染物降解为 $CO_2$、水和小分子有机物等无害物质，以此达到净化水质的目的。目前常用于高浓度难降解有机废水的深度处理，也可以回收有用物质。该方法具有处理效率高、流程简单、不易产生二次污染物等优点。但它的不足点是处理成本高，高温高压等条件对工艺设备要求严格，会出现催化剂损失等问题。

(3) 臭氧氧化法

臭氧氧化法是以臭氧为强氧化剂，处理废水时通过产生·OH自由基来降解有机物，去除废水中的COD、色度，而且可以除臭消毒，反应速率快。但是臭氧不易储存，到反应现场必须马上使用，反应成本高，因为没有被大量推广。

(4) 非均相催化臭氧氧化技术

非均相催化臭氧氧化技术即臭氧在特定的催化剂作用下产生高效·OH，其中催化剂包括金属氧化物、金属负载在载体上的体系、金属改性的沸石、活性炭等。目前研究较多的催化剂为金属氧化物，如MnO、$Al_2O_3$、$TiO_2$ 和FeOOH。在非均相催化臭氧氧化反应过程中，影响效果的最大因素为pH值和温度。pH值对·OH的产生影响较大，pH值升高能促进臭氧的分解。在催化过程中，催化剂除了起到催化作用，通常伴随着吸附作用，此时pH值影响金属氧化物表面电荷量从而影响对有机化合物的吸附能力。Dong等采用 $\beta$-$MnO_2$ 作为催化剂做苯酚去除实验，反应30min后去除率为臭氧单独氧化的两倍。邢林林采用非均相催化臭氧氧化技术对焦化废水进行中试试验，结果表明：废水进水COD在

120～150mg/L，HRT 在 20～40min，在臭氧氧化作用下出水 COD 可以稳定在 80mg/L，满足排放要求。

（5）超临界水氧化技术

超临界水氧化（supercritical water oxidation）技术可实现对难降解有机物进行深度氧化，利用水在超临界状态（374℃，22.1MPa 以上）所具有非极性有机溶剂的性质，通入氧化剂发生氧化反应彻底分解有机物。该技术具有反应效率高，处理彻底，反应器结构简单等优势，已被美国列为 21 世纪最有前途的有机废物处理技术，但在国内研究尚处于起步阶段，工业化运用较少。于航等采用间歇式反应器，在超临界水体系中对煤气化废水进行实验研究，当温度为 600℃，氧化系数为 3.5，COD、氨氮、挥发酚的去除率达到 99.81%、99.85% 和 99.99%。在试验条件下，该技术可使煤化工废水不经预处理及后续深化处理情况下，达到排放标准。科研发现，氯苯胺灵、3-氯苯胺经和 4-氯酚溶液在 500kHz 的超声降解下都能完成降解成 $CO_2$ 和 CO。

（6）光催化氧化法

光催化氧化是加入定量的半导体催化剂，将紫外光照射与氧化剂结合使用，紫外光照射可以使氧化物分解产生氧化能力很强的 ·OH 自由基，从而氧化处理废水中有机物的一种方法，光催化氧化能够去除废水中的大部分有机物尤其是酚类物质，适用性广而且处理效果好，在实际应用中有待进一步提高。

（7）Fenton 法

Fenton 试剂是用亚铁盐和双氧水的组合作为试剂，具有氧化性的双氧水在亚铁离子作为催化剂的条件下产生大量具有强氧化性的 ·OH 自由基，可以有效地降解许多生化难降解的有机物。Fenton 试剂具有很强的氧化和去色能力，反应迅速，操作简单，处理效果好。有重要的研究价值和很好的应用前途，但是 Fenton 试剂处理成本较高而且对 pH 要求为强酸性，对设备耐酸性要求较高。对于单独 Fenton 技术，常出现氧化过程中有部分有机物降解不彻底，因此出现了对常规 Fenton 技术进行改性改进，如光助 Fenton 法、电/Fenton 法、UV/Fenton 法等。王来斐研究了 UV/Fenton 技术的氧化作用，针对初始质量浓度 300mL 的苯酚废水，控制反应条件：pH 值为 3，$FeSO_4 \cdot 7H_2O$ 量为 0.02g/L，$H_2O_2$ 溶液量为 2.5mL/L，反应时间为 90min，此时苯酚降解率为 95%。Fenton 具有反应速率高，操作方便，设备简易等优点，而不方便之处为反应 pH 值须控制在酸性条件。

（8）活性炭吸附法

活性炭来源广泛，可由很多种含碳物质转化而成，包括木屑、焦炭、树木、果实的壳核、动物骨骼、煤（包括褐煤、烟煤等）、石油残渣等，上述物质中煤的来源最为广泛、储量也大，被作为转化活性炭首选的原材料。活性炭在给水与污水深度处理方面均被广泛应用，它可以快速而高效地吸附待处理废水中色、味等难处理的污染物质。其对有机物质的去除能力超过了一般化学方法，但由于活性炭市场价格较高，且再生费用较高，因此在生产运行中难以得到广泛的应用。吴声彪等研究者探究了活性炭的物理形状对废水污染物的去除的影响，选用两种不同形状的活性炭作为试验材料，提出了粉末型对污染物处理效果优于柱型的观点，同时，粉末型对有机物的处理效果与颗粒直径、使用数量以及是否通入气体等反应条件存在一定联系。

(9) 膜分离技术

常见的膜分离技术有电渗析、超滤、反渗透和隔膜电解等，它们的工作原理都是通过一种特殊的半透膜分离水中待去除离子和分子，因而称为膜分离技术。电渗析技术主要用于废水脱盐，也可用于处理含盐废水、冷却循环水、电镀废水、煤矿坑水、奶酪乳清废水以及生活污水等。超滤是常见的膜分离技术之一，它以膜两侧的压力差推动反应进行。待处理的废水水溶液流至半透膜时，在压力的驱动下，直径小于半透膜孔直径的溶剂或溶质能够穿过半透膜，作为净化液排放，直径大于半透膜孔直径的溶质等相应地拦截在半透膜上，污染物质在半透膜进水侧富集。另外，隔膜电解也是近年来发展起来的一种膜分离技术，其技术特点是将电渗析和电解有机结合起来，主要用于回收电镀废水中的重金属等。

## 4.3 煤直接液化废水处理方案

### 4.3.1 低浓度废水处理系统

(1) 废水处理流程简述

低浓度废水处理采用“隔油、气浮、推流鼓风曝气、二级曝气生物流化床(3T-BAF)加过滤”工艺，具体处理流程简述如下：

低浓度废水（生活污水除外）自流进入污水处理厂含油废水吸水池，用泵提升后进入5000$m^3$含油废水调节罐，对含油废水进行初步隔油。调节罐出水自流至油水分离器，油水分离器出水自流进入一级气浮（采用部分回流多级溶气释放工艺DAF），去除污水中的乳化油和细分散油，出水中含油量控制小于50mg/L。一级气浮出水自流进入二级气浮（采用涡凹气浮工艺CAF），进行油水分离。低浓度污水经过隔油、两级气浮去除大部分分散油、乳化油及部分COD值，其出水含油量要求小于20mg/L，COD的总去除率在30%左右。二级气浮出水自流进入一级生化处理（采用推流式鼓风曝气工艺）。来自全厂的生活污水自流至污水处理厂内生活污水吸水池，经泵提升后与低浓度废水在一级生化池的选择段混合，与二次沉淀池回流污泥在选择段充分接触混合，再通过曝气区鼓风曝气，混合液得到足够的溶解氧并使活性污泥和污水充分接触，进行碳化和硝化反应。废水中的可溶性有机污染物为活性污泥吸附，并被存活在活性污泥上的微生物降解。出水自流进二次沉淀池，进行泥水分离，污泥由回流泵提升，回流至曝气池首端选择段，回流量为100%。二次沉淀池出水自流进入二沉池吸水池，经泵提升至二级生化池。二级生化池出水自流进低浓度废水吸水池，再由提升泵加压进入低浓度废水改性纤维球过滤+活性炭吸附设备。经过滤器处理后的出水投加二氧化氯，消毒灭菌后作为循环水场的补充水。

(2) 该处理流程可行性分析

该流程采用“隔油+气浮+推流鼓风曝气+二级生化（3T-BAF）+过滤”工艺，根据现有炼油厂污水处理厂的运行数据看，如仅采用一级生物处理，正常情况下其出水COD值可能降到80mg/L左右，再经混凝沉淀及过滤处理后，应可以满足回用要求；但当来水水质波动时，其出水COD值可能达到100mg/L以上，则较难回用。因此，该流程在炼厂“老三套”（隔油+气浮+生化）处理流程的基础上，增加了二级生化处理、改性纤维球过滤和活性炭吸附等深度处理设施，以保证出水水质更加稳定，使经处理后的废水能够满足回用于循环水场作补水的指标要求。

(3) 该流程的特点评述及处理效果分析

① 该处理流程充分考虑了水量、水质的变化。设有2个5000$m^3$调节罐，用来均衡调节水量、水质和水温等的变化，降低来水不均匀性对后续处理设施的冲击。

② 强化油的去除效果，确保生化进水油含量不超标。在含油废水调节罐安装浮动收油设备，可以有效收取大量浮油而减轻气浮处理的负荷，采用了两级气浮工艺，一级气浮采用部分回流加压溶气气浮，充分发挥气泡细微特点，可降低乳化油及溶解油的含量；二级气浮采用涡凹气浮技术，具有充气量高、自动内回流、不设置回流泵、占地省、能耗低的特点，气浮加药充分考虑污水的特点，设置了絮凝剂、助凝剂投加设施，保证除油效果，又可降低COD值，减轻生化池负荷。

③ 加药装置自动化程度高，可根据水量自动调整加药量。加药装置采用先进的全自动加药系统，包括干粉自动吸入系统、干粉投加机、混合装置及加药泵自动变频控制，可根据进水量自动控制药剂投加，自动化程度高。

④ 采用先进的控制技术，有效解决生物处理及混凝沉淀过程的控制参数。

⑤ 处理出水采用二氧化氯杀菌消毒，具有高效、快速的杀菌效果，能有效地破坏酚、硫化物、氰化物和其他有机物，安全可靠的特点。

表4-1所列为该流程主要建、构筑物及处理效果情况。

表 4-1 主要建、构筑物及其处理效果一览表

| 序号 | 建、构筑物名称 | 位置 | 水量/($m^3$/h) | 污染物/(mg/L) | | | |
|---|---|---|---|---|---|---|---|
| | | | | COD | 石油类 | 氨氮 | 硫化物 |
| 1 | 隔油+两级气浮 | 进口 | 340 | 456 | 186 | 25 | 2.1 |
| | | 出口 | 340 | 320 | 19 | 25 | 2.1 |
| | | 去除率/% | | 30 | 90 | — | — |
| 2 | 推流曝气池 | 进口 | 340 | 320 | 19 | 25 | 2.1 |
| | | 出口 | 340 | 110 | 9 | 13 | 0.4 |
| | | 去除率/% | | 66 | 50 | 50 | 80 |
| 3 | 沉淀池 | 进口 | 340 | 320 | 19 | 13 | 0.4 |
| | | 出口 | 340 | 110 | 9 | 13 | 0.4 |
| | | 去除率/% | | — | — | — | — |
| 4 | 3T-BAF 池 | 进口 | 340 | 110 | 9 | 13 | 0.4 |
| | | 出口 | 340 | 45 | 4.5 | 33 | 0.1 |
| | | 去除率/% | | 59 | 50 | 9 | 97 |
| 5 | 过滤+活性炭吸附 | 进口 | 340 | 45 | 4.5 | 9 | 0.1 |
| | | 出口 | 340 | 36 | 2.7 | 9 | 0.1 |
| | | 去除率/% | | 20 | 40 | — | — |
| 总去除率/% | | | | 92 | 98.5 | 64 | 99.7 |

(4) 该处理流程的主要药剂及动力消耗定额

该处理流程的主要药剂及动力消耗定额见表 4-2。

表 4-2 主要药剂及动力消耗定额

| 序号 | 名 称 | 规 格 | 单 位 | 每立方米污水消耗量 |
|---|---|---|---|---|
| 1 | 聚合铝 | | kg | 0.04 |
| 2 | 聚丙烯酰胺 | 折成 100% | kg | 0.005 |
| 3 | 活性炭消耗 | | kg | 0.15 |
| 4 | 其他药剂 | | 元 | 0.30 |
| 5 | 电 | 380V | kW·h | 2.5 |
| 6 | 人工时 | | 元 | 0.19 |
| 7 | 投资估算：<br>一次性投资 3500 万元；直接处理成本(不包括设备折旧费)2.18 元/$m^3$ 污水 | | | |

注：污水处理厂共定员 24 人，以 8 万元/(人·年) 计。

### 4.3.2 高浓度废水处理系统

（1）废水处理流程简述

高浓度废水系统采用“两级气浮＋调节罐＋厌氧生物流化床（3T-AF）＋曝气生物流化床（3T-BAF）＋混凝沉淀＋过滤”处理工艺。

（2）该处理流程可行性分析

由于神华煤直接液化项目为世界上第一套煤直接液化工业化装置，其排放的高浓度废水水质国内外均无类比资料，神华集团公司曾先后委托抚顺石油研究院及东华公司对煤液化小试装置排出的原水水样进行水质分析，均得到了较为相近的结果。于是神华集团提供模拟水，委托北京三泰正方生物环境科技发展有限公司验证采用该流程处理高浓度废水，并实现废水处理后回用的可行性。北京三泰正方生物环境科技发展有限公司于 2003 年 7 月～2003 年 9 月进行了为期 60 天的试验，其实验处理效果及实验结论如下。

① 实验处理效果　实验检测结果见表 4-3。

**表 4-3　实验检测结果**

| 项目／日期 | COD/(mg/L) | | | | | | 氨氮/(mg/L) | | | | |
|---|---|---|---|---|---|---|---|---|---|---|---|
| | 原水 | 曝气出水 | 混凝出水 | 厌氧出水 | 好氧出水 | 砂滤出水 | 原水 | 曝气出水 | 厌氧出水 | 好氧出水 | 砂滤出水 |
| 7.2 | 39200 | 0 | | | | | 9210 | | | | |
| 7.4 | | 21900 | 14980 | | | | | 6125 | | | |
| 7.5 | | 21400 | | | | | | 5450 | | | |
| 7.6 | | 20660 | | | | | | 4385 | | | |
| 7.7 | | 20580 | | | | | | 1710 | | | |
| 7.10 | | 20400 | | | | | | 1240 | | | |
| 8.12 | | 20400 | 13600 | 5252 | 76.9 | 38 | | 1175 | 907.5 | 1.78 | 0.83 |
| 8.13 | | | | 4840 | 81.2 | 46 | | | 916.5 | 1.42 | 0.81 |
| 8.14 | | | | 5070 | 82.3 | 48 | | | 874.0 | 1.22 | 0.72 |
| 8.15 | | | | 4980 | 77.9 | 43 | | | 894.6 | 1.03 | 0.78 |
| 8.16 | | | | 5010 | 66.8 | 50 | | | 877.9 | 0.54 | 0.47 |
| 8.17 | | | | 4867 | 56.8 | 42 | | | 882.3 | 0.67 | 0.55 |
| 8.18 | | | | 4938 | 34.6 | 37 | | | 866.8 | 0.46 | 0.40 |
| 8.19 | | | | 4890 | 45.2 | 32 | | | 846.5 | 0.55 | 0.45 |
| 8.20 | | | | 4952 | 43.0 | 30 | | | 854.5 | 0.44 | 0.41 |
| 8.21 | | | | 4976 | 38.0 | 41 | | | 848.0 | 0.40 | 0.33 |
| 平均 | 39200 | | | 4978 | 60.3 | 41 | | | 876.9 | 0.85 | 0.58 |

② 实验结论

a. 曝气吹脱对去除本废水的氨氮有很好的效果，通过吹脱可以使污水中的氨氮从 9210mg/L 降至 1240mg/L，去除率可达 86.5%；吹脱对 COD 也有一定的去除效果，可以使废水中的 COD 从 39200mg/L 降至 20400mg/L，去除率可达 48%；

b. 混凝沉淀对 COD 去除率为 33.3%；

c. 3T-IB 固定化微生物处理废水技术对本废水有很好的处理效果，通过连续 30 天的检测，3T-IB 工艺进水为 13600mg/L，出水为 60.3mg/L，对 COD 的去除率可达 99.6%；进水氨氮为 1175mg/L，出水氨氮为 0.85mg/L，去除率可达 99.9%；

d. 通过本实验可以初步认定，神华集团煤直接液化项目的废水经过吹脱、混凝沉淀预处理后，采用 3T-IB 固定化微生物废水处理技术进行生物处理在技术上是可行的，对生物处理后的出水再进行吸附等深度处理，是可以达到工业循环水标准的。

另外该实验处理出水的水质指标经国家环境分析测试中心进行了分析检测。

(3) 该流程的特点评述及处理效果分析

① 该流程的特点评述 3T-BAF 工艺全称为曝气生物流化床，它是继流化床技术在化工领域广泛应用之后发展起来的。与固定床相比，该流化床具有比表面积大，接触均匀，传质速度快，压损低等许多突出的优点。自 20 世纪 70 年代初在美国首次将该技术应用于废水生物处理以来，得到废水处理界的普遍重视，多种床型和操作运转方式现已不断出现。通常的生物流化床技术是使废水呈流化态，废水中的基质在床内同均匀分散的生物膜相接触而获得降解去除。在 3T-BAF 工艺中，流化介质采用了专用载体。这种载体的持水量大，空隙率为 96%，开孔采用大孔与微孔相结合的方式，大孔保持良好的气、液、固的接触条件，三相传质推动力大大增加，微孔用于固定化微生物，微孔中带有很多活性基团，可与微生物形成化学键。载体内的分子具有较多的强极性基团，因而其吸附性很强。载体与微生物的结合采用的是高科技的微生物固定化技术（已申请专利），故结合力牢固，并可对细菌起保护作用，它摆脱了传统意义上的生物膜技术。加之固定化微生物后的载体平均密度与水的密度十分接近，载体在水中呈悬浮状，不需要反冲洗。载体的比表面为 $35\times10^5 m^2/m^3$，与常规的生物污水处理技术相比，载体上可以附着更多的生物量，3T-BAF 池中生物量为 8～40g/L，比一般生化处理高 5 倍以上，因此废水基质的降解速度快，停留时间短。3T-BAF 工艺在运行中无不良气味，不产生任何形式的二次污染。

3T-BAF 工艺还具有在高负荷进水下出水水质稳定的优点，污染物去除量及去除率均随进水浓度的增加而提高，表现出 3T-BAF 适应处理高浓度废水的能力，其容积负荷达到 $3.6kgBOD_5/(m^3\cdot d)$，是一般生物处理的 7 倍以上。在 3T-BAF 工艺中，维持了生物的多样性，提高了去除有机物的广谱性，尤其是在去除 $NH_4^+$-N 和总氮方面有其独特的优点。工艺运行证明，在 COD 较高时，能保持一定$NH_4^+$-N去除率，这是其他工艺所不具备的，硝化和反硝化同时进行，$NH_4^+$-N和总氮同时下降。通过试验可以看出，3T-BAF工艺可实现氨氮与硝酸根同步下降，也是3T-BAF工艺有别于其他工艺的特点，可大大节省药剂，降低运行费用。

总之，3T-BAF工艺综合了介质流态化、吸附和生物化学过程，运行机理上较为复杂，但管理方便、操作简单。特别是物理化学法与生物法相结合，同时兼顾了活性污泥法、生物膜法和固定化微生物技术的长处，因此越来越受到水处理界的重视。

该工艺占地面积小、耐冲击性好、出水稳定、操作简单、自动化程度高、易于控制。

② 该流程处理效果分析　该处理流程的主要建、构筑物及其处理效果分析见表4-4。

**表4-4　主要建、构筑物及其处理效果一览表**

| 序号 | 建、构筑物名称 | 位置 | 水量/($m^3$/h) | 污染物/(mg/L) | | | | |
|---|---|---|---|---|---|---|---|---|
| | | | | 硫化物 | 氨氮 | 石油类 | 挥发酚 | COD |
| 1 | 涡凹气浮+溶气气浮 | 进口 | 270 | 50 | 100 | 100 | 50 | 10000 |
| | | 出口 | 270 | 5.0 | 90 | 20 | 35 | 7000 |
| | | 去除率/% | | 90 | 10 | 80 | 30 | 30 |
| 2 | 3T-AF池 | 进口 | 270 | 5.0 | 90 | 20 | 35 | 7000 |
| | | 出口 | 270 | 3.0 | 70 | 10 | 10 | 4000 |
| | | 去除率/% | | 40 | 22 | 50 | 71 | 43 |
| 3 | 3T-BAF池 | 进口 | 270 | 3.0 | 70 | 10 | 10 | 4000 |
| | | 出口 | 270 | 0.5 | 15 | 5 | 0.5 | 100 |
| | | 效率/% | | 83 | 78 | 50 | 95 | 98 |
| 4 | 混凝反应+混凝沉淀 | 进口 | 270 | 0.5 | 15 | 5 | 0.5 | 100 |
| | | 出口 | 270 | 0.1 | 10 | 3 | 0.1 | 70 |
| | | 去除率/% | | 80 | 33 | 40 | 80 | 30 |
| 5 | 过滤+活性炭吸附 | 进口 | 270 | 0.1 | 10 | 3 | 0.1 | 70 |
| | | 出口 | 270 | 0.1 | 10 | 3 | 0.1 | 50 |
| | | 去除率/% | | — | — | — | — | 30 |
| 总去除率/% | | | | 99.9 | 90 | 97 | 99.8 | 99.5 |

(4) 该处理流程的主要药剂及动力消耗定额

该处理流程的主要药剂及动力消耗定额见表4-5。

表4-5　主要药剂及动力消耗定额

| 序号 | 名　称 | 规　格 | 单　位 | 每立方米废水消耗量 |
|---|---|---|---|---|
| 1 | 聚合铝 | | kg | 0.04 |
| 2 | 聚丙烯酰胺 | 折成100% | kg | 0.005 |
| 3 | 活性炭消耗 | | kg | 0.15 |
| 4 | 其他药剂 | | 元 | 0.50 |
| 5 | 电 | 380V | kW·h | 3.4 |
| 6 | 人工时 | | 元 | 0.19 |
| 7 | 投资估算：<br>一次性投资7000万元；直接处理成本（不包括设备折旧费）2.65元/$m^3$废水 | | | |

## 4.3.3　含盐废水处理系统

（1）废水来源

含盐废水主要包括循环水场排污水、煤制氢装置气化废水及水处理站排水，其中循环水场排污水占水量的一半。其废水特点为废水中COD含量不高，但盐含量达到新鲜水的5倍以上。其具体的水量、水质情况见表4-6。

表4-6　含盐废水来源及水量、水质一览表

| 序号 | 污染源名称 | 排放量/($m^3$/h) | 主要污染物/(mg/L) | | | | | |
|---|---|---|---|---|---|---|---|---|
| | | | COD | $SO_4^{2-}$ | 氨氮 | $Cl^-$ | TDS | TSS |
| 1 | 煤制氢气化废水 | 75 | 300 | 50 | 160 | 4430 | 7880 | 100 |
| 2 | 循环水场排污水 | 240 | 150～200 | — | 30 | 1000 | 3400 | 30 |
| 3 | 水处理站中和排水 | 120 | 16 | 1633 | — | 300 | 5046 | — |
| 4 | 合计(汇合后) | 435 | 170 | 460 | 45 | 1400 | 4625 | 35 |

（2）废水处理流程简述

含盐废水采用“反渗透系统＋美国RCCI公司（Resources Conservation Company International）的蒸发器处理”工艺，具体的处理流程简述如下：

含盐废水（或催化剂废水）首先经反渗透系统（主要包括气浮装置、软化澄清装置、超滤装置、活性炭过滤器和反渗透装置）处理，处理后的净化水回用循环水场作补水，浓盐水则送至污水处理厂内的调节罐，以保证蒸发器处理水量的相对稳定，调节罐出水自流进入pH值调节罐，通过投加硫酸，将水的pH值调整为5.5～6.0之间，由泵提升进入热交换器被加热至沸点，加热后的水进入脱气塔，除去水中的不溶解气体（如氧气和二氧化碳）。随后进入蒸发器底槽，与正在循环的盐卤混合。混合盐卤经循环泵送至蒸发器热交换管束的顶部水箱；通过顶部的盐卤分布器，均匀地散布在管子内壁，呈薄膜状，受重力下降至底槽；

在此过程中，部分盐卤被蒸发，蒸汽和盐卤下降至底槽。蒸汽通过除雾器进入蒸汽压缩机，压缩后进入蒸发器热交换管的外壁。压缩蒸汽的潜热传至管内温度较低、正在下降的盐卤薄膜上，将部分盐卤蒸发。压缩蒸汽释放潜热后，在管外壁凝结成蒸馏水。蒸馏水经泵提升至热交换器，将进水加热后，靠余压进入缓冲罐，加压后回用于循环水场和水处理站。部分底槽内的盐卤被送至渣场二蒸发塘。

（3）该处理流程可行性分析

含盐废水和催化剂制备废水均采用“反渗透系统＋美国 RCCI 公司（Resources Conservation Company International）的蒸发器处理”工艺进行处理。RCCI 公司蒸发器技术为美国资源保护公司的专有设备盐卤蒸发器/浓缩器。RCCI 设计开发的下降水膜型机械蒸汽压缩循环蒸发器应用 RCCI 独家开发拥有的专利“盐种法”技术是现在世界上最先进的工业废水蒸发和浓缩设备。RCCI 蒸发器和结晶器组成的工业废水处理系统，大幅降低了工业废水的处理成本，真正实现工业废水的“零排放”。自 1973 年以来，RCCI 的设备被世界各国的大型工矿企业广泛采用，至今有一百多座 RCCI 盐卤蒸发器、结晶器组成的零排放系统，分布在五大洲，占同类设备总数的 95％以上。

RCCI 的主要产品是用以蒸发浓缩工矿企业产生的工业废水的蒸发器和结晶器。蒸发器是下降水膜型机械蒸汽压缩循环蒸发器，结晶器采用强制循环技术。蒸发器的目的是减少废水的体积，产生高质的蒸馏水，循环使用，把排放的废水减至最少，或把废水作最大程度的浓缩。浓缩后的废水经过结晶器或干燥器，把溶解在废水里的各种盐类结晶，成为固体处置。RCCI 的零排放系统主要应用在电厂，在炼油厂也有应用，Madero/墨西哥石油公司、Cadereyta/墨西哥石油公司石油冶炼厂是在石化厂实现工业废水零排放的应用实例。同时，在南非煤间接液化厂也有应用。

（4）废水处理效果

含盐废水处理前、后的水量及水质情况见表 4-7。

**表 4-7 含盐废水处理前、后水量及水质对照**

| 项目 | 类别 | 排放量/($m^3$/h) | 主要污染物/(mg/L) | | | | | |
|---|---|---|---|---|---|---|---|---|
| | | | COD | $SO_4^{2-}$ | 氨氮 | $Cl^-$ | TDS | TSS |
| 含盐废水 | 处理前 | 435 | 170 | 460 | 45 | 1400 | 4625 | 35 |
| | 处理后 | 435 | ＜50 | ＜300 | ＜15 | ＜300 | ＜10 | ＜30 |
| | 去除效率/％ | | ＞70 | ＞35 | ＞66 | ＞80 | ＞99.8 | ＞15 |

（5）该处理流程的主要药剂及动力消耗定额

该处理流程的主要药剂及动力消耗定额见表 4-8。

表 4-8　主要药剂及动力消耗定额

| 序号 | 名　称 | 规　格 | 单　位 | 每立方米废水消耗量 |
|---|---|---|---|---|
| 1 | 硫酸 | 93% | kg | 0.85 |
| 2 | 氢氧化钠 | 50% | kg | 0.53 |
| 3 | 其他药剂 | | 元 | 0.20 |
| 4 | 电 | 380V | kW·h | 2.0 |
| | | 6000V | kW·h | 18 |
| 5 | 人工时 | | 元 | 0.19 |
| 6 | 投资估算：一次性投资 5500 万元；直接处理成本（不包括设备折旧费）7.52 元/$m^3$ 废水 | | | |

（6）先期工程含盐废水处理措施

由于先期工程含盐废水的水量较少，约为 150$m^3$/h，直接采用蒸发器处理工艺，这样不仅可以省去复杂的反渗透预处理流程，而且因为蒸发器能将有机物与盐的去除结合起来，其处理后的出水水质仍可以满足回用作循环水场补水的水质要求。

## 4.3.4　催化剂制备废水处理系统

（1）废水处理流程简述

其处理工艺流程同含盐污水处理系统。

（2）废水处理效果

催化剂制备废水处理前、后的水量、水质情况见表 4-9。

表 4-9　催化剂制备废水处理前、后水量及水质对照

| 项目 | 类别 | 排放量 /($m^3$/h) | 主要污染物/(mg/L) | | | | | |
|---|---|---|---|---|---|---|---|---|
| | | | COD | $SO_4^{2-}$ | 氨氮 | $Cl^-$ | TDS | TSS |
| 催化剂制备废水 | 处理前 | 309 | 85.6 | 35000 | 13000 | 5.5 | 46650 | 16 |
| | 处理后 | 309 | <50 | <300 | <15 | 5.5 | <10 | 16 |
| | 去除效率/% | | >42 | >99.2 | >99.9 | — | >99.98 | — |

（3）该处理流程的主要药剂及动力消耗定额

该处理流程的主要药剂及动力消耗定额见表 4-10。

表 4-10　主要药剂及动力消耗定额

| 序号 | 名　称 | 规　格 | 单　位 | 每立方米废水消耗量 |
|---|---|---|---|---|
| 1 | 硫酸 | 93% | kg | 0.2 |
| 2 | 氢氧化钠 | 50% | kg | 0.01 |
| 3 | 其他药剂 | | 元 | 0.20 |
| 4 | 电 | 380V | kW·h | 1.2 |
| | | 6000V | kW·h | 18 |
| 5 | 人工时 | | 元 | 0.19 |
| 6 | 投资估算：一次性投资 5100 万元；直接处理成本（不包括设备折旧费）6.30 元/$m^3$ 废水 | | | |

（4）先期工程催化剂制备废水处理措施

由于先期工程催化剂制备废水的水量较少，约为 103$m^3/h$，盐含量较高，在水的回收率为 45%时，其反渗透的操作压力达 6.5～7MPa，出水中 TDS 含量为 70mg/L，包括预处理在内的设备总投资在 1200～1400 万元。从以上数据可以看出，设备的操作压力较一般海水淡化高出许多，能耗及设备投资都很大；而且在这样高的操作压力下，反渗透膜的寿命一般为 2～3 年，即 2～3 年内，所有的膜组件要更换一次，造成运行成本较高。反渗透排出的浓盐水（约 60$m^3/h$）还要进盐卤浓缩器进行蒸发处理。反渗透系统与盐卤浓缩器的整体投资为 300 万美元加 1400 万人民币，约 468 万美元，与规模为 103$m^3/h$ 的盐卤浓缩器相比，总投资上并不占明显优势。而直接采用浓缩器处理后的出水水质中 TDS<10mg/L，水质很好，可以直接去循环水场或水处理站作补充水，而且可稳定运行 30 年左右，这些指标都是反渗透系统无法达到的。因此先期工程直接采用蒸发器处理工艺，这样不仅可以省去复杂的反渗透预处理流程，而且因为蒸发器能将有机物与盐的去除结合起来，其处理后的出水水质仍可以满足回用作水处理站或循环水场补水的水质要求。

### 4.3.5 废水回用分析

#### 4.3.5.1 废水回用必要性分析

① 神华煤制油工程所在区域水资源稀缺，而工程的用水量又较大，因此为解决这种水资源的供需矛盾，将经处理后的废水回用是必要的。

② 神华煤制油工程的纳污水体乌兰木伦河属跨省界河流，亦是黄河水系上游支流，且其水体中石油类、COD 等污染物的环境容量有限，因此为减少最终废水的排放，以减轻其对乌兰木伦河水质的影响，将经处理后的废水回用是必要的。

③ 国家经贸委等 6 部委在国经贸资源［2000］1015 号《关于加强节水工作的意见》中提出“节流优先，治污为本，提高用水效率”的指导方针，因此为贯彻国家这一方针政策，将经处理后的污水回用是必要的。

④ 考虑到工程今后的发展，水资源的匮乏将是一个很大的制约因素，因此目前就必须做好水资源的开源节流工作，基于这方面的考虑，将经处理后的污水回用是必要的。

综上所述，将神华煤制油工程经处理后的污水回用是必要的。

#### 4.3.5.2 废水回用可行性分析

废水回用在国外已有很长时间，规模很大，废水回用满足了工农业和城市发展对水的需要。如美国自 20 世纪 50 年代起，即着手这方面的工作。据报道，美国 357 个城市实行了废水回用，其中回用于工业的水量为 $2\times10^8 m^3/a$，占总回用水量的 40.5%。另外，在日本、前苏联和南非等国家和地区，均有废水回用的实例，在南非甚至有将废水处理后回用到饮用水方面的先例。

为保证神华煤直接液化项目的废水经处理后用作循环水场补水，其污水处理厂处理后的废水出水水质指标必须高于循环水补水的水质指标，循环水补水的水质指标见表 4-11，污水处理厂出水指标见表 4-12。

表 4-11　回用水作循环水补充水的水质指标

| 水质项目 | 单位 | 回用污水水质 |
|---|---|---|
| $COD_{Cr}$ | mg/L | ≤50.0 |
| $BOD_5$ | mg/L | ≤15.0 |
| 石油类 | mg/L | ≤5.0 |
| 氨氮 | mg/L | ≤15.0 |
| 悬浮物 | mg/L | ≤30.0 |
| 硫化物 | mg/L | ≤0.10 |
| 酚 | mg/L | ≤0.10 |
| pH |  | 7.0～9.0 |
| 氯离子 | mg/L | ≤300 |
| 硫酸根离子 | mg/L | ≤300 |
| 总硬度(以 $CaCO_3$ 计) | mg/L | 10～300 |
| 总碱度(以 $CaCO_3$ 计) | mg/L | 50～300 |
| 浊度 | mg/L | ≤10.0 |

表 4-12　回用水作循环水补充水的污水处理厂出水指标　单位：mg/L

| 类别及水量 \ 主要指标 | COD | $SO_4^{2-}$ | 氨氮 | $Cl^-$ | TDS | TSS |
|---|---|---|---|---|---|---|
| 处理后的低浓度含油废水 | 36 |  | 9 |  |  |  |
| 处理后的高浓度废水 | 50 |  | 10 |  |  |  |
| 处理后的含盐废水 | <50 | <300 | <15 | <300 | <10 | <30 |
| 处理后的催化剂制备废水 | <50 | <300 | <15 | 5.5 | <10 | 16 |
| 循环水补充水水质要求 | ≤50.0 | ≤300 | ≤15.0 | ≤300 | — | — |

由表 4-11 和表 4-12 对照分析可知，神华煤制油工程经污水处理厂处理后的出水回用作循环水和水处理站补充水，在技术上是可行的。

#### 4.3.5.3　污水处理厂污油处理措施

污水处理厂污油主要来自低浓度含油废水处理系统的调节罐隔出的污油及油水分离器收集的污油。调节罐隔出的污油靠液位差自流进污油脱水罐，油水分离器收集的污油用油料抽吸泵提升进入污油脱水罐。污油在罐内经沉降脱水后，再用污油输送泵加压送往全厂污油罐区。污水处理厂污油脱水罐区内设有 2 座 $500m^3$ 的污油罐。具体的处理流程见图 4-1。

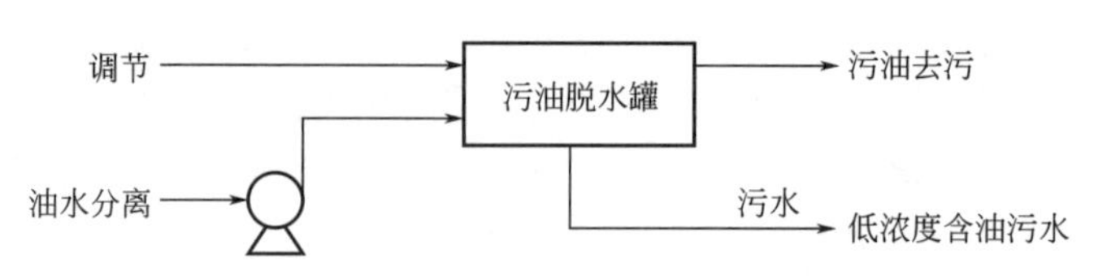


图 4-1 污水处理厂污油处理系统流程示意图

#### 4.3.5.4 污水处理厂污泥处理措施

来自油水分离器底部油泥、调节罐罐底油泥、气浮收集的浮渣及底泥，自流至油泥浮渣池，经泵提升送入三泥脱水罐；二沉池的浮渣及剩余污泥、3T-AF及3T-BAF生化池排泥、混凝沉淀池的浮渣及污泥，自流至剩余污泥池，经泵提升送入三泥脱水罐，经重力浓缩，污泥含水率从99.0%～99.5%降至96%左右，体积缩小至原来的1/4～1/8。浓缩后的污泥用离心机进料泵送入离心脱水机脱水［设计中选用了德国福乐伟公司生产的三相分离卧螺离心机（TRI-CANTER®），该种离心机已在炼油厂中成功应用］。脱水后的污泥用泵送出，装车外运。脱出的分离液自流进入分离液集水池，用分离液提升泵送至含油污水调节罐，重新处理。

## 4.4 煤间接液化废水处理方案

### 4.4.1 工厂排水体系及污水处理系统组成

根据神华煤间接液化项目生产装置及辅助设施的排水特点，排水系统划分为生活污水、含油废水、生产废水、清净废水、清净区雨水、污染区雨水及事故排水系统。

生活废水排水系统主要用于收集和排放各建筑物内卫生间、浴室、餐厅等辅助设施的生活污水。

含油污水和生产废水排水系统主要用于收集和排放各工艺装置排水、设备冲洗水、管道冲洗水及临时冷却水等。生产废水在污水处理厂内经预处理满足污水处理厂接管标准后，由泵提升送污水处理厂进行生化处理。

清净废水（含盐废水）排水系统主要用于收集和排放各装置及辅助设施排放的清净废水（含盐废水），主要包括循环水系统排污水、除盐水系统排污水及锅炉排污水等。

清净雨水排水系统主要用于收集和排放非污染区域（包括厂前区、动力站、空分装置、公用工程区及绿化区等）的雨水及污染区的后期雨水。清净雨水采用重力流收集，进入设置在污水处理厂内的雨水调节池和雨水提升泵站，然后由雨水泵提升后压力流排放至厂区南侧的雨水排洪沟。

污水区雨水排水系统主要用于收集和排放各工艺装置区及辅助设施中污染区

域的地面污水雨水、地面冲洗水及消防排水（消防排水最终进入消防事故水池）。装置区内的污染雨水先通过重力收集，进入装置区内的污染雨水池，然后由泵提升后并入装置区内的生产污水排放系统，统一送污水处理厂处理。

事故排水系统主要用于收集和排放生产装置发生事故时的物料泄漏、发生火灾后的消防喷淋水、设备的冷却水及雨水等。神华煤间接液化项目设有消防事故水池、污水事故水池及厂外暂存池，消防事故水池和污水事故水池布置在污水处理厂界区内。

### 4.4.2 废水综合利用方案

神华煤间接液化项目废水按照含盐量可分为两类：一是生产污水，主要来源于生产装置产生的废水及生活污水等，其特点是含盐量低、污染物以 COD 为主；二是含盐废水，主要来源于循环水系统排水、除盐水系统排水、凝液精制系统浓水等，其特点是含盐量高。

神华煤间接液化项目采用干煤粉加压气化技术。据调查，此种气化工艺产生的废水成分相对简单，COD 较低，一般在 700mg/L 左右，$BOD_5/COD_{Cr}$ 在 0.66 左右，可生化性较好。

含盐废水中的盐分主要来自原水中的溶解固体、水处理过程中投加的化学药剂及生产过程中带入水中的离子等。因此，通过合理选择循环冷却系统的浓缩倍数、除盐水装置的回收率和水处理药剂的品种可以降低废水含盐量。

回用水处理原则采用清污分流、分质处理的原则，将回用水处理站分为两个系统，即污水处理系统和含盐废水处理两个系统。

废水处理系统包含废水生化处理及深度处理两部分，生化处理系统主要处理合成废水、含油废水、生产废水和生活污水，经生化处理后的出水因 TDS 较高无法回用，需进一步深度处理（双膜除盐），产水达到标准回用，浓水经蒸发器蒸发浓缩外排厂外蒸发塘（晒盐场）。

含盐废水处理系统主要处理循环水排污水、除盐水站排水等清净废水，采用双膜除盐+蒸发的工艺，产水达到回用标准，浓水经蒸发器蒸发浓缩外排厂外蒸发塘（晒盐场）。对回用水系统进行分质处理，可以提高回用水处理系统的灵活性。

废水综合利用整体解决方案见图 4-2。

### 4.4.3 项目废水处理方案

神华煤间接液化项目废水处理方案主要包括污水处理厂、废水深度处理系统、含盐废水处理装置三大系统。

（1）污水处理厂

污水处理厂主要包括以下组成部分：

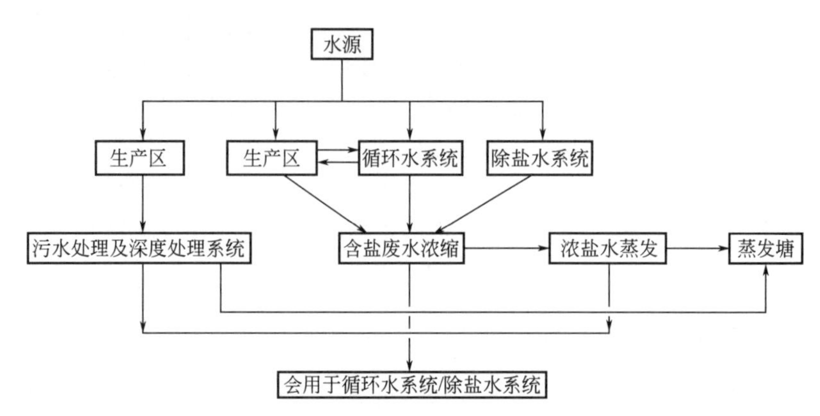


图 4-2 废水综合利用整体解决方案

① 生活污水预处理；
② 生产废水预处理；
③ 含油废水预处理；
④ 合成废水预处理（含厌氧处理）；
⑤ 综合废水处理；
⑥ 污泥及浮渣处理；
⑦ 臭气处理单元；
⑧ 全厂废水收集与储存方案。

（2）废水深度处理系统

废水深度处理系统主要包括膜浓缩单元（含精处理单元）和蒸发单元。其中，膜浓缩单元包括三个系统：常规超滤/反渗透系统、高效反渗透系统、精处理系统。

（3）含盐废水处理装置

含盐废水处理装置主要包括浓缩单元和蒸发单元，浓缩单元由一级浓缩预处理、一级浓缩、二级浓缩预处理与二级浓缩组成。

### 4.4.4 污水处理厂方案

污水处理厂设计处理能力 2500$m^3$/h，分为四个系列并联运行，保障系统稳定可靠，处理能力、出水水质符合要求。每个系列均能在 50%～120%操作弹性下稳定运行。

### 4.4.5 生活污水预处理

生活污水中含有大量的固体杂质和漂浮物，若直接排入综合污水生化处理系统，容易造成后续处理构筑物、管道、水泵等设施的堵塞，影响后续处理工艺单元的正常运行。为了防止废水中漂浮物对后续处理单元产生影响，对生活污水处理拟采用回转式机械格栅的预处理工艺。

生活污水预处理工艺流程如图 4-3 所示。

图 4-3　生活污水预处理工艺流程示意图

煤气化装置、酸水汽提、合成气净化装置及甲醇合成装置废水由压力管网输送至初沉池。当生产异常或者来水水质比较差时先将来水送入生产污水事故罐中，再慢慢地提升至初沉池中。

由于煤气化装置的排水水质变化起伏不定，主要表现在废水中悬浮物的含量波动较大，为确保后续处理单元的稳定运行，设置初沉池用于去除气化废水中的悬浮物。并预留混凝剂及絮凝剂加药系统。

初沉池采用平流式沉淀池，用于对气化废水悬浮物的去除，悬浮物沉积物在池底形成污泥进入初沉池污泥池内，污泥再通过初沉池排泥泵排入污泥浓缩池，浮渣就近排至室外污水井。初沉池出水经泵提升进入均值调节罐。

## 4.4.6　含油废水预处理

含油废水预处理主要处理包括油品合成、油品加工、尾气处理装置和中间罐区、产品罐区等及配套辅助设施所排放的含油废水。含油废水中含有大量的石油类污染物。废水中的油不仅会在工艺设施和管道、设备中与废水中悬浮颗粒一起沉降，形成具有较大黏性的油泥团，堵塞管道和设备，更重要的是影响后续生化处理单元的处理效果，所以石油类污染物必须在预处理单元进行去除。

含有废水预处理设计能力为 $270m^3/h$。污水处理厂设置有容积为 $6480m^3$ 的含油废水事故水罐一座，用于容纳暂时无法进入含有预处理装置的含油废水。

根据类比调查，含油废水预处理系统拟采用两级除油系统设计，即采用平流式隔油池＋涡凹气浮法＋溶气气浮法，预处理后出水进入中间水池，后续进入均质调节罐与其他预处理后的废水一同进入生化处理。工艺流程如图 4-4 所示。

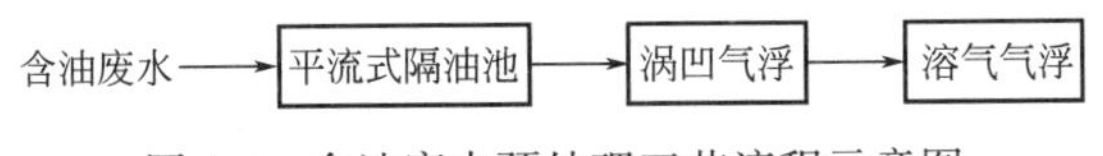


图 4-4　含油废水预处理工艺流程示意图

(1) 隔油池

隔油池是处理石化含油废水的主要构筑物。隔油池是分离废水中的浮油及泥沙的构筑物，它是利用油与水之间的密度差进行油水分离的。

隔油池一般分为平流式隔油池、斜管斜板式隔油池（波纹板式隔油池）、吸油插板式隔油池、下水道式隔油池和排洪沟式隔油池等。处理石化含油废水应用最广泛的是平流式隔油池和斜管/斜板式隔油池，其中平流式隔油池是处理炼油厂废水的标准设备，它是根据美国石油协会（API）制定的定型标准而设计的。平流式隔油池相对于其他类型的隔油池具有结构简单，运行管理方便，除油效果稳定等特点。平流式隔油池（API 油分离器）和斜板式隔油池（CPI 油分离器）的优缺点对比见表 4-13。

**表 4-13 平流式隔油池（API 油分离器）和斜板式隔油池（CPI 油分离器）优缺点对比**

| 项 目 | 优 点 | 缺 点 |
| --- | --- | --- |
| 平流式隔油池（API 油分离器） | 1. 耐冲击负荷能力较强<br>2. 运行费用很低<br>3. 适合高浓度、大水量废水<br>4. 设备维护简单、无污堵 | 1. 表面负荷较低<br>2. 对底浓度废水除油效果较低 |
| 斜板式隔油池（CPI 油分离器） | 1. 表面负荷高<br>2. 去除小粒径含油废水效果较好<br>3. 适用于小型污水处理厂 | 1. 易堵塞，清理困难<br>2. 投资费用较高<br>3. 维护周期频繁，斜板需要定期更换<br>4. 冬季蒸汽加热，对斜板使用寿命有严重影响 |

平流式隔油池（API 油分离器）主要由池体、刮油刮泥机和集油管等几部分组成。利用自然上浮，分离去除含油污水中浮油。废水从一端进入，从另一端流出，由于池内水平流速很小，相对密度小于 1.0，而粒径较大的油品杂质在浮力的作用下上浮，而且聚集在池体的表面，通过设在池体表面的集油管和刮油机收集浮油。而相对密度大于 1.0 的杂质沉淀去除。

(2) 涡凹气浮（CAF）法与加压溶气气浮（DAF）法

涡凹气浮设备适用于处理水量较大，石油类污染物质浓度较高且成分以浮油为主的废水。除油效果一般可达 80%左右，涡凹气浮法的优点是设备简单，易于实现。但其主要的缺点是空气被粉碎得不够充分，形成的气泡粒度较大，一般都不小于 0.1mm。这样，在供气量一定的条件下，气泡的表面积小，而且由于气泡直径大，运动速度快，气泡与被去除污染物质的接触时间短，这些因素都使涡凹气浮法达不到高效的去除效果。因此，在石化含油废水处理工艺流程中，涡凹气浮（CAF）系统可以作为溶气气浮系统之前的初级除油装置。

加压溶气气浮（DAF）法，在加压条件下，空气的溶解度大，供气浮用的气泡数量多，能够确保气浮效果；融入的气体经骤然减压释放，产生的气泡不仅微细（直径小于 20mm）、粒度均匀、密集度大而且上浮稳定，对液体扰动微小，因此特别适用于对疏松絮凝体、细小颗粒的固液分离。工艺过程及设备比较简单，便于管理、维护；特别是部分回流式，处理效果显著、稳定，并能较大地节约能耗。

含油废水预处理系统的工艺描述如下。

含油废水压力流入平流式隔油池中。平流式隔油池（API油分离器）主要用于去除大部分的浮油及重油（粒径≥150μm油珠），消除水中石油类污染物对后续生化处理的影响。

含油废水中的重油通过重力作用自然下沉，落入隔油池下部，通过刮油刮渣机将重油刮至泥斗中，然后通过重油泵将重油排入油泥收集池中，收集以后待下一步处理。将浮油上浮至隔油池液面，然后通过刮油刮渣机进入集油管，最终通过管道重力排至浮油收集罐，收集后定期外运进行下一步处理。平流式隔油池（API油分离器）放置于油水分离间内。

废水经平流式隔油池（API油分离器）自然进入涡凹气浮池2，涡凹气浮池2主要用于去除较大粒径油污与悬浮物。涡凹气浮池2前设混凝反应装置，通过投加PAC和PAM药剂，降低废水中的油含量。通过刮渣机的刮板将浮渣刮入浮渣管，并通过管道输送至油泥收集池。经过涡凹气浮池2处理后的废水，自然进入溶气气浮池2进行进一步的除油处理。

涡凹气浮池2出水进入溶气气浮池2，溶气气浮池2主要用于去除较小粒径油污及部分悬浮物，溶气气浮池2前设混凝反应装置，通过投加PAC和PAM药剂，进一步降低废水中的油含量。通过刮渣机的刮板将浮渣刮入浮渣管，并通过管道输送至油泥收集池。出水自流进入中间水池2。

平流式隔油池（API油分离器）产生的重油经重油泵输送至油泥收集池，泥渣含水率99%；涡凹气浮池1、溶气气浮池1、涡凹气浮池2、溶气气浮池2产生的浮渣经重力流流入油泥收集池，泥渣含水率99%。池中设潜水搅拌器，待油泥混合均匀后，通过泥渣输送泵送至油泥处理间处理。

含油废水预处理系统去除率如表4-14所示。

**表4-14 含油废水预处理系统去除率**

| 序号 | 处理单元 | 水质项目 | 水质指标/(mg/L) | | | | |
|---|---|---|---|---|---|---|---|
| | | | $COD_{Cr}$ | $BOD_5$ | 硫化物 | 石油类 | TDS |
| 1 | 平流式隔油池(API) | 进水 | 698.3 | 215.5 | 63.5 | 579.1 | 800 |
| | | 出水 | 593.5 | 215.5 | 63.5 | 173.7 | 800 |
| | | 去除率/% | 15 | 0 | 0 | 70 | 0 |
| 2 | 涡凹气浮池2 | 进水 | 593.5 | 215.5 | 63.5 | 173.7 | 800 |
| | | 出水 | 534.2 | 215.5 | 63.5 | 52.1 | 800 |
| | | 去除率/% | 10 | 0 | 0 | 70 | 0 |
| 3 | 溶气气浮池2 | 进水 | 534.2 | 215.5 | 63.5 | 52.1 | 800 |
| | | 出水 | 507.5 | 215.5 | 63.5 | 23.5 | 800 |
| | | 去除率/% | 5 | 0 | 0 | 55 | 0 |

### 4.4.7 合成废水预处理

费托合成废水处理主要经过三个过程，油品加工装置内合成废水处理、合成废水预处理、综合污水处理。油品加工装置内合成水处理单元采用中科开发专利技术，实验装置在伊泰 16 万吨/年煤制油装置有相关应用，COD 从原来的 50000～60000mg/L，降至目前的 8000～12000mg/L 之间，去除效率约为 85%。

合成废水预处理位于污水处理厂界区内，主要处理来自油品加工装置合成水处理产生的含高 $COD_{Cr}$、高 TDS 及部分石油类的废水。神华煤间接液化项目污水处理厂针对合成废水水质，采取两级气浮＋厌氧处理的工艺对合成废水进行预处理，已达到生化处理（综合污水处理）对水质的要求。

合成废水预处理设计规模 $800m^3/h$，设计处理量约 $630m^3/h$，与生产装置规模相匹配。

（1）厌氧生物处理工艺原理

费托合成工段产生的水相一般含有约 10%左右的含氧有机化合物，包括醇类、酸类、醛类、酮类等。这些有机化合物均是高附加值的基本有机化工产品，因此首先通过精细分离，提取其中的醇类、醛类、酮类，剩余废水约含 1%左右乙酸以及少量的醇类。

神华煤间接液化项目中，合成废水首先经过了均质、pH 调节和两级气浮除油预处理后，其主要污染物成分为 $COD_{Cr}$、$BOD_5$、TDS。其中 COD 成分主要是以乙酸为主，另外废水中 $BOD_5/COD_{Cr}=11000/15000=0.733$，废水可生化性较好。

由于该废水有机物浓度高，成分复杂，可生化性较好，因此拟采用成熟的厌氧-好氧的生物处理工艺路线。厌氧处理布置在合成废水预处理阶段，处理后的出水进入好氧生物处理。

厌氧法是在没有游离氧的情况下，以厌氧微生物为主对高浓度有机物进行降解的一种生物处理方法。在厌氧生物处理过程中，复杂的有机化合物被降解转化为简单、稳定的化合物，同时释放出能量。通过厌氧处理，废水的可生化性进一步提高，为好氧处理创造了有利条件。

高分子有机物的厌氧降解过程可以被分为四个阶段：水解阶段、发酵（或酸化）阶段、产乙酸阶段和产甲烷阶段。实际在厌氧反应器中，四个阶段是同时进行的，并保持某种程度的动态平衡。该平衡一旦被 pH 值、温度、有机负荷等外加因素所破坏，则首先将使产甲烷阶段受到抑制，其结果会导致低级脂肪酸的积存和厌氧进程的异常变化，甚至导致整个消化过程停滞。

（2）合成废水预处理工艺流程

合成废水预处理系统采用涡凹气浮（CAF）＋溶气气浮（DAF）。经两级气浮出水进入厌氧处理系统，主要包含厌氧调质池和厌氧反应器。

合成废水预处理工艺流程如下。

涡凹气浮池1主要用于去除较大粒径油污与悬浮物。涡凹气浮池1前设混凝反应池，通过投加PAC和PAM药剂，降低废水中的油含量。通过刮渣机的刮板将浮渣刮入浮渣管，并通过管道输送至油泥收集池。经过涡凹气浮池1处理后的废水，自流进入溶气气浮池1进行进一步处理。涡凹气浮池1放置于油水分离间内。

溶气气浮池1的出水自流进入厌氧提升池，通过厌氧提升池提升泵进入厌氧反应均质罐中。厌氧提升池的泵送水与厌氧膨胀颗粒污泥床（EGSB）反应器出水的部分回流水在调质罐内混合均匀，并且与投加的化学药剂混合均匀，为进入EGSB反应器的水质提供保障。

经厌氧调质池调质后的废水经泵送入EGSB反应器内，经布水后废水与反应器内颗粒污泥混合均匀，有机物反应转化成甲烷气体，处理后的废水经三相分离后，废水重力流出水，颗粒污泥截留在反应器内，气体至沼气处理系统，详见图4-5。

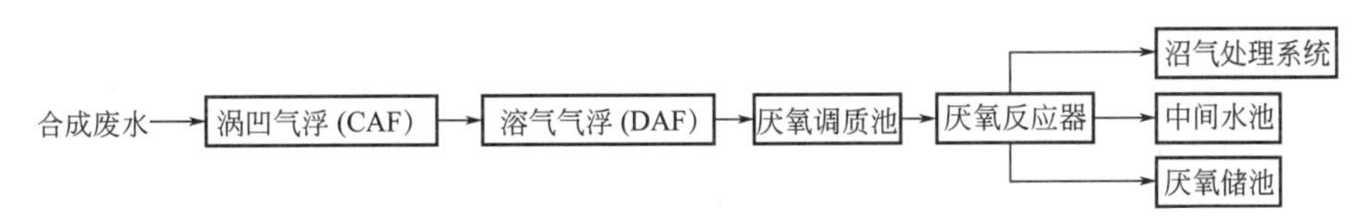


图4-5 合成废水预处理工艺流程示意图

合成废水预处理系统去除率如表4-15所示。

**表4-15 合成废水预处理系统去除率**

| 序号 | 处理单元 | 水质项目 | 水质指标/(mg/L) | | | | |
|---|---|---|---|---|---|---|---|
| | | | $COD_{Cr}$ | $BOD_5$ | pH | 石油类 | TDS |
| 1 | 厌氧调质池 | 进水 | 15000 | 1100 | 6～6.5 | 100 | 6000 |
| | | 出水 | 15000 | 11000 | 6～6.5 | 100 | 6000 |
| | | 去除率/% | 0 | 0 | | 0 | 0 |
| 2 | 涡凹气浮池 | 进水 | 15000 | 1100 | 6～6.5 | 100 | 6000 |
| | | 出水 | 14850 | 1100 | 6～6.5 | 45 | 6000 |
| | | 去除率/% | 1 | 0 | | 55 | 0 |
| 3 | 溶气气浮池 | 进水 | 14850 | 1100 | 6～6.5 | 45 | 6000 |
| | | 出水 | 14850 | 1100 | 6～6.5 | 15.8 | 6000 |
| | | 去除率/% | 0 | 0 | | 65 | 0 |
| 4 | 厌氧反应器 | 进水 | 14850 | 1100 | 6～6.5 | 15.8 | 6000 |
| | | 出水 | 1485 | 1100 | 6～6.5 | 15.8 | 6000 |
| | | 去除率/% | 90 | 90 | | 0 | 0 |

### 4.4.8 综合废水处理

(1) 好氧生物处理工艺比选

神华煤间接液化项目污水含有一定浓度氨氮，因此生化处理需要同时具备脱碳脱氮，主流工艺有A/O、SBR及氧化沟等。

① A/O工艺 A/O工艺是20世纪80年代初期开创的水处理技术，是一种典型的脱氮工艺，其生物反应池由缺氧、好氧两段组成，是一种推流式的前置反硝化工艺，其特点是缺氧和好氧两段功能明确，界限分明，可根据进水条件和出水要求，人为地创造和控制时空比例和运转条件，只要碳源充足，便可根据需要达到比较高的脱氮率和有机物去除率。

废水经预处理和厌氧生物处理后，首先进入缺氧段（Anoxic段），利用氨化微生物将废水中有机氮转化为$NH_3$，与原废水中的$NH_3$一并进入好氧段（Oxic段）。废水经好氧池处理，除与常规活性污泥法一样对含碳有机物进行氧化外，在适宜的条件下，利用亚硝化菌及硝化菌，将废水中$NH_3$-N硝化生成NOX-N。为了达到废水脱氮的目的，好氧段的硝化混合液通过内循环回流到缺氧池，由于该段污泥多处在生长期，保持了良好的活性，回流液利用原废水中有机碳作为电子供体进行反硝化，将NOX-N还原成气态氮，从水中脱除。

A/O工艺主要特点有：a.工艺简单，便于操作；b.在反硝化反应过程中，产生的碱度可补偿消化反应消耗的碱度的一半左右；c.运行费用较低；d.有单独的污泥回流及混合液回流系统，处理方式较灵活，便于控制。

② SBR工艺 废水处理工艺通常采用的是连续出水的过流式，按各处理工序需要的时间确定容积，各发挥功能。而SBR则是一种间歇运行的废水处理工艺，在一池中划分为进水期、反应期、沉降期、排水期、闲置期。在一座池中用时间控制各期功能。由于污水来源是连续的，SBR为了适应这种情况，需建几座平行池子轮换运转，保持进出水的连续性。

SBR比较适用于中小规模污水厂，尤其是用于小量的工业废水处理，如当夜间污水量小时，SBR可两班运转，每一池的废水自然而然地起到均衡作用，如某生物制药厂废水处理，车间三班生产，用SBR工艺经组合后只需两班就可适应，或者小城镇夜间废水量少，SBR可储存作两班运转。近几年SBR发展很快，除用于较大规模处理厂外，还演变了多种工艺，如循环式活性污泥法（CAST）、CASS法、MSBR法、UNITANK法、DAT-IAT（连续曝气-间歇排水）法等。

③ 氧化沟工艺 氧化沟一般由沟体、曝气设备、进出水装置、导流和混合设备组成，氧化沟法具有较长的水力停留时间，较低的有机负荷和较长的污泥龄，与传统活性污泥法相比，可以省略初沉池、污泥消化池，有的还可以省略二沉池，氧化沟具有独特水力学特征和工作特性：

a. 氧化沟结合推流和完全混合的特点，有利于克服短流和提高缓冲能力。氧化沟在短期内（如一个循环）呈推流状态，而在长期内（如多次循环）又呈混合状态，废水在沟内的停留时间又较长，这就要求沟内有较大的循环流量（一般是废水进水流量的数倍乃至数十倍），进入沟内废水立即被大量的循环液所混合稀释，因此氧化沟系统具有很强的耐冲击负荷能力，对不易降解的有机物也有较好的处理能力；

b. 氧化沟具有明显的溶解氧浓度梯度，特别适用于硝化-反硝化生物处理工艺。混合液在曝气区内溶解氧浓度是上游高，然后沿沟长逐步下降，出现明显的浓度梯度，到下游区溶解氧浓度就很低，基本上处于缺氧状态；

c. 氧化沟沟内功率密度的不均匀配备，有利于氧的传质、液体混合和污泥絮凝。

工艺结论比较如表4-16所示。

**表4-16 好氧生物处理工艺对比**

| 项目 | A/O | SBR | 氧化沟 |
| --- | --- | --- | --- |
| 优点 | 1. 去除有机物的同时可生物除氮，效率高<br>2. 污泥经厌氧硝化达到稳定<br>3. 用于大型污水处理厂，费用低<br>4. 根据不同的脱氮要求可灵活调节运行工况 | 1. 流程简单，管理方便<br>2. 污泥同步稳定，不需要厌氧消化 | 1. 合建式连续流，占地省，投资低<br>2. 流程简单，管理方便<br>3. 污泥同步稳定，不需要厌氧消化 |
| 缺点 | 1. 生物除磷效果差<br>2. 反应池和二沉池容积较普通活性污泥法大幅增加<br>3. 污泥回流量大，能耗较高<br>4. 用于小型污泥处理厂费用偏高 | 1. 间歇周期运行，对自控要求高<br>2. 变水位运行，电耗大<br>3. 脱氮除磷效率不太高<br>4. 污泥稳定不如厌氧消化好 | 1. 沟内固液分离设施有待改进<br>2. 污泥稳定性不如厌氧消化好<br>3. 除磷需另设缺氧池 |
| 最佳使用条件 | 要求脱氮高但不要求除磷的中型和大型污水处理厂 | 中小型污水处理厂 | 中小型污水处理厂 |

考虑各种工艺的优、缺点以及以往同类型废水项目中的成功案例，综合废水处理单元选用A/O工艺作为主生化处理工艺。

(2) 综合废水好氧生物处理工艺原理

综合废水来水包括合成废水经厌氧工艺处理后的出水，含油废水经涡凹气浮，溶气气浮的出水，以及经初沉预处理后的气化废水，格栅除渣后的生活污水。综合废水主要污染物为$COD_{Cr}$、$BOD_5$、悬浮物、氨氮及TDS，其中$BOD_5/COD_{Cr}=1250/1900=0.66>0.3$，废水可生化性较好。

好氧生物处理是在有分子氧参与的生物氧化，反应的最终受氢体是分子氧。好氧呼吸是营养物质进入好氧微生物细胞后，通过一系列氧化还原反应获得能量的过程。首先有机物中的氢被脱氢酶活化，并从底物中脱出交给辅酶，同时放出电子，氢化酶利用有机物放出的电子激活游离氧，活化氧和从有机物中脱出的氢结合成水。好氧过程实质上是脱氢和氧活化相结合的过程，同时放出能量。

反硝化反应是指在无厌氧条件下，反硝化菌将硝酸盐氮（$NO_3^-$）和亚硝酸盐氮（$NO_2^-$）还原为氮气的过程，过程如下：

$$6NO_3^- + 5CH_3OH \longrightarrow 5CO_2 + 3N_2 + 6OH^- + 7H_2O$$

反硝化菌属异养型兼性厌氧菌，在有氧存在时，它会以 O2 位电子受体进行好氧呼吸；在无氧而有 $NO_3^-$ 或 $NO_2^-$ 存在时，则以 $NO_3^-$ 或 $NO_2^-$ 为电子受体，以有机碳为电子供体和营养源进行反硝化反应，反应同时伴随着反硝化菌的生长繁殖，即菌体合成。反应式如下：

$$3NO_3^- + 14CH_3OH + CO_2 + 3H^+ \longrightarrow 3C_5H_7O_2N(\text{反硝化微生物}) + 19H_2O$$

（3）综合废水处理工艺流程

综合废水经均质调节罐调节水质水量后，均匀进入综合废水 A/O 池配水井，分配进入 4 组 A/O 池。

A/O 池主要作用是去除来水中的有机物及氨氮等污染物。在 A 池中，异氧型反硝化细菌利用来水中的有机物作为碳源，将回流混合液中的 $NO_3$-N 及 $NO_2$-N 还原为 $N_2$ 释放至空气，从而使 $NO_3$-N 和 $NO_2$-N 浓度大幅度下降，去除 $NO_3$-N 的同时溶解性有机物被细胞吸收而使废水中 $BOD_5$ 浓度下降。在 O 池中，活性污泥中的好氧微生物在有氧条件下，将废水中的有机物降解成 $CO_2$ 和 $H_2O$，从而去除废水中有机物；化能自养型硝化细菌将废水中的氨氮氧化为 $NO_3$-N 及 $NO_2$-N，O 池末端设置硝化液回流泵，将废水中的 $NO_3$-N 及 $NO_2$-N 通过混合液回流泵回流至 A 池进行反硝化反应，去除废水中的 $NO_3$-N 及 $NO_2$-N，从而达到去除氨氮和总氮的目的。

二沉池采用中间进水周边出水的辐流式沉淀池，主要功能是对 O 池出水进行泥水分离。二沉池出水进入中间水池 2、污泥排至污泥回流池中，部分污泥回流，部分污泥以剩余污泥的形式排至污泥浓缩池。中间水池 2 用于收集二沉池出水，并将来水提升至高效沉淀池。

生化处理单元处理后出水水质见表 4-17。

经 A/O 反应处理后，出水中大部分悬浮物、有机物、石油类等常规污染物已经去除，但预处理单元和生化处理单元对水中的硬度处理效果不大，需进行进一步处理，降低出水中的硬度和残留的 COD。

表 4-17　生化处理单元处理后出水水质

| 序号 | 项目 | 单位 | 设计 |
|---|---|---|---|
| 1 | 温度 | ℃ | 常温 |
| 2 | pH 值(25℃) | | 6.5～8.5 |
| 3 | $BOD_5$ | mg/L | ≤10.0 |
| 4 | $COD_{Cr}$ | mg/L | ≤50.0 |
| 5 | 氨氮 | mg/L | ≤5.0 |
| 6 | 总硬度(以 $CaCO_3$ 计) | mg/L | ≤250 |
| 7 | 总碱度(以 $CaCO_3$ 计) | mg/L | ≤300 |
| 8 | 石油类 | mg/L | ≤1 |
| 9 | 总铁(以 Fe 计) | mg/L | ≤0.3 |
| 10 | 细菌总数 | 个/ml | ≤1000 |
| 11 | 悬浮物 | mg/L | ≤20.0 |

根据专利商处理类似废水的经验，本单元采用“Multiflo$^{TM}$Trio 高效沉淀池＋V 形滤池＋臭氧接触池＋曝气生物滤池”的处理工艺。

① Multiflo$^{TM}$Trio 高效沉淀池　神华煤间接液化项目高效沉淀池采用斜管沉淀池，其主要作用是去除钙硬度、硅或氟化物以及悬浮物。污水处理厂采用 Multiflo$^{TM}$Trio 处理工艺是一个紧凑型斜管沉淀池并配有相应的化学药剂投加系统。化学混凝反应是整个系统的关键步骤，投加的混凝剂在混凝池中进行混凝反应，同水中的污染物质反应形成絮凝体。在这个过程中，悬浮物将大部分被去除。在快速搅拌器的作用下，用于去除硬度、氟化物、硅的石灰乳等药剂被投加在注射池内。絮凝过程中，物理搅拌以及分子间作用力使絮凝体增大以利于沉淀。投加阴离子高分子聚合物作为助凝剂而起到吸附架桥作用以强化絮凝效果。絮凝后，采用斜管模块将矾花和水分离，沉淀在池子底部的污泥借助配有刮泥机系统的搅拌器加速浓缩，部分污泥连续循环至絮凝池。同时，定期将剩余污泥抽出，送到污泥混合池。

② V 形滤池　高效沉淀池的出水自流进入 V 形滤池进水总渠，V 形滤池用于去除细小悬浮物和胶体颗粒，降低出水浊度。

V 形滤池属于恒速恒水位过滤。其最大的特点是反冲洗过程，改变了普通快滤池膨胀冲洗的过程，通过引入气洗过程和水洗过程的滤层微膨胀，从而回避了滤层膨胀冲洗的过程对滤层的水力筛分，保证上下滤层均匀，滤池截污能力可以得到充分的发挥，延长反冲洗周期。因其有效过滤层厚度大，所以过滤后出水效果好。

③ 臭氧接触池　V 形过滤池出水自流进入臭氧接触池，臭氧接触池内设置导流墙，使污水与臭氧充分接触，有机物与臭氧发生反应，部分有机物被直接氧化成二氧化碳和水，部分大分子有机物断链成小分子有机物，有利于后续生化系统的运行，利用臭氧的强氧化功能对污水中的有机污染物进行分解、改性，增强

污水的可生化性，提高后续生化段的去除效率，出水提升至 BAF 池。

④ 曝气生物滤池　曝气生物滤池简称为 BAF，通过设置滤池，利用微生物的吸附、截留及降解功能去除废水中的有机污染物，该工艺具有去除 SS、COD、BOD、硝化、脱氮、除磷、去除 AXO（有害物质）的作用。

曝气生物滤池集生物氧化和截留悬浮物于一体，节省了后续沉淀池（二沉池），主要具有以下特点：抗冲击负荷能力强，处理效果稳定，处理出水水质好，工艺流程简单，操作方便，很容易实现控制的自动化，且运行成本低，设施可间断运行。曝气生物滤池的应用范围很广，其在水深度处理、微污染源水处理、难降解有机物处理、低温污水硝化、低温微污染水处理中都有很好的、甚至不可替代的功能。

综合废水处理系统去除率如表 4-18 所示。

**表 4-18　综合废水处理系统去除率**

| 序号 | 处理单元 | 水质项目 | 水质指标/(mg/L) | | | | | | | | |
|---|---|---|---|---|---|---|---|---|---|---|---|
| | | | $COD_{Cr}$ | $BOD_5$ | $NH_3$-N | SS | 石油类 | 总硬度 | $Ca^{2+}$ | 碱度 | TDS |
| 1 | A/O 池＋二沉池 | 进水 | 1300 | 650 | 80 | 250 | 10 | 580 | 232 | 870 | 3800 |
| | | 出水 | 114 | 25 | 8 | 25 | 3 | 522 | 208.8 | 583.2 | 3800 |
| | | 去除率/% | 91 | 96 | 90 | 90 | 70 | 10 | 10 | 33 | 0 |
| 2 | 高密度沉淀池＋V 形滤池 | 进水 | 114 | 25 | 8 | 25 | 3 | 522 | 208.8 | 583.2 | 3800 |
| | | 出水 | 108.3 | 23 | 8 | 2.5 | 3 | 234.9 | 94 | 296.1 | 3800 |
| | | 去除率/% | 5 | 8 | 0 | 90 | 0 | 55 | 55 | 49 | 0 |
| 3 | 臭氧接触池＋BAF 池 | 进水 | 108.3 | 23 | 8 | | 3 | 234.9 | 94 | | 3800 |
| | | 出水 | 43.3 | 8.1 | 1.6 | | 0.9 | 234.9 | 94 | | 3800 |
| | | 去除率/% | 60 | 65 | 80 | | 70 | 0 | 0 | | 0 |

## 4.4.9　全厂废水收集与储存方案

污水处理厂东南侧设置有若干水罐，用来容纳或调节正常或事故状况下来水。主要水罐设置情况见表 4-19。

**表 4-19　污水处理厂主要水罐设置情况**

| 序号 | 类型 | 数量/个 | 容积/$m^3$ | 尺寸/(m×m) | 容纳污水类型 |
|---|---|---|---|---|---|
| 1 | 均质调节罐 | 2 | 15000 | $\phi$34×17.5 | 预处理后的生活污水、含油废水、合成废水、初沉池处理后的生产废水 |
| 2 | 合成废水调节罐 | 1 | 15000 | $\phi$34×17.5 | 装置产生的合成废水 |
| 3 | 合成废水事故罐 | 1 | 15000 | $\phi$34×17.5 | 事故工况下的合成废水 |
| 4 | 气化污水事故罐 | 1 | 15000 | $\phi$34×17.5 | 事故工况下的气化废水 |
| 5 | 含油废水事故罐 | 1 | 6480 | $\phi$23.7×15.7 | 事故工况下的含油废水 |
| 6 | 废油罐 | 1 | 500 | $\phi$10×7.5 | 废油 |

神华煤间接液化项目废水在各装置区分系统内收集。提升后经外管送入污水处理厂各类均质池。污水处理厂内设综合废水均值调节罐2座，单罐有效容积15000$m^3$，综合废水停留时间12h，用于正常情况下各类经预处理后废水的水量调节。

污水处理厂界区内合成废水罐1座，有效容积15000$m^3$，有效停留时间18.75h，当合成废水来水具有较大的冲击时，废水进入合成废水事故罐暂存。

污水处理厂界区内含油废水罐1座，有效容积800$m^3$，有效停留时间24h，当含油废水来水具有较大的冲击时，废水进入含油废水事故罐暂存。

污水处理厂界区内生活污水罐1座，有效容积15000$m^3$，有效停留时间11.9h，当生活污水来水具有较大的冲击时，废水进入生活污水事故罐暂存。

在污水处理厂东北侧设置有清净雨水池和消防事故池：

项目设置两座消防事故水池，每格容积为25000$m^3$。每座事故水池设置两台污水提升泵，一用一备，流量为200$m^3$/h，扬程为40m。

雨水泵站及雨水收集池主要用于收集厂内污染区的后期清净雨水和非污染区的清净雨水。污染区后期清净雨水流量按8.13$m^3$/s设计。非污染区清净雨水流量按5.31$m^3$/s设计。雨水池分两格，有效容积15000$m^3$。雨水泵站排水能力为5$m^3$/s，设置5台雨水泵，每台流量3600$m^3$/h，扬程72m。

非污染区的清净雨水以及污染区的后期清净雨水收集后，重力排放到雨水集水池，水质检测符合外排条件时，可由雨水泵外排到基地南侧的导洪沟，然后进入下游的大河子沟。若不合格，则必须送污水处理厂处理。

### 4.4.10 污水处理厂总工艺流程简述

厂区生活污水经厂区污水收集管网重力流入格栅水井中，并经泵提升至均质调节罐中。

合成废水来水在合成废水调节罐中进行均质、均量。当来水水质异常时，合成废水排入合成废水事故罐中，待来水水质正常时，再将事故罐中的废水缓慢地打入合成废水调节罐中。当合成废水调节罐中的水位较高时，合成废水自流入涡凹气浮池1中，当合成废水调节罐中的水位低于涡凹气浮池水位时，合成废水提升至涡凹气浮池1中。涡凹气浮池1出水自流入溶气气浮池1中。通过两级气浮池去除合成废水中的石油类物质，涡凹气浮池1和溶气气浮池1的浮渣排入油泥收集池中。溶气气浮池1出水自流入厌氧提升池，厌氧提升池出水提升至厌氧反应池。厌氧反应池出水自流入中间水池1中。厌氧池产泥排入厌氧储池中，厌氧池产生的沼气进入沼气处理系统。沼气经净化后进入沼气利用系统。

含油废水进入平流式隔油池中隔出浮油，出水依次经涡凹气浮池2、溶气气浮池2及中间水池1。平流式隔油池浮油经收集后外运，底部重油与涡凹气浮池2、溶气气浮池2中的浮渣一起排入油泥收集池中，涡凹气浮池1及溶气气浮池

1中的浮渣也排入该油泥收集池，然后外运焚烧，上清液流入格栅集水井中。当含油废水来水水质异常时，含油污水排入含油废水事故罐中。待来水水质正常时。再将事故罐的废水缓慢地打入平流式隔油池中。

生产废水来水流入初沉池中，初沉池出水提升至均质调节罐中，生产废水与生活污水、含油废水、合成废水在均质调节罐中进行均质、均量，防止废水的波动对后续生化处理产生冲击。当均质调节罐为高水位运行时，出水自流入生化A池中。当均质调节罐的水位较低时，采用泵提升至生化池中。废水中的COD、氨氮等污染物在A/O池中得到降解去除。生化池出水自流入二沉池中进行泥水分离。分离出的活性污泥一部分回流至生化池前端，用于补充生化系统的污泥量，一部分污泥以剩余污泥的形式与初沉池污泥一同排入污泥浓缩池中。二沉池出水自流入中间水池2。当生产污水来水水质异常时，生产废水排入生产废水事故罐中。待来水水质正常时，再将事故罐中的废水缓慢地打入初沉池及提升池中。

中间水池1出水、生产废水初沉池提升出水与集水井出水在均质调节罐中进行均质、均量。均质调节罐出水提升进入生化A/O池进行处理。当均质调节罐为高水位运行时，废水自流入生化池配水井，当均质调节罐为低水位运行时，废水提升至生化池配水井。有机污染物、氨氮等污染物在生化池中降解去除，生化O池进行硝化液回流去除废水中的硝态氮。生化池出水进入二沉池，进行泥水分离。二沉池中的污泥部分回流至生化A池，用于补充生化系统的污泥，部分污泥排入生化污泥脱水系统进行处理。二沉池出水自流入中间水池2，中间水池2出水提升至深度处理工艺。

由于气化废水的一个显著特点是硬度高，为了使出水硬度满足回用标准，深度处理应考虑除硬。中间水池2出水提升至高效沉淀池，用于脱除水中的硬度。高效沉淀池污泥排入软化污泥储池中。高效沉淀池出水自流至V形滤池。V形滤池反冲洗水来自出水监测池，反冲洗水排入反冲洗收集池中。V形滤池出水自流入臭氧接触池中，臭氧接触池出水提升至BAF池。臭氧起到开环、断链作用，将难降解的物质变为易降解的小分子物质，BAF池中通过增加填料、微生物膜通过吸附、降解、截留等原理进一步去除废水中的有机污染物、氨氮等。BAF反冲洗水来自出水监测，反冲洗水排入反冲洗收集池中，与V形滤池的反洗水一同提升至中间水池2中。BAF池出水进入出水监测池中。

平流式隔油池底泥、涡凹气浮池1、溶气气浮池1、涡凹气浮池2、溶气气浮池2的油泥排入油渣收集池中，通过螺杆泵送入叠螺式脱水机中进行脱水。脱水后的污泥外运焚烧。

生化污泥排入污泥浓缩池中，浓缩后的污泥和厌氧储池污泥、初沉池污泥一同送入离心脱水机进行脱水，脱水后的污泥送入生化污泥料仓，外运处置。

污泥脱水系统中产生的上清液及滤液回流至前端的集水井中，重新进入污泥处理系统。

废水处理流程见图 4-6。

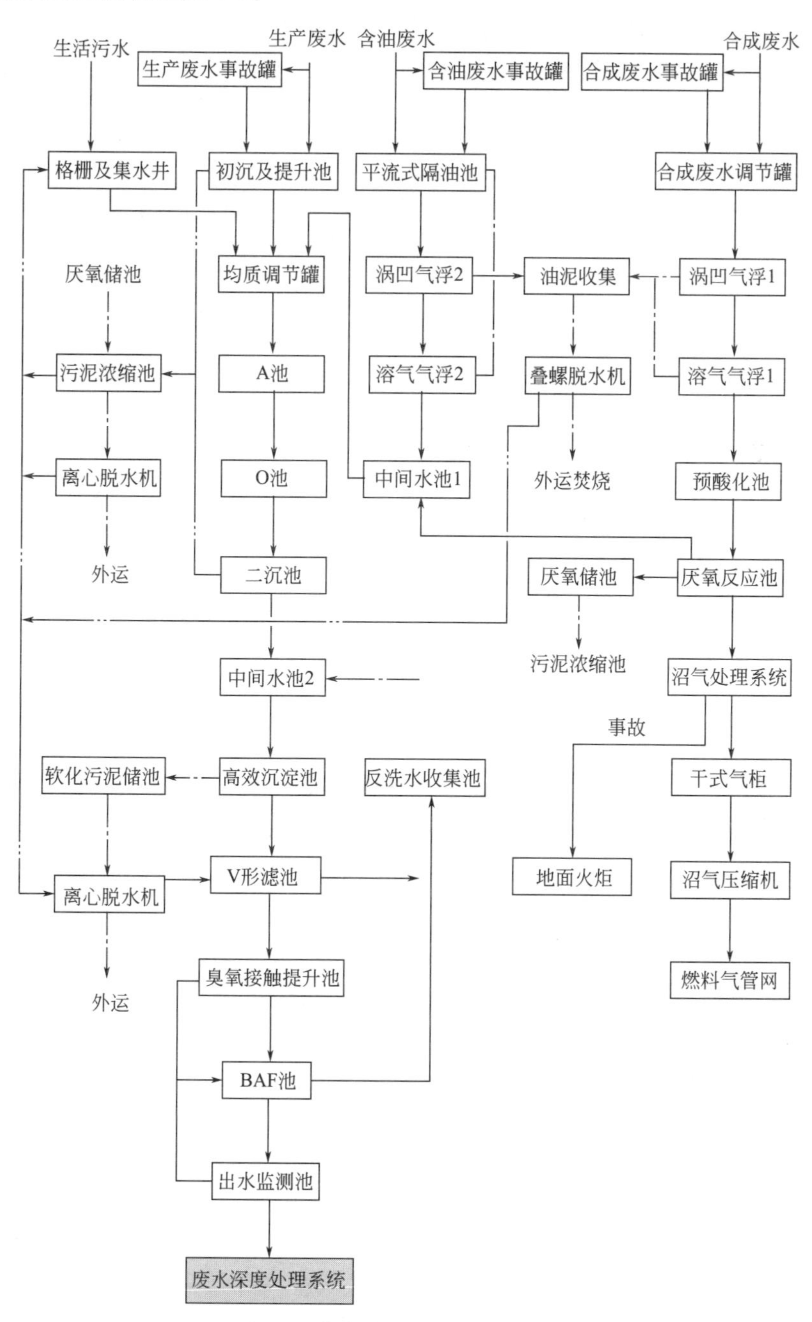


图 4-6 废水处理流程方框示意图

### 4.4.11 污泥及浮渣处理

在各处理系统中会产生大量的含水率很高的污泥，污泥容量大、不稳定、易腐蚀、有恶臭，妥善处理并处置这些污泥可提高污水处理厂效益，保护环境，变废为宝。

(1) 污泥来源

污水处理厂污泥主要有气浮池/隔油池的底泥、除沉池污泥/生化系统的剩余污泥和高效沉淀池处理装置产生的石灰污泥三部分，具体来源见表4-20。

**表4-20 污泥来源统计表**

| 序号 | 污泥类型 | 污泥来源 | 污泥主要成分 |
| --- | --- | --- | --- |
| 1 | 含油污泥 | 隔油池、所有气浮池浮渣及油泥 | 含石油类污染物 |
| 2 | 石灰污泥 | 高效沉淀池排泥 | 钙盐沉淀物组成 |
| 3 | 初沉和生化污泥 | 初沉池污泥、合成废水厌氧系统剩余污泥、综合废水生化处理系统剩余污泥 | 常规初沉污泥和生物污泥 |

(2) 污泥脱水工艺比选

污泥经过浓缩处理后，含水率为95%～97%，体积较大，为有效而经济地进行污泥的干燥、焚烧、堆肥、填埋等进一步处理，必须充分地脱水减量化，使之能被当成固态物质来处理，在整个污泥处理系统中，主要的机械脱水设备有以下几种：

① 板框压滤机　板框压滤机用于固体和液体的分离。与其他固液分离设备相比，板框压滤机过滤后的泥饼有更高的固含率和优良的分离效果。固液分离的基本原理是：混合液流经过滤介质（滤布），固体被滤布截留，并逐渐在滤布上形成过滤泥饼，而滤液部分则渗透过滤布，成为不含固体的清液。

② 带式压滤机　带式浓缩压滤一体机属于分离机械，具有浓缩脱水、压滤过滤双重功能。带式压滤脱水机是一种机械脱水设备，带式压滤脱水机是继污泥浓缩池后，将浓缩污泥再脱水，从而形成泥饼的高效脱水设备。其特点是可自动控制、连续生产、无级调速，适用于废水处理多种行业的污泥脱水。

③ 离心脱水机　离心脱水机主要由转毂和带空心转轴的螺旋输送器组成，污泥由空心转轴送入转筒后，在高速旋转产生的离心力的作用下，立即被甩入转毂腔内。污泥颗粒密度较大，因而产生的离心力也大，被甩贴在转毂内壁上，形成固体层，水密度小，离心力小，只在固体层内侧产生液体层。固体层的污泥在螺旋输送器的缓慢推动下，被输送到转毂的锥端，经转毂周围的出口连续排出，液体则由堰边溢流排至转毂外，汇聚后排除脱水机。

④ 叠螺脱水机　叠螺污泥脱水机的工作原理是有固定环和游动环的互相层

叠，螺旋轴贯穿其中形成的过滤装置推动。前端为浓缩部，后端为脱水部。固定环和游动环之间形成的滤缝以及螺旋轴的螺距从浓缩部到脱水部逐渐变小。螺旋轴的旋转在推动污泥从浓缩部到脱水部的同时，也不断带动游动环清扫滤缝，防止堵塞。污泥在浓缩部经过重力浓缩后，被运输到脱水部，在前进的过程中随着滤缝和螺距的逐渐变小，以及背压板的作用下，产生极大的内压，容积不断缩小，达到充分脱水的目的。

(3) 污泥处理单元方案

神华煤制油工程油泥处理难度较大，生化污泥和石灰污泥处理要求高，根据以往的项目经验，结合上述各污泥处理设备的特点，分别采用以下处理方案对污泥进行处理。

油泥：采用“油泥储池＋叠螺脱水机”工艺，脱水后含水率达到80%以下，然后送固体废物焚烧装置焚烧。

生化污泥：采用“污泥浓缩池＋生化污泥储池＋离心脱水机”工艺，脱水后含水率达到80%，然后送危废填埋场填埋。

石灰污泥：采用“石灰污泥储池＋离心脱水机”脱水工艺，脱水后含水率低于80%，然后外运危废填埋场填埋。

## 4.5 其他煤化工厂废水处理实例

### 4.5.1 潞安煤间接液化废水综合处理

以潞安煤间接液化废水综合处理为例，该项目废水来源及水量见表4-21。

**表4-21 潞安煤间接液化项目废水来源及水量**

| 废水来源 | 气化废水 | 油品合成废水 | 其他装置废水 | 生活污水 |
| --- | --- | --- | --- | --- |
| 废水水量/($m^3$/h) | 65 | 158 | 190 | 10 |

该项目废水处理系统由气化废水预处理、合成和其他装置废水预处理、综合调节、生化处理、中水回用、蒸发结晶、膜浓缩、污泥浓缩和事故池等组成。

该项目废水处理的工艺系统如图4-7所示。

### 4.5.2 伊泰煤间接液化废水综合处理

根据“清污分流，污污分治”的原则，伊泰煤间接液化项目排水系统划分为：生活污水系统、生产废水系统、含油废水系统、清净废水系统、污染区雨水系统、清净雨水系统。全厂性污水处理设施分为：合成水处理、生产废水处理、废水处理及回用、高含盐水蒸发结晶处理及事故水收集与处理。

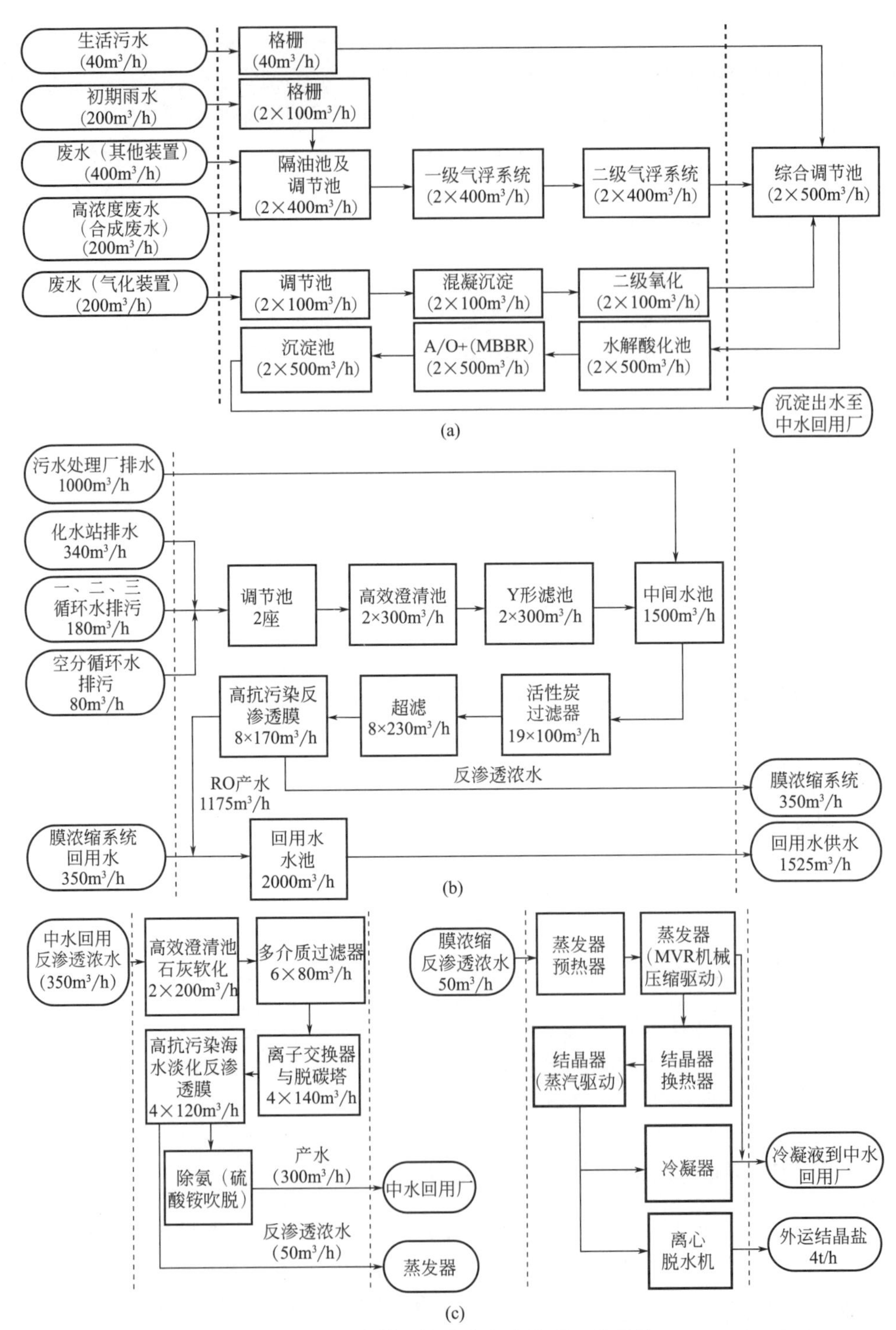


图 4-7 潞安煤间接液化废水处理工艺系统

(1) 合成水处理

用于单独处理油品加工装置排放的高浓度、低含盐合成废水，排水量308.1$m^3$/h，设计规模390$m^3$/h。采用“厌氧+好氧+接触氧化+混凝沉淀+砂滤”工艺，出水作为脱盐水站的补水或循环水补充水。厌氧产生的沼气送焚烧炉燃烧处理。合成水处理产生的臭气经收集处理后达标排放。

(2) 生产废水处理

用于处理煤气化装置、低温甲醇洗、油品加工、固体废水焚烧系统等生产废水、生活污水、地面冲洗水及净水厂排水等。

① 含油废水预处理　油品加工、尾气处理、火炬罐区含油废水及地面冲洗水，采用“气浮+除油过滤器”工艺除油后，送后续生化处理。排水量：正常44.32$m^3$/h，设计规模60$m^3$/h。隔油、气浮产生的油泥、浮渣经收集后送焚烧炉焚烧处理。

② 生化处理　预处理后的含油废水、煤气化排有机含氨废水，以及其他各装置生产废水、污泥干化废水、纯化浓缩液、蒸发母液等，一起进生化装置处理。排水量正常469.82$m^3$/h，设计规模800$m^3$/h。采用“两级A/O+臭氧氧化+曝气生物滤池”工艺处理，出水水质达到一般膜系统有机物进水水质要求，即COD小于40mg/L、氨氮小于2mg/L等后，送废水处理及回用装置进一步处理。如出水不合格，则经收集后返回生化处理。

生化污泥经浓缩后送焚烧系统干化、焚烧处理。

(3) 废水处理及回用

① 生化出水回用处理系统　生化出水采用“高密沉淀池+超滤+反渗透”工艺处理，出水达到《炼油化工企业污水回用管理导则》(中石油，2012.6) 初级再生水水质标准后，回用于开式循环水场补充水或脱盐水站原水补充水。生化出水量正常444.6$m^3$/h，设计规模800$m^3$/h。反渗透浓水送浓盐水回用处理系统进一步处理。高密度沉淀产生的污泥经脱水后外送填埋处理。

② 清净废水回用处理系统　用于处理脱盐水站、开式循环水排水及其他清净废水，采用“高密度沉淀池+超滤+反渗透”工艺处理，出水达到《炼油化工企业污水回用管理导则》(中石油，2012.6) 初级再生水水质标准后，回用于开式循环水场补充水或脱盐水站原水补充水。

清净废水正常工况夏季水量446$m^3$/h，设计保证工况夏季水量693$m^3$/h，设计规模700$m^3$/h。

反渗透浓水送浓盐水回用处理系统进一步处理。高密度沉淀产生的污泥经脱水后外送填埋处理。

③ 浓盐水回用处理系统　用于处理生化出水回用、清净废水回用系统产生的浓盐水，采用“高密度沉淀池+超滤+树脂软化+反渗透”工艺处理，出水达

到《炼油化工企业污水回用管理导则》（中石油，2012.6）初级再生水水质标准后，回用于开式循环水场补充水或脱盐水站原水补充水。

浓盐水正常工况夏季水量 $224m^3/h$，设计保证工况夏季水量 $286m^3/h$，设计规模 $376m^3/h$。反渗透浓水送 EP 纯化系统进一步处理。高密度沉淀产生的污泥经脱水后外送填埋处理。

④ EP 纯化系统　用于处理浓盐水回用系统产生的高浓度盐水，采用“有机浓缩系统＋化学除杂＋深度除杂＋吸附氧化系统”处理，去除水中 COD、氨氮及碳酸氢根、钙、镁等后，送 ESC 蒸发分离结晶系统。高盐水量 $31.6m^3/h$，设计规模 $54m^3/h$。有机物浓缩系统产生的浓缩液约 $1.6m^3/h$，返回生化系统处理。化学除杂产生的污泥外送填埋。

(4) 高含盐水蒸发结晶

用于处理经 EP 纯化预处理后的浓盐水回用处理系统产生的高盐水，采用“四效蒸发＋闪发结晶”工艺处理，对高盐水进行蒸发、浓缩和结晶，通过分段结晶技术将 $NaCl$ 和 $NaSO_4$ 分别结晶，分别达到《工业盐》(GB/T 5462—2003) 和《工业污水硫酸钠》(GB/T 6009—2014) 的要求，$NaCl$ 约 1.4t/a，$NaSO_4$ 约 0.3t/a，分别结晶包装外售。

在分盐不能正常运行时，产生的混盐送园区危废填埋场填埋。高盐水夏季正常产生量 $31.6m^3/h$，EP 纯化系统设计规模 $54m^3/h$，按设计水量校核，蒸发结晶系统设计规模为 $60m^3/h$，分两个系列，单系列 $30m^3/h$。蒸发冷凝液达到《炼油化工企业污水回用管理导则》（中石油，2012.6）优级再生水水质标准后，回用于开式循环水场补充水或脱盐水站原水补充水。蒸发母液约 $0.8m^3/h$，返回生化系统处理。

# 第5章 高浓盐水处理方法

## 5.1 浓盐水

### 5.1.1 浓盐水的特点

对于常规废水深度处理技术，从目前已经运行的工程实例来看，通常废水回收率不高，在60%～70%还有30%～40%的浓盐水需要处理，处理量依然很大，煤化工浓盐水往往含盐量较高（通常溶解性总固体TDS在10000mg/L以上）、有机物浓度高（化学需氧量COD在200mg/L以上，甚至更高），再进一步处理的技术难度较大，装置规模和投资运行成本也非常巨大，因此，通常是经进一步的膜浓缩处理，使浓盐水量大幅下降，减小末端蒸发结晶负荷，降低运行费用。

### 5.1.2 浓盐水处理工艺

#### 5.1.2.1 浓盐水预处理技术

浓盐水中含有大量的胶体、悬浮物以及结垢离子（$Ca^{2+}$、$Mg^{2+}$、$Ba^{2+}$等）会严重影响膜系统的运行。在膜处理前进行合理的预处理，才能保持膜的稳定运行。

浓盐水的传统预处理方法有絮凝、沉淀、多介质过滤、活性炭过滤、微滤和超滤等。经过预处理的浓盐水能够达到预防结垢、胶体污染、微生物污染、有机物污染和膜劣化等影响。但传统预处理方法存在处理效率低、成本高等问题，以下提出几个新型预处理技术：

(1) 结晶除垢技术

常见的水垢有钙酸盐、硫酸盐、镁盐、钡盐等，使其结晶的方法包括蒸发结晶、降温结晶和投加“晶核”结晶。结垢离子在超过饱和度后，由于自身特有的聚集特性会自发地结晶成核。若结垢的浓度还达不到结晶的浓度，可人为投加人工“晶核”如石英砂等，这样，在“晶核”表面会不断聚集从而形成大固体颗粒，使其随固体颗粒排放系统一起排放出系统。投加“晶核”的方法较传统的蒸发、降温结晶的方法而言具有成本低、不需要额外能量而且处理效果好等优势。最终可使水中的钙镁离子浓度降到5mg/L以下，达到很好的预处理效果。

（2）离子交换技术

离子交换法是利用离子交换剂与溶液中的离子之间所发生的交换反应进行分离的方法，离子交换技术在工业废水中应用比较广泛，常用于废水的除盐和软化，为最传统的脱盐技术。离子交换树脂的种类很多，根据水质不同可以选择阴离子交换树脂、阳离子交换树脂、两性离子交换树脂、螯合树脂、氧化还原型树脂以及多种树脂组合方式达到净化水的目的。离子交换设备在工艺上采用逆流运行，顺流再生。使用浓盐水专用树脂，采用满式填装方法，均匀布水，可以消除偏流现象，充分利用树脂的交换容量。离子交换技术具有结构优化、交换容量大、制水周期长、出水水质优良等优势。离子交换除盐系统出水品质好，但其再生过程消耗大量酸碱并产生高浓度的酸碱废水，而且离子交换对进水中有机物的要求较高，对于以废水制原水的废水回用而言不适用，离子交换除盐通常适宜的范围为含盐量小于500mg/L的废水，过高的含盐量将导致设备过大、再生频繁、操作复杂、运行费用高。

#### 5.1.2.2 膜脱盐法处理浓盐水技术

目前应用较多的脱盐技术有电渗析、纳滤、反渗透等。

（1）电渗析

电渗析法是在外加直流电场作用下，利用离子交换膜的选择透过性（即阳离子交换膜只允许阳离子透过，阴离子交换膜只允许阴离子透过），使水中阴阳离子做定向移动。离子迁移过程中，若膜的固定电荷与离子的电荷相反，则离子可以通过；如果电荷相同，则离子被排斥，达到离子从水中分离的一种物理化学过程，从而实现溶液的淡化、浓缩、精制或纯化。电渗析用于脱盐较为经济适用的场合为含盐量在300～500mg/L的脱盐处理。

（2）膜分离

膜法除盐技术有较高的除盐率，而且对有机物有一定的耐受和较高的去除效率，产水水质稳定，投资运行成本合理，是目前废水回用中的主要脱盐技术。其较为经济的使用范围为含盐量超过500mg/L的水。

目前膜分离技术分类中，反渗透（RO）和纳滤（NF）是最合适的。纳滤膜是一种新的脱盐技术，用于水净化处理、废水排放处理等方面。纳滤膜的一个很大特征是膜本体带有电荷性，具有在很低压力下仍有较高脱盐率（主要是二价离子）和在截留分子量为数百时也能截流有机物的性能。从目前实际应用范围、应用效果、运行和投资费用综合来说，最经济的脱盐手段是反渗透（RO）脱盐技术。反渗透主要是将溶剂和溶质分开，只允许水、溶剂通过，可脱除水中绝大部分的盐分及大分子有机物。反渗透由于分离过程不需加热，没有相的变化，耗能较少，设备体积小，操作简单，适应性强。目前国内外的反渗透技术基本是成熟的，主要差异在价格、膜的反洗化学清洗频率（抗污染性）和使用寿命上；其次是采用的预处理技术是否投资低、效果好。因此含盐废水处理技术工艺关键是预处理技术的选择和膜的选用。

1）纳滤技术　纳滤膜的相对截留分子介于反渗透膜和超滤膜之间，截留分子量为200～2000；纳滤膜对无机盐有一定的脱除率，对不同价态离子截留效果不同：对单价离子的截留率低，对二价和多价离子的截留率明显高于单价离子。对疏水型胶体、油、蛋白质和其他有机物有较强的抗污染性，相比于RO，NF具有操作压力低、水通量大的特点，纳滤膜的操作压力一般低于1MPa，故有“低压反渗透”之称，操作压力低使得分离过程动力消耗低，对于降低设备的投资费用和运行费用是有利的。相比于MF，NF截留分子量界限更低，对许多中等分子量的溶质，如消毒副产物的前驱物、农药等微量有机物、致突变物等杂质能有效去除。

通常在浓水反渗透前考虑设置纳滤设备，一是利用其工作压力低，节能效果明显，只有水、小分子有机物和一价离子能够通过，它除盐率只有50%，但可以去除掉约90%的有机物，经过纳滤脱除COD后，反渗透入水没有COD污染压力，可延长其清洗周期；二是作为反渗透的前处理，可以进一步提高系统的回收率。

2）反渗透技术　反渗透除盐是目前最经济有效的除盐方法。反渗透是最精密的膜法液体分离技术，将溶剂和溶剂中离子范围的溶质分开，它能阻挡几乎所有溶解性盐，只允许水溶剂通过，可脱除水中绝大部分的悬浮物、胶体、有机物及盐分。反渗透过程是渗透过程的逆过程，利用选择性半透膜的压力分离过程。反渗透膜需要制成一定构型才可用于水处理。目前膜的构型主要有平板式、管式、卷式和中空纤维式，卷式膜常用于水处理。其中的抗污染卷式膜已成为目前废水回用膜技术的首选。

目前的抗污染反渗透膜的材质均为聚酰胺，通道为34mil（1mil＝0.0254mm）宽流道。膜使用寿命通常为3年左右，通量设计通常≤18lmh［1lmh＝1L/($m^2$·h)］，回收率视原水含盐量而定，除盐率通常≥95%。

在含盐废水回用处理系统中，因反渗透膜造价高，需要预处理除油、除固体颗粒等。预处理工艺主要有化学加药＋多介质过滤器＋活性炭过滤器、大孔隙树脂提取或吸附技术（MPPE或MPPA）和膜法预处理工艺。国内外主要采用膜法预处理工艺。膜法预处理工艺技术目前有微滤（MF）、外压式超滤（UF）和浸没式 UF，较之传统的工艺，膜法预处理工艺具有以下优点：①出水水质大幅度提高，可以去除绝大部分悬浮物及大分子有机物。一般超滤系统出水的污染指数 SDI≤3，而传统预处理产水 SDI<5（SDI 值是对 RO 膜进水质量和前处理工序效果评价的重要检测指标，多数膜厂家要求 SDI 值的上限为 4～5，为了保持膜性能的稳定，SDI 平均值应低于 3）。②出水水质稳定，不随时间及进水水质的变化而变化。③可有效去除进水中的悬浮物、有机物及胶体等杂质，延长后级反渗透系统的使用寿命。④操作强度大大减轻，易实现全自动控制。⑤节省占地面积。

3）高压反渗透　目前工程中应用的高压反渗透有碟管式高压反渗透（DTRO）、卷式高压反渗透（STRO）和高强度膜组件（GTRO）等。

A. 碟管式高压反渗透（DTRO）　碟管式高压反渗透组件主要由 RO 膜片、导流盘、中心拉杆、外壳、两端法兰各种密封件及连接螺栓等部件组成。把过滤膜片和导流盘叠放在一起，用中心拉杆和端盖法兰进行固定，然后置入耐压外壳中，就形成一个碟管式膜组件。

料液通过膜堆与外壳之间的间隙后通过导流通道进入底部导流盘中，被处理的液体以最短的距离快速流经过滤膜，然后逆转到另一膜面，再从导流盘中心的槽口流入到下一个过滤膜片，从而在膜表面形成由导流盘圆周到圆中心，再到圆周，再到圆中心的切向流过滤，浓缩液最后从进料端法兰处流出。料液流经过滤膜的同时，透过液通过中心收集管不断排出。浓缩液与透过液通过安装于导流盘上的 O 形密封圈隔离。

技术特点：

① 避免物理堵塞现象　DTRO 组件采用开放式流道设计，膜片与支撑导流盘空间高度达到 2.5mm，有效避免了物理堵塞。

② 最低程度的结垢和污染现象　采用带凸点支撑的导流盘，料液在过滤过程中形成湍流状态，最大程度上减少了膜表面结垢、污染及浓差极化现象的产生，允许 SDI 值高达 20 的高污染水源，仍无被污染的风险。

③ 膜使用寿命长　DT 膜组件有效减少膜的结垢，膜污染减轻，清洗周期长，同时 DT 的特殊结构及水力学设计使膜组易于清洗，清洗后通量恢复性非常好，从而延长了膜片寿命。实践工程表明，即使在渗液原液的直接处理中，DT 膜片寿命可长达 3 年以上，这在一般的膜处理系统是无法达到的。

④ 组件易于维护　DT 膜组件采用标准化设计，组件易于拆卸维护，打开组件可以轻松检查维护任何一片过滤膜片及其他部件，维修简单，当零部件数量不够时，组件允许少装一些膜片及导流盘而不影响 DT 膜组件的使用，所有这些维护工作均在现场即可完成。

⑤ 过滤膜片更换费用低　DT 组件内部任何单个部件均允许单独更换。过滤

部分由多个过滤膜片及导流盘装配而成，当过滤膜片需更换时可进行单个更换，对于过滤性能好的膜片仍可继续使用，这最大程度减少了换膜成本。

⑥ 浓缩倍数高　DT组件操作压力具有75bar（1bar＝$10^5$Pa）、150bar、200bar三个等级可选，是目前工业化应用压力等级最高的膜组件，浓缩倍数高。

⑦ 运行安全稳定　目前国内应用较多，且运行效果良好，具备一定的工程实践经验。

⑧ 建设周期短，调试、启动迅速　DTRO膜系统的建设主要是靠机械来完成，组装快，能够迅速地运达施工现场。

⑨ 占地面积小　DT膜系统为集成式安装，附属构筑物及设施也是一些小型构筑物，占地面积很小。

⑩ 可移动性能强　可以安装在集装箱或厢式车内，也可以安装在厂房里，一个项目结束后可以移至其他项目继续使用。

工业应用：已在多个垃圾渗滤液处理厂应用。

B. 卷式高压反渗透（STRO）　STRO为开放式反渗透膜，膜组件结合了开放式通道和卷式膜组件两方面设计的优势，具有狭窄且开放的通道，克服了其他普通反渗透膜组件的缺点，使得流体动力学性能大大优化，很大程度上减少了其他反渗透膜组件中常见的污染和结垢问题。开放式组件的主要部件是膜元件、压力容器和两个终端法兰。膜元件的主要部件是膜片、产水格网（即产水流道）和进水格网（即进水流道）。每两片膜片与产水隔网通过激光焊接形成膜垫，每张膜垫通过进水格网与附近的膜垫分开，多片的膜垫和进水格网依次螺旋卷制形成膜元件。

开放式RO反渗透膜在卷制方式上进行了改进：叶片缩短，增加叶片数目。其优点在于：

① 缩短了淡水通道长度，减少淡水通道压力损失；

② 以便膜沿程净推动压力趋于相同；

③ 尽量保持膜面不同地方水通量大小相等；

④ 降低浓差极化程度。

开放式反渗透组件的优势：

① 对进水水质极高的耐受性，COD可达30000mg/L，氨氮高达2000mg/L，浓水含盐量可达到10%以上；

② 对COD、氨氮的去除效果可达95%和90%；

③ 膜的堆积密度高，设备占地小；

④ 高脱盐率且性能稳定，产品水水质更好；

⑤ 特殊的流体设计，降低浓差极化，改善污堵和结垢的趋势；

⑥ 开放式流道设计，使得清洗效果更好，性能恢复更容易。

C. 高强度膜组件（GTRO）　GTRO膜是起源于垃圾渗滤液处理的特种抗污

染膜技术，浓缩倍率往往要高达 10 倍以上，适应国内煤化工高盐水难沉降、高钙镁硬度、高 COD 等要求，并表现出优异的抗污染和耐清洗性能。

GTRO 中压膜脱盐率＞99.5％，最大运行压力为 50bar，耐酸碱极限为 pH＝1～13，设计通量≤20lmh，浓水侧 COD＞600mg/L（最高允许 1200mg/L），浓水侧 TDS 约 25000mg/L，进水 SDI 要求＜6，膜平均使用寿命＞3 年。

GTRO 高压膜脱盐率＞99.5％，最大运行压力为 90bar，耐酸碱极限为 pH＝1～13，设计通量≤15lmh，浓水侧 COD＞2000mg/L（最高允许 4000mg/L），浓水侧 TDS50000～80000mg/L，进水 SDI 要求＜6，膜平均使用寿命＞3 年。

工业应用：中国石化长城能化 450$m^3$/h 高盐水减量化项目，运行一年多；中煤远兴 1200$m^3$/h 高盐矿井水及煤化工高盐水减量化项目。

D. 振动膜（DM） 振动膜技术是通过机械振动，在滤膜表面产生高剪切力的新型、高效“动态”膜分离技术。该技术可有效解决目前困扰“静态”膜分离技术的膜污染、堵塞等膜性能变化问题，大大增加过滤效率，减少膜的清洗周期，延长膜的使用寿命。其宽进液通道和膜表面大剪切力可防止膜表面结晶，可使常规反渗透膜浓水再浓缩，大幅减少蒸发量和蒸发器投资。

## 5.2 高浓盐水

### 5.2.1 高浓盐水的来源

煤化工高浓盐水处理呈现盐含量逐级递增、水量递减、处理难度加大的特点，根据水质、水量的差别，工艺选择有所不同，如图 5-1 所示。

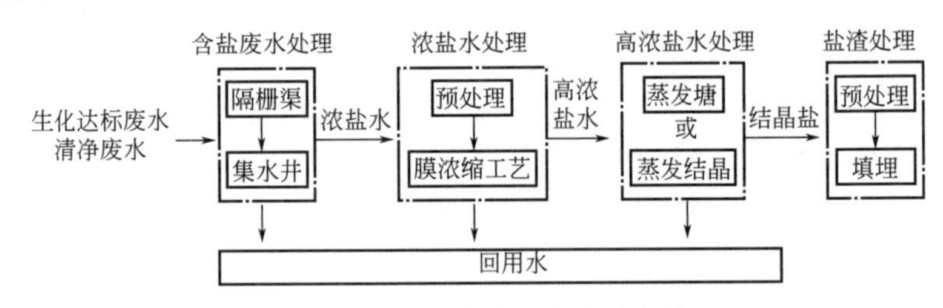


图 5-1 煤化工高浓盐水处理流程

对盐含量不高的生化达标废水和清净废水，多采用双膜法。运行中需要控制进水 COD、BOD、氨氮浓度，以减轻有机污垢和微生物污染，提高膜处理效率和寿命。双膜法除盐后，清水可作为循环冷却水系统的补充水，浓盐水组成复杂，水量约占处理量的 35％，TDS 质量浓度 10g/L 左右。国内有煤化工企业将该浓盐水回用于煤场、渣场，但容易扩散污染物，造成二次污染。浓盐水水量较大，仍需减量。膜浓缩是主要处理工艺，如高效反渗透、振动膜等。但在膜浓缩处理前，需降低 $Ca^{2+}$、$Mg^{2+}$、$Ba^{2+}$ 等结垢离子和有机物浓度，可采用石灰石软化法、纳滤膜法等。膜浓缩回收了水资源，产生的高浓盐水 TDS 质量浓度 50～80g/L，水量约占含盐废水水量的5%，显著减小了后续处理装置的规模和投资。

## 5.2.2 高浓盐水处理技术

国内外对上述高浓盐水的处理一般采用蒸发法。蒸发处理利用人工或自然的热能使溶液的溶剂汽化，随着蒸发的进行溶质逐步析出，溶剂汽化排走或冷凝回收，因蒸气中不含或只含有微量溶质从而达到清洁排放的目的。当前，蒸发处理主要有自然蒸发和机械蒸发两类方式。工业应用：大唐克什腾旗40亿标准立方米煤制天然气项目。

### 5.2.2.1 机械蒸发

机械蒸发工艺总体上分为3种，即多效蒸发（MED）、多效闪蒸（MSF）、机械蒸气再压缩蒸发（MVR）。

（1）多效蒸发（MED）

多效蒸发（muhiple effect distillation，MED）就是利用多个串联的蒸发器使废水蒸发。第 $n$ 个蒸发器蒸发出来的蒸汽作为第 $n+1$ 个蒸发器的热源并在这个蒸发器中冷凝为淡水，每一个蒸发器称作“一效”。随着“效”的增加，每次蒸汽消耗量不断减小。到五效的时候，已经不够经济。一般情况下，循环蒸发器的串联个数（效数）在3～4个。多效蒸发（MED）技术以其对进水水质要求低、结垢率低、热效率高、腐蚀率低和可利用工厂（炼厂、电厂）的低温余热等优点，在处理高含盐废水方面具有广阔的应用前景。

多效蒸发的原理如图5-2所示，预热后的废水经原料泵输送到一效外的生蒸汽进行换热，原废水液以降膜方式蒸发；蒸发产生的气液混合物进入分离器内分离，分离后的浓缩液经泵送到二效蒸发器内，分离出二次蒸汽进入第二效的加热室作为加热热源，浓缩液在第二效内被进一步浓缩；第二效产生的浓缩液经泵送到三效蒸发器内，分离出二次蒸汽进入第三效的加热室作为加热热源，依次类推，最后的蒸汽送至冷凝器凝结成淡水。由此可见，多效蒸发是一个多级串联过程，各效之间相互联系，过程参数相互制约，后一效的操作压力和溶液沸点较前一效低，前一效的蒸汽作为后一效的热源。

在废水处理中，多效蒸发多用于高盐分、高有机物含量废水的单独处理，配合膜技术实现全范围的“零排放工艺”。虽然 MED 工艺本身能耗较高，但工厂一般有较多的富余低压蒸汽，可充分利用其低压热源（50～70℃）的低品位蒸汽作为理想的热源。MED 工艺目前淡水回收率达到90%左右。该工艺的缺点是体积较大，设备的投入较高。目前，多效蒸发技术在我国已有很多成功应用的例子，随着煤化工产业的发展，其技术成熟、可处理废水范围广、占地面积小、处

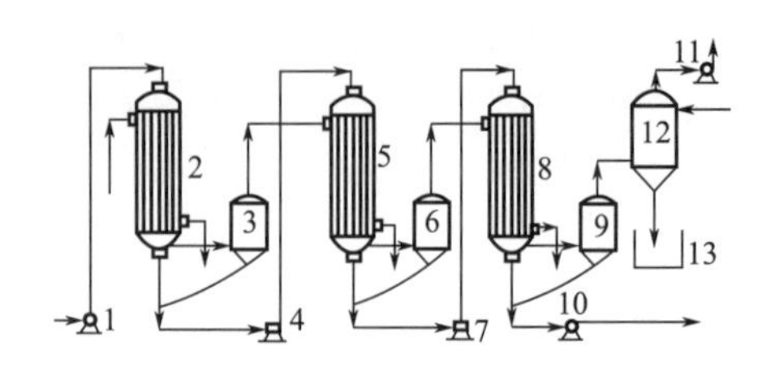

图 5-2 多效蒸发原理
1—原料泵；2—一效蒸发器；3—一效分离器；4—一效循环泵；5—二效蒸发器；
6—二效分离器；7—二效循环泵；8—三效蒸发器；9—三效分离器；
10—出料泵；11—真空泵；12—冷凝器；13—水箱

理速度快、节能等优势决定其在处理煤化工高含盐废水上的应用前景将越来越广阔。

（2）多效闪蒸（MSF）

闪蒸是指一定温度的溶液在压力突然降低的条件下，部分溶液急骤蒸发的现象。多效闪蒸（multistageflash distillation，MSF）技术是将经过加热的溶液依次在多个压力逐渐降低的闪蒸室中进行蒸发，将蒸汽冷凝而得到淡水的技术。MSF 的研究始于 20 世纪 50 年代，这种工艺在降低能耗、防结垢问题方面有较好的效果，目前常运用于海水淡化领域。闪蒸技术的原理是，将废水加热到一定温度后导入压力低于此温度下应饱和压力的容器（称为闪蒸室）内，此时溶液突然处于过饱和状态并发生闪急蒸馏（简称闪蒸）。产生的蒸汽经除沫器除去蒸汽中液滴后再进入凝结器凝结成淡水，同时凝结时放出的热将流过凝结器管束的循环废水加热。闪蒸室、除沫器、凝结器、淡水槽构成闪蒸蒸发器。多级闪蒸为多个闪蒸蒸发器串联工作。多级闪蒸技术成熟、出水量大、淡水品质高、运行成本低、适用范围广、运行稳定，其利用了工厂低品位热能，提高了能源利用率。

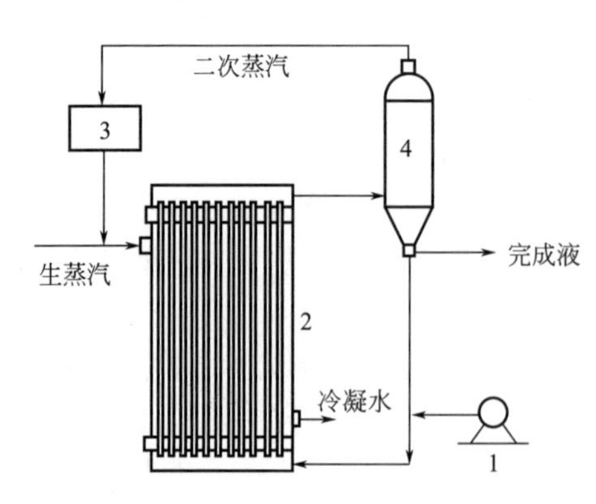

图 5-3 MVR 技术基本原理
1—原料泵；2—加热室；
3—压缩机；4—蒸发室

（3）机械蒸气再压缩蒸发（MVR）

机械蒸气再压缩蒸发一般被称为 MVR 蒸发（mechanical vapor recompression）或 MVC 蒸发（mechanical vapor compression），是一种热泵技术，这项技术重新利用了蒸发浓缩过程产生的二次蒸汽的冷凝潜热，减少了蒸发浓缩过程对外界能源需求，是一项先进的节能技术。MVR 技术的基本原理如图 5-3 所示，系统启动时，先由外部提供蒸汽为原废水蒸发提供热能，原废水蒸发产生新的蒸汽后进入压缩机，压缩后温度、压力升高后代替生蒸汽作为热源返回蒸发器冷凝放热，放出的热量作为原废水蒸发的热源，依次循环。当运行稳定后，则不需要外部提供蒸汽。也就是说，MVR 就是一个潜在热量经由蒸发-冷凝过程发生热交换的体系。

MVR 技术省去了外部热源，可达到节能的效果。同时，此工艺没有二次蒸汽冷却水系统，节约了冷却用水。与传统的多效蒸发器相比，MVR 蒸发技术节能效率达到 30%～70%。MVR 技术在国外有较全面的研究，主要运用于海水的蒸发淡化。此外，在废水处理、制盐、全卤制碱领域也有广泛的应用。

(4) 膜蒸馏（MD）技术

膜蒸馏是一种以蒸气压差为推动力的新型分离技术，即通过冷、热侧相变过程，实现混合物分离或提纯。与传统蒸馏方法和其他膜分离技术相比，该技术具有运行压力低、运行温度低、分离效率高等优点，可充分利用太阳能、废热和余热等作为热源。根据膜下游侧冷凝方式的不同，膜蒸馏技术可划分为接触式、空气隙式、气扫式和真空膜蒸馏四种形式。

#### 5.2.2.2 自然蒸发

自然蒸发就是将高浓盐水通过管道输送到蒸发塘，自然蒸发结晶，固体废弃物按照国家的标准要求进行填埋的一种蒸发技术。相对其他处置工艺而言，自然蒸发的过程可增加大气湿度，改善局部小环境生态，且具有处置成本低、运营维护简单、使用寿命长、充分利用太阳能、抗冲击负荷好、运营稳定等优点，在西北地区土地资源丰富、气候干燥、降雨量小、蒸发量大的地区，蒸发塘是一种比较经济合理的煤化工废水处理方式。由于自然蒸发主要局限于气象条件使得其运行并不稳定，季节变化较大，难以依据生产灵活运行。同时自然蒸发速度较慢需要建设面积较大的蒸发池才能满足生产的蒸发需求。此外，蒸发池的选址也受到气候条件的限制，只能在干旱、半干旱的地区且净蒸发量较大的区域才能获得良好的效果。当前，这种处理技术已在国内多煤化工项目中得到应用，如大唐阜新、大唐克旗、新疆庆华、国电赤峰“3052”项目等都与主厂区配套建设相应的生态盐湖（蒸发塘）工程。在国外，自然蒸发处理高盐废水的需求主要在采矿业。当前这种解决高盐度工业废水排放问题的简单方法技术在中东和澳大利亚等太阳照射时间长且降水量少的国家得到广泛应用，并取得了较好的效果。但蒸发池的泄露会导致周围土地和水源的污染，所以进行合理的防渗设计，以预防泄漏事故的发生并削弱对环境的影响是至关重要的，此外，广泛的监测和污染缓解刻不容缓。

### 5.2.3 膜分离与热蒸发组合技术

随着国家及地方针对煤化工废水排放的环保政策与要求的不断深化，高盐水处理的工艺组合技术得到了较快的发展与研究，正向多样化、可协同处理的成熟路线稳步发展。该组合工艺最大的优点在于工艺的选择性多，水质适应性好，可根据脱盐规模大小、水质要求、地理气候条件、技术与安全性、投资来源与管理体制等实际条件形成不同的处理方法。

该工艺主要采用了石灰石软化、超滤、反渗透、热蒸发组合技术。其中，石灰石软化预处理工艺增加了 PAM 加药系统、高效沉淀器、中和池及二次过滤系统，可进一步提高析出盐分的絮凝、沉降与分离，并具有一定程度的 $COD_{Cr}$ 去除能力。超滤与反渗透的工艺组合是目前普遍采用的除盐技术，处理效果明显，运行较为稳定，适用于 TDS＜6000mg/L 的含盐废水的再处理、再利用，回用水率可达 70%以上，膜使用寿命可达 3 年。外排的浓盐水可通过 DM（蝶式振动膜）装置进行回收再利用，其最大优势在于膜污染控制效果好、水质适应性强、能耗较低，污水回收率最高可达 85%以上，并同时设置了机械压缩再蒸发系统和盐分离器，使盐水得以完全分离，达到“近零排放”的处理需求。

## 5.3 高浓盐水处理实例

### 5.3.1 溶气气浮＋微滤＋反渗透＋蒸发器组合法

某煤制油项目采用溶气气浮＋微滤＋反渗透＋蒸发器组合工艺处理煤制油含盐废水并回用。工艺流程如图 5-4 所示。气浮和澄清池排出的泥渣收集到污泥池中，底泥送入污泥处理系统。

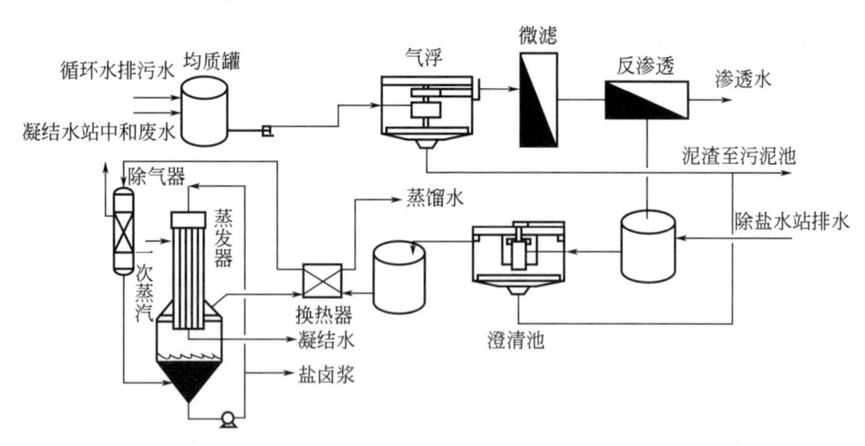


图 5-4 煤制油含盐废水处理工艺

(1) 溶气气浮系统

该项目循环冷却水系统排污水的水质特点是微生物、有机物、硅酸盐、钙镁离子等浓度高，因此，通过投加 $FeCl_3$、$MgSO_4$、助凝剂及 NaOH 等多种药剂，控制 DAF 出水的 pH 值为 11.1～11.3 时，在利用镁剂脱硅的同时去除水中油、胶体颗粒及大部分悬浮物，同时去除部分暂时硬度。气浮采用美国 WesTech 公司提供的溶气气浮工艺。一部分气浮池出水加压至 0.6MPa，用来形成饱和溶气水后循环回到气浮单元，在进水段与进水混合，溶气水通过减压阀释放，水中溶解的气体形成微气泡浮出水面，将水中颗粒物及油滴带出，通过刮沫机排出；一些过重的沉淀污泥通过池底刮泥耙收集经池底中心排泥管排出；清水从气浮池的中部导出引至集水槽。气浮系统设计进水悬浮物的质量浓度约 1000mg/L，澄清水的悬浮物的质量浓度预期小于 2mg/L，浊度小于 2NTU。

（2）微滤（MF）系统

气浮出水调节 pH 值小于 10（保持在 9.6～9.9）后送入 MF，MF 采用中空纤维膜系统。MF 膜系统采用两组平行的膜组件整体撬装，每个 MF 单元的设计产水量是 106.5$m^3$/h，MF 的水回收率在 90%～98%，出水 SDI 小于 3。MF 单元的进料首先通过自清洗过滤器，以便去除大于 400μm 的固体颗粒。在正常的模式下运行时，当过滤器入口和出口的压差较高时，旋转筛过滤器可以自动反洗，或者也可以手动启动过滤器的反洗。MF 按正常产水、反洗、膜通量维护等步骤自动运行，并配有膜完整性检测系统。大约每隔 20min，MF 单元将自动地对膜进行少于 2min 的冲洗维护；每日进行一次自动的化学加强洗，持续时间为 45～60min；定期手动进行在线清洗，以便清理膜上那些不能被冲洗化学加强洗循环清除的沉淀物。

（3）反渗透（RO）系统

RO 系统设计能力为 2×78.5$m^3$/h，水回收率为 75%。微滤出水进入中间水箱，提升后通过 5μm 滤芯保安过滤器后进入 2 套 RO 系统进行处理。当保安过滤器的压差高于 100kPa 时必须更换滤芯。在保安过滤器和 RO 膜组件之前，投加还原剂、阻垢剂和硫酸，亚硫酸氢钠作为还原剂被添加到 RO 进水中，用于去除 RO 进水中的残余氯，以防止氯会氧化 RO 复合膜；硫酸被添加到 RO 进水中，用于将 pH 值降低到大约 6.5，以便确保 RO 系统中不会形成水垢；阻垢剂被添加到 RO 进水中，用于控制 RO 薄膜上形成硫酸钙和二氧化硅水垢。膜组件不要求反洗，但是需要定期就地清洗。经 RO 系统进一步去除水中污染物，产生的透过液进入储罐，经泵提升进入反渗透产品水罐，可供回用。排出浓水与热电中心废水调节罐出水在浓盐水罐混合后，提升进入后续澄清池单元。

（4）澄清池

澄清池采用美国 WesTech 公司的固体接触式澄清池技术。该澄清池设计使用一种叶轮提升装置和一个导流筒，在固体接触区，使得固体颗粒再循环以强化絮凝反应，促进絮体的增长，增大的絮体经过污泥床时，进一步被截留，从而达到更好的澄清。在进水中投加聚丙烯酰胺和硫酸铝以帮助絮凝，澄清池中的循环也可以促进这些化学药品的分散，以便更好地发挥其效果。通过在固体接触澄清池中的固液分离，废水中所含的悬浮固体以及絮凝产生的氢氧化铝都会从溶液中沉淀出来，从澄清池出水槽溢流出来的清水浊度小于5NTU，输送到清水罐，再由泵送至蒸发器进料缓冲罐。澄清池沉淀的泥渣通过池底刮泥机收集到导流筒入口和污泥坑处，浓缩污泥将被清除并且运送到污泥罐中。

（5）蒸发器系统

为了进一步提高水回收率，实现“零排放”的目标，采用蒸发器对浓水进行蒸发回收。该工程引进了GE公司“晶种法”降膜式循环蒸发专有成套设备，蒸发器在用晶种法技术运行时，也成为盐水浓缩器。“晶种法”技术解决了蒸发器换热管的结垢问题，成功应用于各种含盐工业废水处理。蒸发器设计处理能力为129$m^3$/h，进料水首先通过调节pH值至5.5～6.0，使水中碳酸盐碱度转换成二氧化碳，然后将调节的进料水通过泵送入热交换器；加热后的盐水被送入除氧器，该除氧器是一个汽提塔，主要去除二氧化碳、氧气和不溶性气体等；经调节、加热和除氧的盐水进入蒸发器底部，并和浓缩器内部循环的盐水进行混合，利用盐种循环系统保持盐水中适当浓度的盐种，使得在蒸发器传热表面不结垢的情况下浓缩盐水成为可能。含盐浓水分别经加酸、预热和脱气处理后，进入盐水浓缩器，使用外部提供的低压蒸汽将管壳内部的浓水蒸发，一次蒸汽冷凝液送全厂凝结水站回收利用，蒸发器排出的二次蒸汽通过空冷器冷却为凝结水后用泵送入蒸发器产品水罐。蒸发工艺将进料浓缩大约11倍，设计水的回收率大约91%，产品为高品质的蒸馏水。经蒸发器浓缩处理后排放少量的盐卤水，固溶物的质量浓度可高达300000mg/L，送至厂外渣场的蒸发塘进行自然蒸发。

从运行情况来看，尽管实际水质部分指标超过了设计水质，但反渗透出水能够稳定达到回用水水质要求，满足再生水回用作工业用水水源的水质标准。该系统性能考核期间进、出水水质平均运行数据如表5-1所示。

**表5-1 含盐废水处理系统进出水水质**

| 项目 | DAF进水 | MF进水 | MF滤液水 | RO产品水 |
|---|---|---|---|---|
| pH值 | 9.32 | 9.15 | 9 | 7.2 |
| $c(COD_{Cr})$/(mg/L) | 312 | 292.9 | 170 | 6.4 |
| $c(SiO_2)$/(mg/L) | 28.9 | 22.8 | 21 | 4.2 |
| $c(Ca^{2+})$/(mg/L) | 646 | 612 | 606 | 3.1 |
| $c(Mg^{2+})$/(mg/L) | 381 | 382 | 288 | 0.18 |
| $c$(TSS)/(mg/L) | 450 | 282 | | 27 |
| $c$(TDS)/(mg/L) | 6113 | | | 30 |
| $c(Cl^-)$/(mg/L) | 390 | | | 23 |

从表5-1数据分析可以看出，DAF对硅、钙、镁等离子的去除效率并不高，其主要原因是溶气气浮的停留时间过短，沉淀物不能及时沉淀所致。针对这一问

题，通过增建沉淀池可以有效地解决。

蒸发器进出水水质如表 5-2 所示。

**表 5-2　蒸发器处理系统进出水水质**

| 取样点 | 分析项目 | 分析结果 | | | | | |
|---|---|---|---|---|---|---|---|
| 蒸发器进水 | pH 值 | 6.43 | 6.35 | 6.37 | 6.54 | 6.64 | 6.79 |
| | 浊度/NTU | 1.81 | 2.80 | 2.36 | 2.04 | 1.08 | 1.47 |
| | $c(Ca^{2+})$/(mg/L) | 561.6 | 658.4 | 860.7 | 678.5 | 368.8 | 368.8 |
| | $c(Mg^{2+})$/(mg/L) | 312.2 | 322.5 | 745.6 | 606.5 | 595 | 35.7 |
| | $c(SiO_2)$/(mg/L) | 101.4 | 104 | 42.3 | 90 | 90.1 | 98.7 |
| | $c$(TDS)/(mg/L) | 5802 | 5324 | 5196 | 5821 | 5338 | 5423 |
| | $c$(TSS)/(mg/L) | 5 | 4 | 4 | 10 | 9 | 8 |
| 蒸发器产水 | $c(COD_{Mn})$/(mg/L) | 未检出 | 3 | 未检出 | 未检出 | 未检出 | 未检出 |
| | $c$(TDS)/(mg/L) | 2.1 | 1.9 | 3.5 | 5.0 | 5.0 | 6.0 |

从表 5-2 可以看出，产水含盐量较低，可作为优质再生水进行回用。但蒸发器产品水中的 $COD_{Mn}$ 偶有残留，这主要是由于进入蒸发器系统中的废水中存在挥发性有机物所致。

## 5.3.2　反渗透＋超级再浓缩膜＋蒸发塘

内蒙古蒙大新能源化工基地位于内蒙古自治区鄂尔多斯市乌审旗乌审召镇，其年产 50 万吨工程塑料项目配套建设了回用水处理装置。在对循环排污水、脱盐水排水等废水进行浓水回用处理后，会产生一部分高含盐废水，该项目采用“反渗透＋超级再浓缩膜（SCRM）＋蒸发塘”处理工艺处理高浓盐水。废水处理工艺流程如图 5-5 所示。

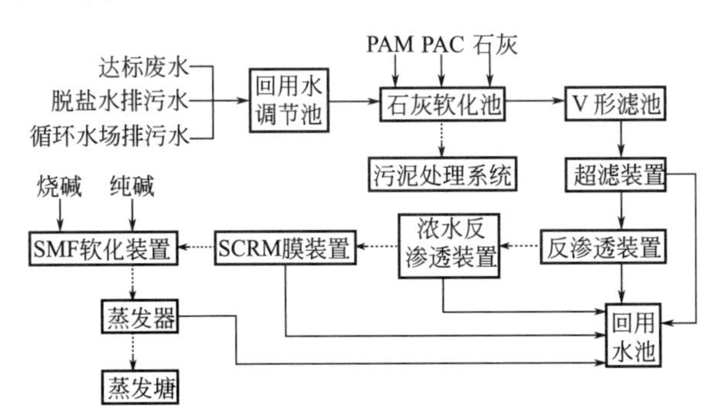


图 5-5　“反渗透＋超级再浓缩膜（SCRM）＋蒸发塘”废水处理工艺流程

（1）SCRM 膜装置

废水进入浓盐水工段时已被浓缩了 10 倍以上，盐的质量分数将近 2%。普通抗污染型反渗透膜及海水淡化膜多级浓缩工艺无法在此高含盐的情况下应用，并且结垢是膜技术发展至今一直难以克服的难题，膜表面的结垢层会导致膜通量下降，缩短膜的使用时间。SCRM 膜装置采用振动膜技术，与一般卷式膜不同，振动膜配置有高频振动装置，组件内部为多层碟片式膜结构，通过振动在膜表面产生高剪切力，阻止颗粒在膜表面沉积吸附，降低结垢倾向从而保持较高的过滤速率，可以处理含盐量高的液体，可进一步浓缩废水回用中含有复杂污染物及高 TDS 的浓水。

（2）蒸发器

蒸发工段采用四效蒸发工艺，由于浓水中的氯离子浓度很高，对不锈钢材质的腐蚀严重。因此蒸发器的制造材质、接触物料部分将选择耐腐级别较高的钛材。蒸发器采用顺流升降膜四效形式，一效进料，经二效、三效浓缩，最终四效出料的工艺路线，其中一效至三效为降膜式，四效为升膜式。为避免可能出现的浓缩结晶导致加热室结垢现象，四效加热室采用强制循环形式。

（3）处理效果

工程回用水处理整体回收率高达 98%，用于回用的产水最后出水中盐的质量浓度为 265mg/L，达到产水水质要求。最终排放到蒸发塘的含盐浓浆约为 $3m^3/h$，在蒸发塘蒸发后，实现“零排放”。

# 第6章 零排放技术

现代煤化工已成为中国能源化工产业的重要组成部分，是煤炭清洁高效利用的手段，是实现石油资源替代的重要途径。根据资源禀赋，我国煤化工企业大多分布在西北地区，如内蒙古、陕西、新疆等地，而这些地区恰恰水资源匮乏，大部分新型煤化工项目都受到水资源的严重制约，水资源成本高昂。同时，煤化工行业废水产生量较大，废水中含有难降解的焦油、酚等物质，成分复杂，采用一般的生化工艺很难处理，废水污染控制的难度大。因此煤化工行业的发展受到环境容量与水资源的双重制约。如何降低新鲜水用量，提高水资源的重复利用率，开发处理效果好、工艺稳定性强、运行费用低的废水处理工艺，已经成为煤化工行业发展的迫切需求。

## 6.1 “零排放”概念的提出

废水“零排放”在国外称为“零液体排放（ZLD）”，是指企业不向地表水域排放任何形式的废水。在我国，废水“零排放”由2005年颁布的《中国节水技术政策大纲》首先提出；2007年颁布的《国家环境保护“十一五”规划》更明确要求在钢铁、电力、化工、煤炭等重点行业推广废水循环利用，努力实现废水少排放或零排放。2008年国家质量监督检验检疫总局颁布的GB/T 21534—2008《工业用水节水术语》中对零排放解释为“企业或主体单元的生产用水系统达到无工业废水外排”。简言之，“零排放”就是将工业废水浓缩成为固体或浓缩液的形式再加以处理，而不是以废水的形式外排到自然水体。

水资源和水环境问题已成为制约煤化工产业发展的瓶颈，实现废水“零排放”已经成为煤化工发展的自身需求和外在要求。煤化工废水“零排放”就是将煤化工项目产生的废水浓缩成为固体或浓缩液的形式再加以处理，而不向地表水域排放任何形式的废水。目前，不少正在建设和规划中的煤化工项目都计划实施废水“零排放”方案，但迄今国内尚无真正做到废水零排放的煤化工企业。

## 6.2 典型零排放系统

目前，国内有研究学者提出典型煤化工废水“零排放”方案，包括四个工段，即有机废水处理、含盐水处理、浓盐水处理和高浓盐水固化处理，如图 6-1 所示。

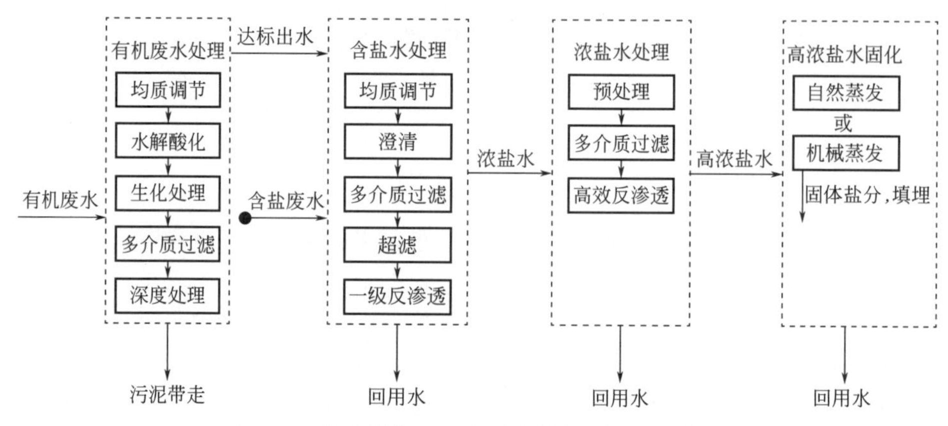


图 6-1 典型煤化工废水“零排放”方案示意图

## 6.3 煤化工废水“零排放”关键支撑技术

煤化工废水处理技术近年来发展很快，有物理法、化学法和生化法等。但目前还不能仅靠一种技术就能解决煤化工项目的废水问题，可行的做法是通过不同工艺的合理组合来实现废水处理达标。

### 6.3.1 有机废水处理技术

煤化工项目块煤固定床气化工艺的有机废水特点是污水成分比较复杂，含有大量酚类、油类、氨氮、氰化物等有毒有害物质。一般情况下：$COD_{Cr}$ 3000～5000mg/L；$BOD_5$ 1170～2000mg/L；总氨氮为 200～400mg/L。有机废水处理的技术路线见图 6-2。

#### 6.3.1.1 预处理技术

预处理技术主要用于去除油、酚等生化处理无法去除的以及对生化处理有毒害的污染物。

(1) 除油

① 隔油法。煤化工废水，尤其是煤液化工艺排水，其中含有一定浓度的油

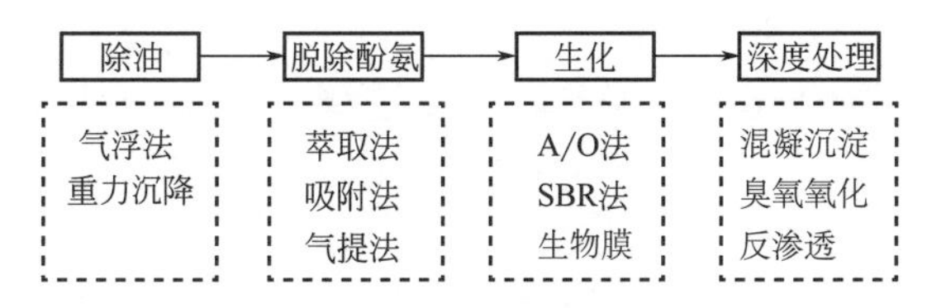


图 6-2 有机废水处理的技术路线

类物质，它能黏附在菌胶团表面，严重影响生化效果。一般生物处理进水要求废水中油的质量浓度不超过 50mg/L，最好控制在 20mg/L 以下。煤化工废水中所含的油类以轻质油为主，其密度比水小，通常采用隔油法将其从水中分离出来。神华鄂尔多斯煤制油分公司采用调节罐-隔油池-涡凹气浮-溶气气浮-推流曝气池-3T-BAF 池-过滤罐-炭滤罐工艺，对煤炭直接液化厂内各装置、塔、容器等放空、冲洗排水等进行处理，其中采用隔油池作为除油预处理设备。实际运行数据显示：通过上述工艺综合处理后，生化出水油的质量浓度小于 1.5mg/L。

② 气浮法。气浮法主要用于去除废水中的油类物质和悬浮颗粒物，气浮法的形式比较多，常用的气浮方法有加压气浮、曝气气浮、真空气浮以及电解气浮和生物气浮等。山西某煤化工有限公司采用气浮法作为预处理措施处理煤制甲醇和合成氨废水，运行结果显示：在进水 $COD_{Cr}$、氨氮、SS、油类的质量浓度分别为 300mg/L、160mg/L、90mg/L、26mg/L 的条件下，经气浮处理后对应出水水质指标分别不超过 240mg/L、150mg/L、10mg/L、3mg/L，证明了气浮法对于 SS 和油类具有较好的去除效果。

(2) 脱酚

溶剂萃取脱酚是目前酚回收的一种常用工艺。该方法操作简单，处理效果稳定，可有效回收挥发酚和非挥发酚。因此具有较好的社会效益和经济效益。

(3) 脱氨

煤气化废水中含有高浓度的氨氮以及微量高毒性的氰化物，对微生物产生抑制作用，目前主要采用蒸汽汽提-蒸氨法去除氨类。在碱性条件下，废水中的氨氮以游离氨的形式存在。当大量蒸汽与废水接触时，游离氨被吹脱出来，析出的可溶性气体通过吸收器，氨被磷酸溶液吸收，再将此富氨溶液送入汽提器，使磷酸溶液再生，并回收氨。采用隔油-气浮-脱酚-蒸氨预处理工艺，经预处理后，煤气化废水中氨氮可有效去除。

#### 6.3.1.2 生化处理技术

生化法是利用微生物的新陈代谢作用，对废水中的有机污染物进行分解和转化，使其最终转化为二氧化碳、水等无害物质。对于预处理后的煤化工废水，国内外一般采用缺氧/好氧生物法处理（A/O 工艺）。

(1) 改进的好氧生物处理法

煤化工废水处理领域内，较多采用改进型好氧生物处理工艺，主要包括SBR工艺和PACT工艺。陕西渭河煤化工集团有限责任公司采用SBR工艺处理气化废水（德士古气化炉）和甲醇废水。实际运行显示，SBR池进水$COD_{Cr}$的质量浓度小于500mg/L，氨氮的质量浓度小于300mg/L范围内，出水$COD_{Cr}$的质量浓度可小于80mg/L，氨氮的质量浓度可小于40mg/L。满足当地污水排放标准的要求。

(2) 厌氧生物处理法

部分煤化工废水含有以喹啉、吲哚、吡啶、联苯等为代表的难降解有机物。该类污染物在好氧条件下难以降解，但在厌氧条件下可以被厌氧微生物分解为较易降解的有机物，实现了难降解有机物的生物去除。中煤龙化哈尔滨煤化工有限公司对气化废水及甲醇废水，采用两级外循环厌氧反应器进行处理，难降解有机物去除率分别达到50%和48%以上。经厌氧生物处理后废水的可生化性得到了较大程度的改善。

(3) 厌氧-好氧联合处理法

部分煤化工废水成分复杂，污染物生物可降解性差，厌氧-好氧组合工艺被广泛应用，并取得了较好的处理效果。

### 6.3.2 含盐水处理技术

煤化工废水经过生化处理后，出水中还会存在少量难降解的污染物，导致色度和$COD_{Cr}$浓度不能达到相关排放标准或者回用标准的要求，需要对其进行深度处理。目前，煤化工废水深度处理常用的方法有混凝沉淀法、高级氧化法等。高级氧化法是目前煤化工废水深度处理技术中应用较为广泛的一种技术，国内某水处理工程公司采用该方法工艺，对鲁奇炉气化废水进行了中试研究，其中采用以臭氧进行深度处理的高级氧化措施。中试运行数据显示：$COD_{Cr}$的去除率达到45%。

### 6.3.3 浓盐水处理技术

通常采用膜浓缩方式作进一步提浓处理，分离出清水和高盐浓液。膜浓缩技术具有成本低、规模大、技术成熟的特点，主要包括超滤、纳滤、反渗透等工艺，它们的差别主要是提浓效率不同，其中反渗透的效率较高，能达到75%。

### 6.3.4 高浓盐水固化

通常采用热法浓缩技术，主要有多效蒸发、机械压缩蒸发、膜蒸馏等，其中多效蒸发技术最成熟，清水回收率一般可达 90%。

(1) 自然蒸发固化

自然蒸发固化采用蒸发塘的方式处理高浓度含盐废水。相对机械蒸发固化工艺，蒸发塘技术在处置成本、运营管理、运行可靠性等方面具有一定的优势。但从现有的煤化工项目蒸发塘运行情况来看，项目都存在着运行效果不佳，含盐废水蒸发不掉的情况。同时，煤化工项目蒸发塘具有区域局限性，要求区域降水量低。

(2) 机械蒸发固化

机械蒸发法工艺上总体分为 3 种，即蒸汽压缩蒸发工艺（MVR）、多效蒸发工艺（MED）、多效闪蒸工艺（MSF）。机械蒸发固化技术在国内已有少数工程应用，但蒸发器传热面的结垢问题仍没有得到很好解决。

## 6.4 应用案例

工业废水“零排放”的解决方案是项系统工程，实施“零排放”，首先应对全厂的水资源利用进行统一的规划，建立水平衡及盐平衡的模型，神华废水“零排放”的整体解决方案如图 6-3 所示。

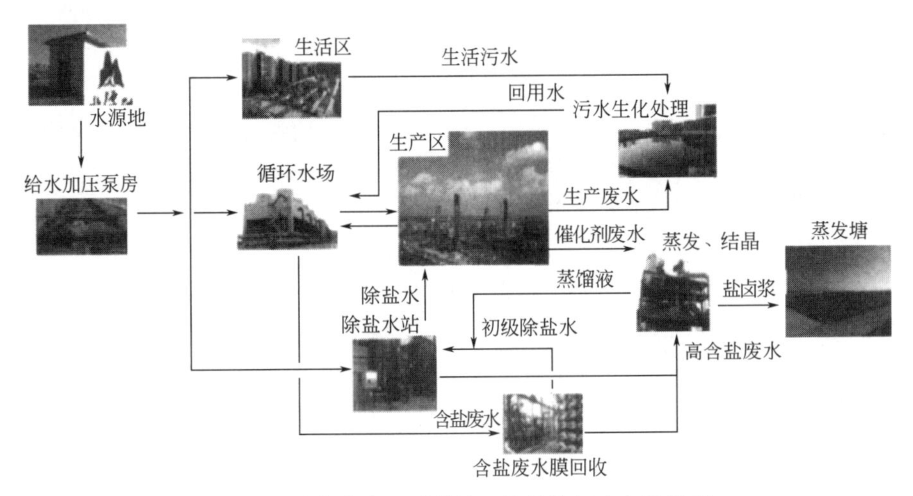


图 6-3 神华废水“零排放”的整体解决方案示意

根据污水的来源与水质特性，分为含硫废水、含酚废水、高浓度有机废水、低浓度含油废水、含盐废水、高含盐废水、催化剂废水。按照分质处理、按质回用的原则，将各类污水的处理与回用分述如下。

(1) 含硫废水

煤制油项目产生的含硫废水约 100t/h，主要来自煤炭直接液化、液化油品加氢稳定、液化油品加氢改质等单元，少量来自硫黄回收、轻烃回收和气体脱硫单元。含硫废水含有较高含量的 $NH_3$、$H_2S$ 和以酚为主的多种有机物，其 $COD_{Cr}$ 的质量浓度为 $6\times10^4\sim14\times10^4$mg/L。

神华煤制油工程采用双塔加压汽提工艺脱除含硫废水中的 $H_2S$ 和 $NH_3$，并采用“氨精制-氨吸收-氨蒸馏”的氨回收工艺生产液氨，回收液氨供催化剂制备装置使用。采用汽提处理可脱除含硫废水中 99.7%的 $H_2S$ 和 97.7%的 $NH_3$，处理后的净化水送往含酚污水处理装置。

汽提装置自投入运行以来，运行稳定，处理效果良好，达到了设计要求。2010 年 2 月 2～5 日，对该装置在 100%的负荷下进行了性能考核。性能考核测试净化水水质数据达到了预期的设计目标。平均出水水质：$COD_{Cr}$ 的质量浓度为 12925mg/L，酚的质量浓度为 985mg/L，硫化物的质量浓度为 29.94mg/L，油的质量浓度为 45.1mg/L，$NH_3$ 的质量浓度为 48.68mg/L。

(2) 含酚废水

酸性水经汽提后，净化水中酚的质量浓度高达 5.4g/L，因此在进入生化处理前需要进行脱酚处理。脱酚工艺采用溶剂萃取法，萃取剂为二异丙基醚。根据萃取物中组分的沸点不同，经过蒸馏将二异丙基醚和酚分开，分离后得到粗酚作为产品回收，同时也回收了二异丙基醚作为循环溶剂继续使用。萃取后的稀酚水夹带了一部分二异丙基醚，同时还含有一定量的固定氨，再通过加碱、蒸汽汽提，将二异丙基醚和氨从水中分离出来。回收的二异丙基醚送往溶剂循环槽循环使用。汽提出的氨冷凝后制成 5%～10%氨水返回含硫废水汽提装置。脱酚后的污水送高浓度有机废水生化处理装置进一步处理。

酚回收装置的设计进水温度是 40℃，出水控制酚的质量浓度为 50mg/L。2010 年 2 月，在 100%的负荷下对酚回收装置进行了性能考核。考核期间实际处理量计算得平均值为 94.55t/h。测试出水水质数据平均值：$COD_{Cr}$ 的质量浓度为 1789mg/L，酚的质量浓度为 71.35mg/L，硫化物的质量浓度为 19.18mg/L，油的质量浓度为 5.05mg/L，$NH_3$ 的质量浓度为 56.15mg/L。经酚回收装置处理回收产品粗酚 0.48t/h，酚及同系物的质量分数大于 83%。分析出水酚超标的原因可能是测试期间实际进水温度达到 44.4℃，超过了原设计 40℃的要求，从而引起萃取塔萃取效率降低，导致出水挥发酚实际质量浓度超过控制指标 50mg/L。

(3) 高浓度有机废水

高浓度有机废水指经汽提、脱酚装置处理后的出水。由于该污水水质成分复杂、污染物浓度高，最终采用了固定生物包埋技术——曝气生物流化床（3T-BAF）非常规生化工艺。同时，在设计阶段对 0.1t/h 煤直接液化小试装置的含酚酸性水采用该工艺进行了试验，处理后的出水水质可以达到循环水回用要求。

3T-BAF工艺全称为曝气生物流化床，流化介质采用了专用载体。这种载体的持水量大，空隙率为96%，载体的比表面为$3.5\times10^6m^2/m^3$，载体在水中呈悬浮状，不需要反冲洗，与常规的生物污水处理技术相比，载体上可以附着更多的生物量，3T-BAF池中生物量为8～40g/L，比一般生化处理高5倍以上，因此污水基质的降解速度快，停留时间短。3T-BAF工艺在运行中无不良气味，不产生任何形式的二次污染。

高浓度有机污水正常平衡水量为$90m^3/h$，考虑到煤直接液化首次工业化的风险，加大了该系统的设计余量，按$150m^3/h$进行设计。高浓度污水设计进水$COD_{Cr}$的质量浓度为8000～10000mg/L，氨氮的质量浓度为100mg/L。实际进水$COD_{Cr}$的质量浓度一般在4000mg/L以下，个别时段会超过4000mg/L，但最大值不超过6000mg/L，氨氮水质量浓度一般在150mg/L以下，但是当预处理不稳定时，氨氮的质量浓度接近200mg/L。实际运行，正常情况下出水$c(COD_{Cr})<80mg/L$，$c$(氨氮)$<15mg/L$，但是由于煤直接液化首次工业化的特殊性，生产工艺在不断摸索调整过程中，因此排出的污水水质、水量均不稳定，给生物培养驯化带来困难，造成高浓度污水处理系统出水水质不能稳定达标，无法回用，影响“零排放”目标的实现。2010年5～6月期间系统运行的数据见图6-4。

(4) 低浓度含油废水

低浓度含油废水处理系统主要处理各装置排出的含油废水、循环水旁滤反洗水、低温甲醇洗废水和生活污水组等。主要流程为隔油-气浮-A/O一级生化-二级生化（3T-BAF）-过滤工艺，低浓度含油废水处理工艺流程如图6-5所示。

该处理装置自投入运行以来，运行比较稳定，基本达到了设计要求。2010年2月，进行了性能考核，考核期间，处理水量平均为$160.3m^3/h$，小于$204m^3/h$的设计水量，但由于进水$COD_{Cr}$平均质量浓度828.51mg/L高于设计值500mg/L，折合到设计工况下$COD_{Cr}$负荷，相当于$265m^3/h$的处理量，因此，该装置处理能力达到了设计要求。考核数据表明，除出水$COD_{Cr}$指标稍有波动，但平均值能够达到$COD_{Cr}$质量浓度小于50mg/L的要求，其他指标均能达到设计回用水水质标准。原定回用水$COD_{Cr}$质量浓度为50mg/L，标准过高，实际生产运行中，综合考虑循环水药剂消耗成本与零排放的要求，将日常$COD_{Cr}$质量浓度控制标准放宽到了75mg/L，这样做可大量减少非正常排放至蒸发塘的水量。

(5) 含盐废水

含盐废水包括循环水场排污水、煤制氢装置气化污水及水处理站排水。含盐污水的$COD_{Cr}$含量不高，但含盐量为新鲜水的5倍以上。处理工艺采用气浮预处理-微滤-反渗透组合工艺。通过投加$FeCl_2$、$MgSO_4$、助凝剂及NaOH等药

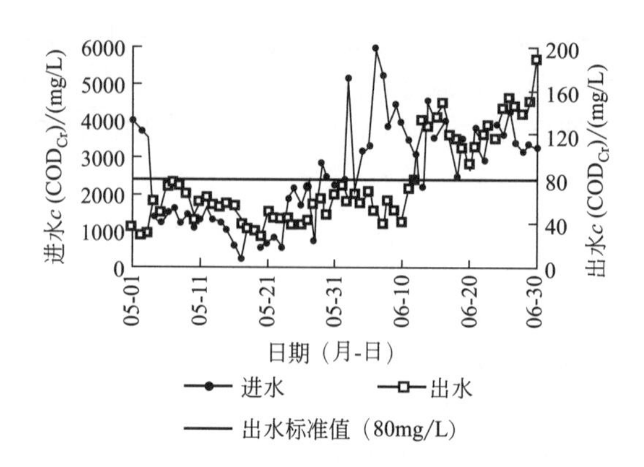


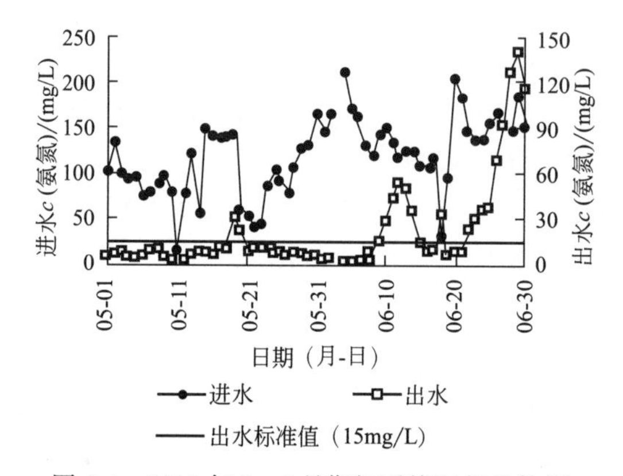


图 6-4　2010 年 5～6 月期间系统运行的数据

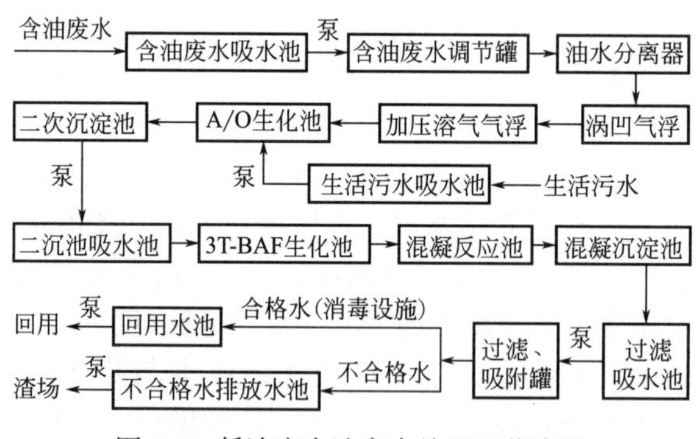


图 6-5　低浓度含油废水处理工艺流程

剂，控制溶气气浮出水 pH 值在 10.1～10.3 时，用镁剂脱硅的同时去除水中油及大部分悬浮物。煤制氢气化装置工艺包提供的气化污水数据中含有 10mg/L 的氰化物和 25mg/L 的硫氰化物，可氧化氰化物的总量约 35mg/L。为了避免对除盐系统产生严重影响，这部分水在进入污水处理厂前应考虑氰化物的预处理，因此，在气化装置界区采用次氯酸钠氧化处理设施进行预处理。

该处理系统总体上是比较成功的，自2008年12月投入运行以来，实现了长期稳定运行。对循环水排污水成功地进行了回收。从运行情况来看，尽管实际水质部分指标超过了设计水质，但反渗透出水能够稳定达到回用水水质要求，满足再生水用作工业用水水源的水质标准。

溶气气浮（DAF）对硅、钙、镁等离子的去除效率并不高，其主要原因是溶气气浮的停留时间过短，沉淀物不能及时沉淀所致。针对这一问题，2009年进行了改造，通过增建沉淀池有效地解决了这一问题。此外，原设计煤制氢气化装置气化废水，由于专利商工艺包提供的水质、水量数据不准确，实际废水量增加了一倍，而且水质与工艺包数据也有很大差异，因此原设计的次氯酸钠氧化工艺没有效果，致使该股废水无法进入含盐废水装置进行处理。

（6）高含盐废水

为了进一步提高水回收率，实现“零排放”的目标，采用蒸发器对高含盐废水进行蒸发回收。神华煤制油工程引进了GE公司“晶种法”降膜式循环蒸发专有成套设备，“晶种法”技术解决了蒸发器换热管的结垢问题，成功地应用于各种含盐工业废水处理。高浓度含盐废水来自反渗透浓水与除盐水站的排水，两股水混合后，经混凝澄清处理后进入含盐废水蒸发器（以下简称“E1蒸发器”）处理；蒸发器进料水首先通过加酸调节pH值至5.5～6.0，使水中碳酸盐碱度转换成二氧化碳，然后将调节后的浓盐水泵入热交换器；加热后的盐水送入除氧器，该除氧器是一个汽提塔，主要去除二氧化碳、氧气和不溶性气体等；经调节、加热和除氧的盐水进入蒸发器底部，并和浓缩器内部循环的盐水进行混合，利用盐种循环系统保持盐水中适当浓度的盐种，使盐水浓缩而传热面不结垢成为可能。进入E1蒸发器的浓盐水经外部提供的低压蒸汽在管壳内部蒸发，一次蒸汽冷凝液送全厂凝结水站回收利用，蒸发后产生的二次蒸汽接着进入催化剂废水蒸发器（以下简称“E2蒸发器”）完成对催化剂废水的蒸发。经蒸发器浓缩处理后排放少量的盐卤水，固溶物的质量浓度可高达300000mg/L，送至厂外渣场的蒸发塘进行自然蒸发。

该处理系统自投入运行以来，整体运行比较稳定，几次检修均未发现设备结垢，出水水质也比较稳定。该系统性能考核期间，进水总溶固的质量浓度为5300～5800mg/L，出水总溶固的质量浓度小于6mg/L，出水含盐量较低，可作为优质再生水回用。但生产中发现，采用蒸发器产水用于高压锅炉给水时，有时会出现蒸汽电导率超标的问题。分析其原因，主要是因为进入蒸发器系统中的污水中存在挥发性有机物所致，这些挥发性有机物进入蒸馏水中，在高温高压锅炉中发生热解反应，而导致污染了蒸汽。

（7）催化剂废水

在煤液化催化剂制备过程中，所产生的废水具有水量大，含盐量高、高氨氮、难降解、高悬浮物，污染物成分比例不确定的特点。污水中的 $NH_3$-N 主要以无机铵盐和游离氨的形式存在。基于上述水质特点，确定采用斜板沉降-流砂过滤器-蒸发-结晶组合处理工艺。

经过斜板沉降-流砂过滤器预处理，控制出水 $c(SS)<15mg/L$，然后进入后续 E2 蒸发器。E2 蒸发器与 E1 蒸发器的工作原理相同。E1、E2 蒸发器串联在一起，组成一个二效的蒸发器系统，从而降低能耗。E1 蒸发器的二次蒸汽作为 E2 蒸发器的热源完成对催化剂污水的蒸发。E2 蒸发器排出的蒸汽送至空冷器冷凝，冷凝液与催化剂废水换热后送入 E2 蒸馏液罐作为产品水回收。由 E2 蒸发器下部排出的二次蒸汽凝液与 E1 进料水换热后送入 E1 蒸馏液罐作为产品水回收。为了尽可能减少氨挥发，通过加酸，控制 E2 蒸发器操作运行的 pH 值为 3～4，对催化剂废水进行浓缩。经 E2 蒸发器排出的浓缩液送至后续结晶工序。来自蒸发工序的浓缩液（约 90℃）进入浓缩结晶罐的上部闪蒸。蒸发器内料液温度控制在 60～65℃，经加热室加热、蒸发、结晶，无机盐全部以固形物的形式析出。浆料通过离心机脱水，脱水后的固形物含水率约为 5%。固体结晶盐主要为硫酸铵，含氮量高达 16%，经进一步干燥包装后可作为农用硫酸铵回收利用，销售后可以补偿一部分处理成本。

由于原设计基础给出的水质 $Cl^-$ 含量较低，因此，蒸发器选材时，出于成本的考虑选用了耐氯腐蚀等级较差的材质。而实际运行 $Cl^-$ 含量却较高，由此导致蒸发器的操作条件不能在原设计的酸性条件下进行，而改为碱性条件下运行。这样，不但蒸馏液中含有较高的氨，而且由于大量的加碱，使得运行成本较高，而且显著增加了系统中的含盐量。通过将催化剂制备的新鲜水置换为反渗透产品水后，从而降低催化剂污水中的 $Cl^-$ 含量，使得蒸发器基本能够在设计酸性条件下运行。

通过性能考核测试，E2 蒸发器处理水量达到合同中的性能保证值。但产品水中还是含有比较高浓度的氨和有机物，氨氮检测值为 24.15～96.15mg/L，$COD_{Cr}$ 检测值为 20～39mg/L。因此，蒸发产品水仍然无法直接回用于除盐水站。后来通过将蒸发产品水再汽提之后才得以将此问题解决。经汽提之后的净化水，其水质基本可以达到 GB/T 1576—2008《工业锅炉水质》（$2.5MPa<p<3.8MPa$）的水质标准。

## 6.5 新型煤化工废水零排放存在的问题及解决方案

### 6.5.1 新型煤化工废水零排放存在的技术问题

针对上述对新型煤化工企业有机废水及含盐废水处理工艺的分析，现阶段上述 2 种废水最终汇合后，通常采用膜分离技术、热蒸发技术以及 2 种技术形成的组合工艺进行处理。总体上，存在的突出问题有以下 3 点。

① 煤化工企业用水需求量大，供水亟须第二水源作为保障。以煤制油项目

为例，吨产品消耗水资源 8～12t，而多数新型煤化工企业都毗邻大型煤炭基地，这些地区也是水资源相对匮乏的地区，因此，亟须开发第二水源，如矿井水等洁净废水作为保障。

② 新型煤化工企业有机废水及含盐废水的水质特征有待进一步研究。目前，有关煤化工废水中有机废水预处理及生化处理后的出水水质仅通过 COD、氨氮、酚、油、氰化物及甲酸化合物等指标来描述，对废水中有毒、有味（易挥发）、有色、难降解的物质种类、数量均无法描述。对煤化工废水中典型含盐废水水质，目前也主要通过 COD、SS、氨氮、TDS（总溶解固体）等指标来描述，也未曾对构成 TDS 的离子成分、造成膜污赌的具体组分进行分析。

③ 新型煤化工废水零排放工艺方案仍有诸多问题需要解决。

a. 目前，新型煤化工废水零排放工艺是将有机废水经“物化＋生化（多数采用缺氧-好氧法）＋BAF”处理工艺后，其出水同含盐废水进入双膜回用系统（超滤＋反渗透），在双膜系统中，若采用一级反渗透，其浓水产生量大，且有关其水质特征均按反渗透的浓缩倍数来推算，实际水质特征无从知晓。

b. 若采用二级反渗透来减少浓水产生量，但由于一级反渗透中的钙、镁、硅对反渗透膜污染严重，且脱硅较难实现，致使开发高效同步脱钙、镁、硅技术势在必行。

c. 浓盐水经二段再浓缩回用后，废浓盐水的质量浓度高达 50000～80000mg/L，浓盐水的去向至关重要。蒸发结晶一直是企业研究的重点，也是最直接的零排放方式。目前多效蒸发结晶技术能耗极高。在固态蒸发结晶的能耗代价难以承受时，大多数企业对浓盐水的处理转向自然蒸发塘，但蒸发塘存在挥发性有机物外逸、渗漏问题严重、占地面积大等问题，且其并非真正意义上的废水零排放。因此，研发新型、节能、高效蒸发设备是实现废水真正零排放的关键。

### 6.5.2　解决方案

（1）源头保障——开辟第二水源

典型煤炭基地，除自来水外，降水、矿井水、废水及地下水均可作为可利用的水资源，利用水循环往复的原理，深层次发掘水可循环利用的特性，构建地下水库，满足煤化工企业用水要求（图 6-6）。尤其是矿井水，由于其水量较大，水质相对较清洁，研发高浊、高铁锰、高矿化度矿井水组合新技术，优化工艺条件，制备合格的煤化工用水，确保煤化工企业第二水源的稳定供给势在必行。

（2）关键环节保障——有机废水、含盐废水及一级反渗透浓盐水的水质特征分析

对煤化工废水中有机废水预处理及生化处理后的出水水质，须增加对废水中有毒、有味（易挥发）、有色、难降解的物质的定性、定量分析。对煤化工废水

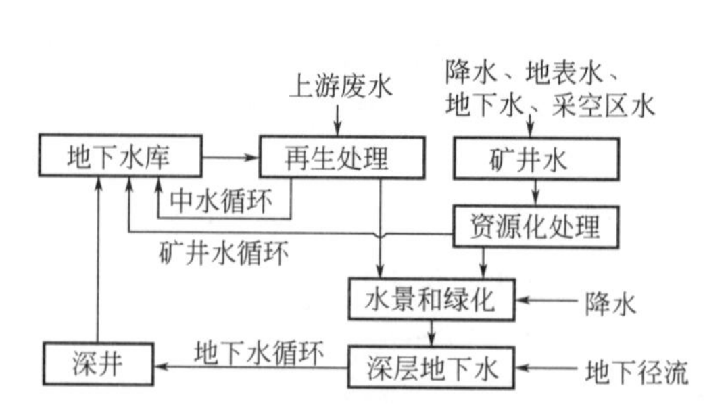


图 6-6　典型煤炭基地水循环

中典型含盐废水中 TDS 的离子成分及造成膜污赌的具体组分进行研究。对一级反渗透浓盐水的水质特征进行定性、定量分析。只有明晰各段水质特征，才能有针对性地开发处理工艺。

（3）*末端治理保障——延长废水零排放理念*

① 针对二级反渗透工艺处理煤化工含盐废水中钙、镁、硅对反渗透膜污染严重且脱硅难的关键问题，研究一级反渗透浓水中硅的水化学机理，开发高效的同步脱钙、镁、硅技术，优化现有二级反渗透工艺，建立高效、经济、稳定的煤化工高盐废水反渗透回用工艺；

② 对煤化工企业的反渗透高浓盐水，研究开发以高级氧化技术为主，能对难降解有机物进行高效去除的废水净化技术及相关设备，控制反渗透浓水机械蒸发过程中的挥发性气体污染；

③ 对现有浓盐水多效蒸发结晶及蒸发塘存在的能耗大、费用高、占地大等不足，研制新型、节能、高效浓盐水机械蒸发设备+蒸发塘联用技术，实现反渗透高浓盐水的处理与资源化利用。

## 6.6　煤化工废水零排放系统发展趋势

水资源和水环境容量的承载能力是现代煤化工发展的制约因素。废水“零排放”作为一种废水污染控制模式和一种先进的管理理念，成为破解煤化工产业发展与水资源及环境矛盾的重要途径。废水“零排放”技术是综合应用水过程集成技术、清洁生产技术、废水再生和资源化技术，最大限度地节约和高效利用水资源，减少直至不排放废水的整体解决方案。根据现有的水处理技术及设备发展水平，废水“零排放”技术具有可行性。然而，由于现代煤化工目前还处于产业示范阶段，煤化工废水“零排放”技术的研究与应用在我国也处于起步阶段，加之煤化工污水排放量大、治理难度大，因此，在实践操作时，实现废水“零排放”目标还存在一定的困难与挑战。煤制油废水“零排放”的实践与探索经验表明：废水“零排放”应是一个渐进的过程，不可一蹴而就，在当前的技术和管理水平条件下，废水“零排放”还只是一种理想，而不能成为现实的操作目标。只有在煤化工生产工艺逐渐成熟的基础上，通过不断改进优化污水处理工艺技术、提高运行管理水平，才能最终实现这一理想。因此，废水“趋零排放”的管理目标应是当前更为现实与客观的选择。对于水资源短缺和污水排放受限的地区发展煤化工时，应以当地资源和环境承载力为基础进行统筹管理，从企业-园区-区域3个层面构建多级屏障体系，做好污水处理和水资源的梯级利用。应以科学的态度，充分考虑在非正常工况下，污水外排的可能性，允许达到当地环境容许标准的废水最小化有组织排放，从而真正实现环境效益、经济效益和社会效益相统一。随着用水成本的不断增加和环保形势的日益研究，加之废水“零排放”鼓励政策的细化出台，煤化工废水零排放必然会成为发展趋势。

# 参考文献 REFERENCES

[1] 郭树才主编. 煤化工工艺学 [M]. 第3版. 北京：化学工业出版社，2012.
[2] 唐宏青. 现代煤工新技术 [M]. 第2版. 北京：化学工业出版社，2016.
[3] 马宝岐，苗文华. 煤化工废水处理技术发展报告 [R]. 北京：中国煤炭加工利用协会，2015.
[4] 王香莲，湛含辉. 煤化工废水处理现状及发展方向 [J]. 现代化工，2014，34 (3)：1-4.
[5] 吴世军. 煤化工废水处理新技术研究 [D]. 北京：华北电力大学，2010.
[6] 高实泰. 对我国现代煤化工（煤制油）产业发展的思考 [J]. 煤化工，2012 (5)：34-37.
[7] 张杨建. 我国发展煤制油的可行性和前景分析 [J]. 中国石化，2011 (1)：21-23.
[8] 李克键. 煤直接液化技术在中国的发展 [J]. 洁净煤技术，2014，20 (2)：39-43.
[9] 雷少成，张继明. 煤制油产业环境影响分析 [J]. 神华科技，2009，7 (3)：84-88.
[10] 雒建中. 神华煤直接液化示范工程废水处理工艺分析 [J]. 洁净煤技术，2012，18 (1)：82-85，101.
[11] 张玉卓. 神华现代煤制油化工工程建设与运营实践 [J]. 煤炭学报，2011，36 (2)：179-184.
[12] Leenheer J A. Peer reviewed：characterizing aquatic dissolved organic matter [J]. Environmental Science Technology，2003，37 (1)：18-26.
[13] Nebbioso A，Piccolo A. Molecular characterization of dissolved organic matter (DOM)：a critical review [J]. Analytical and Bioanalytical Chemistry. 2013，405 (1)：109-124.
[14] 傅平青. 水环境中的溶解有机质及其与金属离子的相互作用——荧光光谱学研究 [D]. 贵阳：中国科学院地球化学研究所，2004.
[15] 刘微，王树涛. 土壤中溶解性有机物及其影响因素研究进展 [J]. 土壤通报，2011，42 (4)：997-1002.
[16] Imai A，Fukushima T，Matsushige K，et al. Characterization of dissolved organic matter in effluents from wastewater treatment plants [J]. Watwer Reserch，2002，36 (4)：859-870.
[17] Qian F Y，Sun X B，Liu Y D. Effect of Orzone on Removal of dissolved Organic Matter and its Biodegradability and Adsorbability in Biotreated Textile Effluents [J]. Ozone：Science and Engineering，2013，35 (1)：7-15.
[18] 魏群山，王东升，余剑锋等. 水体溶解性有机物的化学分级表征：原理与方法. 环境污染治理技术与设备，2006，7 (10)：17-21.
[19] Thurman E M，Malcolm R L. Preparative isolation of aquatic humic substances [J]. Environmental Science and Technology，1981，15 (4)：463-466.
[20] 张华. 现代有机波谱分析 [M]. 北京：化学工业出版社，2005.
[21] 王立英. 应用 XAD 系列树脂分离和富集天然水体中溶解有机质的研究进展 [J]. 地球与环境，2006，24 (1)：90-94.
[22] 何伟. 溶解性有机质特性分析与来源解析的研究进展 [J]. 环境科学学报，2016，36 (2)：359-372.
[23] He X，Xi B，Wei Z，et al. Spectroscopic characterization of water extractable organic matter during composting of municipal solid waste [J]. Chemosphere，2011，82 (4)：541-548.

[24] 李宏斌.三维荧光光谱技术在水监测中的应用 [J].光学技术，2006，32 (1)：27-30.
[25] Baker A, Inverarity R, Charlton M, et al. Detecting river pollution using fluorescence spectrophotometry: case studies from the Ouseburn, NE England [J]. Environmental Pollution, 2003, 124 (1): 57-70.
[26] 贺润升.焦化废水生物出水溶解性有机物特性光谱表征 [J].环境化学，2015，34 (1)：129-136.
[27] 雒建中.神华煤直接液化示范工程废水处理工艺分析 [J].洁净煤技术，2011，18 (1)：82-85.
[28] 冯一伟.高浓度煤化工废水处理新技术研究 [D].太原：中北大学，2016.
[29] 董利鹏.煤化工废水处理与回用技术研究 [D].吉林：吉林建筑大学，2015.
[30] 陈凌跃.煤化工废水处理技术瓶颈分析及优化与调试 [D].哈尔滨：哈尔滨工业大学，2015.
[31] 金云巧.煤化工浓盐水及结晶盐处理技术探讨 [J].煤化工，2016，44 (4)：18-21.
[32] 纪钦洪，于广欣，张振家.煤化工含盐废水处理与综合利用探讨 [D].水处理技术，2014，40 (11)：8-12.
[33] 耿翠玉，乔瑞平，任同伟等.煤化工浓盐水“浓盐水”处理技术进展 [J].煤炭加工与综合利用，2014，10：34-41.
[34] 刘艳明，高存荣，魏江波等.煤化工高含盐废水蒸发处理技术进展 [J].环境工程，2016，34：432-436.
[35] 张国梁.煤化工高盐水处理技术概述与问题探讨 [D].工业技术，2012，12：106-107.
[36] 魏江波.煤制油废水零排放实践与探索 [J].工业用水与废水，2011，42 (5)：70-75.
[37] 何绪文，王春荣.新型煤化工废水零排放技术问题与解决思路 [J].煤炭科学技术，2015，43 (1)：121-124.